增強資訊解讀力！

Excel
儀表板 與 圖表 設計
+Power BI 資料處理

Data Visualization with Excel Dashboards and Reports

感謝您購買旗標書,
記得到旗標網站
www.flag.com.tw

更多的加值內容等著您…

● FB 官方粉絲專頁:旗標知識講堂

● 旗標「線上購買」專區:您不用出門就可選購旗標書!

● 如您對本書內容有不明瞭或建議改進之處, 請連上
旗標網站, 點選首頁的 聯絡我們 專區。

若需線上即時詢問問題, 可點選旗標官方粉絲專頁
留言詢問, 小編客服隨時待命, 盡速回覆。

若是寄信聯絡旗標客服email, 我們收到您的訊息後,
將由專業客服人員為您解答。

我們所提供的售後服務範圍僅限於書籍本身或內
容表達不清楚的地方, 至於軟硬體的問題, 請直接
連絡廠商。

學生團體	訂購專線:(02)2396-3257 轉 362
	傳真專線:(02)2321-2545
經銷商	服務專線:(02)2396-3257 轉 331
	將派專人拜訪
	傳真專線:(02)2321-2545

國家圖書館出版品預行編目資料

Excel 儀表板與圖表設計 + Power BI 資料處理
(Excel 2019、2021 適用) DICK KUSLEIKA 作; 黃駿 譯.

譯自:Data Visualization with Excel Dashboards and
Reports

-- 臺北市:旗標科技股份有限公司, 2023.1   面;   公分

ISBN 978-986-312-738-3   (平裝)

1. CST: EXCEL(電腦程式) 2. CST: 資料探勘
3. CST: 商業資料處理

312.49E9   111020162

作　　者/DICK KUSLEIKA

翻譯著作人/旗標科技股份有限公司

發行所/旗標科技股份有限公司

台北市杭州南路一段15-1號19樓

電　　話/(02)2396-3257(代表號)

傳　　真/(02)2321-2545

劃撥帳號/1332727-9

帳　　戶/旗標科技股份有限公司

監　　督/陳彥發

執行編輯/孫立德

美術編輯/陳慧如

封面設計/陳慧如

校　　對/施威銘研究室

新台幣售價:630 元

西元 2023 年 1 月 初版

行政院新聞局核准登記-局版台業字第 4512 號

ISBN　978-986-312-738-3

作者簡介

本書作者 Dick Kusleika 已有 20 年以上的 Microsoft Office 開發經歷。他曾連續 12 年拿下 Microsoft 最有價值專家 (Microsoft MVP) 獎,且出版多本 Excel 和 Access 資料庫的著作。

作者誌謝

誠摯感謝 Kelly Talbot 對於本書寫作過程的指導,使我不至於迷失方向。另外也向 Pete Gaughan 表達謝意,你在前期的工作對我有莫大幫助。感謝 Judy Flynn 與 Doug Holland 的糾錯與評論,你們的貢獻使得本書更加完善。能與這麼專業的團隊一起共事實屬本人的榮幸。

英文技術編輯

Doug Holland 是 Microsoft 的軟體工程師,並擁有牛津大學軟體工程碩士學位。早在其加入 Microsoft 以前就曾經拿過 Microsoft MVP 和 Intel 黑帶開發人員 (Intel Black Belt Developer) 等獎項。

譯者 黃駿

臺灣大學腦與心智科學研究所碩士班畢業後,曾擔任過行銷、產品設計等工作。有 Java 與 Python 程式語言基礎,對於科學與科技議題抱有高度興趣,隨後投入翻譯工作,目前譯有《無限的力量》、《深度強化式學習》、《深度學習的 16 堂課》、《AI 必須!從做中學貝氏統計》等,同時經營自己的英文部落格:Neurozo Innovation Blog。

篇章一覽

GLANCE

Part 1　用儀表板為資料說故事

Chapter 01　儀表板的基礎介紹

Chapter 02　儀表板案例研究 01：專案目標進度監控

Chapter 03　儀表板案例研究 02：呈現關鍵績效指標（KPIs）

Chapter 04　儀表板案例研究 03：企業營運的財務指標

Chapter 05　儀表板資料前處理 - Power Query、Power Pivot 與資料模型

Part 2　視覺化的基本概念

Chapter 06　有效視覺化的大原則

Chapter 07　非圖表的資料呈現方法

Chapter 08　使用圖案工具讓圖表更有看頭

Part 3　用對圖表做對事
一 最常見的 20 種圖表製作案例

Chapter 09　適合呈現績效差異的圖表類型

Chapter 10　適合呈現整體中各組成份子的圖表類型

Chapter 11　適合呈現時序性的圖表類型

詳細目錄
C O N T E N T S

作者簡介 ··· iii
本書介紹 ··· xvii
本書補充資源 ··· xix

PART 1 用儀表板為資料說故事

CHAPTER 01 儀表板的基礎介紹

1.1　什麼時候該使用儀表板 ······························· 1-2
　1.1.1　儀表板是什麼？ ································· 1-4
　1.1.2　關鍵績效指標 KPIs ····························· 1-5
1.2　瞭解使用者需求 ····································· 1-5
　1.2.1　使用者的類型 ································· 1-6
　1.2.2　更新頻率 ····································· 1-7
1.3　組合資料 ··· 1-8
　1.3.1　樞紐分析表（PivotTable） ······················ 1-9
　　使用 GETPIVOTDATA 函數 ·························· 1-13
　1.3.2　試算表函數 ································· 1-15
　　VLOOKUP 函數 ································· 1-15
　　XLOOPUP 函數 ································· 1-17
　　INDEX 與 MATCH 函數 ···························· 1-18
　　SUMPRODUCT 函數 ····························· 1-20
　　陣列公式（Array Formulas） ······················· 1-24
　1.3.3　表格 ······································· 1-25
　　對表格使用結構化參照 ··························· 1-28

1.3.4 資料剖析 ································· 1-31

1.3.5 去除重複值 ······························ 1-34

1.4 建立儀表板的觀念 ······························ 1-36

1.4.1 整理視覺元素 ···························· 1-37

1.4.2 視覺元素的變化 ························· 1-38

1.4.3 呈現趨勢 ······························· 1-40

1.5 決定儀表板的格式 ······························ 1-42

1.5.1 圖表格式 ······························· 1-42

1.5.2 數字格式 ······························· 1-46

CHAPTER 02 儀表板案例研究 01：
專案目標進度監控

2.1 案例說明：軟體開發專案進度監控 ············· 2-2

2.2 第一步：計畫與版面規劃 ······················· 2-3

2.3 第二步：資料搜集 ····························· 2-5

2.4 第三步：建立視覺元素 ························· 2-6

2.4.1 開發時數與完成任務數的子彈圖 ········· 2-6

將表格資料建成子彈圖 ···················· 2-7

將上下排列的子彈圖改為左右排列 ·········· 2-11

2.4.2 程式提交數的折線圖 ··················· 2-13

建立提交數的樞紐分析圖 ················· 2-13

調整程式提交數樞紐分析圖 ··············· 2-15

2.4.3 各開發者的程式提交數橫條圖 ·········· 2-17

建立各程式開發者提交數的樞紐分析圖 ····· 2-18

將提交數用橫條圖呈現 ··················· 2-19

2.4.4 專案進度的圖表 ······················ 2-21

建立呈現專案進度需要的欄位 ············· 2-21

建立專案各階段的橫條圖 ················· 2-23

2.4.5　專案狀態指示燈 ·· 2-26

建立顯示進度狀態的資料欄位 ································· 2-27

建立指示燈顏色的資料欄位 ···································· 2-27

建立指示燈圖示與設定燈色切換的格式化規則 ········· 2-28

2.5　第四步：調整儀表板的版面 ································· 2-31

CHAPTER 03　儀表板案例研究 02：
呈現關鍵績效指標（KPIs）

3.1　案例說明：人力資源部門的 KPIs ························· 3-2

3.2　第一步：計畫與版面規劃 ··································· 3-3

3.3　第二步：資料搜集 ·· 3-4

3.4　第三步：建立視覺元素 ······································ 3-5

3.4.1　每年招聘成本的直條圖 ································ 3-6

3.4.2　申請者、錄取者招聘成本的直條圖與折線圖 ······ 3-10

增加繪製招聘成本圖表所需的資料欄位 ········ 3-10

製作招聘成本的圖表 ································· 3-12

區分這兩個欄位在圖表的呈現方式 ·············· 3-14

3.4.3　聘僱多樣性的性別與種族環圈圖 ··················· 3-16

找出今年錄取者中不同性別的人數 ·············· 3-16

建立性別環圈圖 ······································ 3-19

用同樣的方法建立種族環圈圖 ···················· 3-22

3.4.4　五年間 90 天內離職人數的折線圖 ················· 3-24

找出 90 天內就離職的是哪些人 ·················· 3-24

建立 90 天離職數的樞紐分析圖 ·················· 3-25

3.4.5　不同理由自願離職人數的橫條圖 ··················· 3-28

以 2021 年自願離職數做篩選 ····················· 3-29

依照相同離職理由人數多寡排序 ·················· 3-31

3.4.6　職缺的平均填補天數 ·································· 3-32

3.5　第四步：調整儀表板的版面 ································ 3-34

3.5.1　為每張圖表命名 ⋯⋯⋯⋯⋯⋯⋯⋯⋯⋯⋯⋯⋯⋯⋯ 3-35

3.5.2　用 VBA 自動控制其它圖表的尺寸與位置 ⋯⋯⋯⋯⋯ 3-37

輸入 VBA 程式碼 ⋯⋯⋯⋯⋯⋯⋯⋯⋯⋯⋯⋯⋯⋯⋯⋯⋯ 3-37

程式碼說明 - 建立巨集 ⋯⋯⋯⋯⋯⋯⋯⋯⋯⋯⋯⋯⋯⋯⋯ 3-39

程式碼說明 - 安排每位招聘者成本直條圖位置 ⋯⋯⋯⋯⋯ 3-39

執行 MoveCharts 巨集 ⋯⋯⋯⋯⋯⋯⋯⋯⋯⋯⋯⋯⋯⋯⋯ 3-40

隱藏外露的樞紐分析表 ⋯⋯⋯⋯⋯⋯⋯⋯⋯⋯⋯⋯⋯⋯⋯ 3-41

重新執行 MoveCharts 巨集 ⋯⋯⋯⋯⋯⋯⋯⋯⋯⋯⋯⋯⋯ 3-42

CHAPTER 04　儀表板案例研究 03：企業營運的財務指標

4.1　案例分析：呈現財務資訊指標 ⋯⋯⋯⋯⋯⋯⋯⋯⋯⋯⋯⋯ 4-2

4.2　第一步：計畫與版面規劃 ⋯⋯⋯⋯⋯⋯⋯⋯⋯⋯⋯⋯⋯⋯ 4-3

4.3　第二步：資料搜集 ⋯⋯⋯⋯⋯⋯⋯⋯⋯⋯⋯⋯⋯⋯⋯⋯⋯ 4-4

4.4　第三步：建立視覺元素 ⋯⋯⋯⋯⋯⋯⋯⋯⋯⋯⋯⋯⋯⋯⋯ 4-5

4.4.1　總結損益表資訊的瀑布圖 ⋯⋯⋯⋯⋯⋯⋯⋯⋯⋯⋯ 4-6

4.4.2　資產負債表指標的計量圖 ⋯⋯⋯⋯⋯⋯⋯⋯⋯⋯⋯ 4-9

準備比率指標需要的資料表 ⋯⋯⋯⋯⋯⋯⋯⋯⋯⋯⋯⋯⋯ 4-10

製作流動比率指標的環圈圖 ⋯⋯⋯⋯⋯⋯⋯⋯⋯⋯⋯⋯⋯ 4-11

將環圈圖調整為計量器的外觀 ⋯⋯⋯⋯⋯⋯⋯⋯⋯⋯⋯⋯ 4-13

製作其它三張計量圖 ⋯⋯⋯⋯⋯⋯⋯⋯⋯⋯⋯⋯⋯⋯⋯⋯ 4-14

4.4.3　本年度利潤率（屬於損益表）的直條圖 ⋯⋯⋯⋯⋯ 4-16

準備本年度利潤率需要的資料表 ⋯⋯⋯⋯⋯⋯⋯⋯⋯⋯⋯ 4-16

毛利率欄位的四個項目 ⋯⋯⋯⋯⋯⋯⋯⋯⋯⋯⋯⋯⋯⋯⋯ 4-17

淨利率欄位的四個項目 ⋯⋯⋯⋯⋯⋯⋯⋯⋯⋯⋯⋯⋯⋯⋯ 4-17

製作毛利率與淨利率計量圖 ⋯⋯⋯⋯⋯⋯⋯⋯⋯⋯⋯⋯⋯ 4-17

4.4.4　過去五年損益趨勢指標的直條圖 ⋯⋯⋯⋯⋯⋯⋯⋯ 4-18

製作過去五年銷售額直條圖 ⋯⋯⋯⋯⋯⋯⋯⋯⋯⋯⋯⋯⋯ 4-19

製作過去五年毛利率、淨利率直條圖 ⋯⋯⋯⋯⋯⋯⋯⋯⋯ 4-21

4.4.5　過去五年資產負債指標的折線圖 ⋯⋯⋯⋯⋯⋯⋯⋯ 4-23

先建出五年折線圖需要的模版 ⋯⋯⋯⋯⋯⋯⋯⋯⋯⋯⋯⋯ 4-23

製作五年現金循環週期圖、負債權益比圖 ·············· 4-24

製作五年流動比率、速動比率的組合折線圖 ·············· 4-25

4.5　第四步：調整儀表板的版面 ·············· 4-29

4.5.1　為每張圖表命名 ·············· 4-30

4.5.2　用 VBA 自動控制各圖表的尺寸與位置 ·············· 4-30

輸入 VBA 程式碼 ·············· 4-31

程式碼說明 - MoveSingleChart 子程序 ·············· 4-34

程式碼說明 - MoveCharts 子程序 ·············· 4-35

執行 VBA 程式 ·············· 4-36

CHAPTER 05

儀表板資料前處理 - Power Query、Power Pivot 與資料模型

5.1　將資料分層 ·············· 5-2

5.1.1　來源層（source data layer）·············· 5-3

5.1.2　處理層（staging and analysis layer）·············· 5-6

5.1.3　呈現層（presentation layer）·············· 5-6

5.2　外部 Excel 檔及文字檔的匯入與連結 ·············· 5-7

5.2.1　商業智慧工具：Power Query 與 Power Pivot ·············· 5-7

5.2.2　匯入與連結文字檔 ·············· 5-8

用 Power Query 匯入文字檔 ·············· 5-9

Power Query 之於傳統匯入精靈的優勢 ·············· 5-11

5.2.3　匯入與連結另一個 Excel 檔的資料 ·············· 5-12

5.3　如同關聯式資料庫的 Excel 資料模型 ·············· 5-15

5.3.1　啟用 Power Pivot 增益集 ·············· 5-18

5.3.2　查看與管理資料模型 ·············· 5-19

將新資料加入資料模型 ·············· 5-20

建立資料集的關聯性 ·············· 5-20

利用資料模型建立樞紐分析表 ·············· 5-22

5.4　匯入與連結 Access 資料庫 ··· 5-24

　　5.4.1　匯入與連結 Access 單一資料表
　　　　　　– 使用 Power Query ··· 5-24

　　5.4.2　匯入與連結多個 Access 資料表
　　　　　　– 使用 Power Pivot ··· 5-26

　　5.4.3　用資料模型建立樞紐分析表 ··· 5-30

5.5　匯入與連結 SQL Server ·· 5-32

　　5.5.1　安裝測試環境與還原範例資料庫 ···································· 5-32

　　5.5.2　從 Excel 匯入 SQL Server 的資料 ································· 5-35

5.6　Power Query 編輯器的轉換功能 ·· 5-38

　　5.6.1　匯入前管理資料表的行與列 ··· 5-41

　　　　　移除不需要匯入的資料行（欄位） ··································· 5-41

　　　　　移除重覆、有問題的資料列 ··· 5-42

　　5.6.2　針對資料行（欄位）的轉換 ··· 5-44

　　　　　轉換資料類型 ·· 5-44

　　　　　轉換數值 ··· 5-47

　　　　　分割資料行 ··· 5-48

PART **2** 視覺化的基本概念

CHAPTER **06** 有效視覺化的大原則

6.1　如何建立有效的視覺元素 ·· 6-2

　　6.1.1　儀表板不要超過一個螢幕的範圍 ···································· 6-2

　　6.1.2　儀表板要注重美觀與平衡性 ·· 6-4

　　6.1.3　在盡可能短的時間內傳達訊息 ······································· 6-5

　　6.1.4　確保你的故事與資料趨勢一致 ······································· 6-8

　　6.1.5　選擇正確的圖表類型 ··· 6-9

6.2 用顏色傳達意義 ··· 6-10

  6.2.1 如何使用顏色？ ··· 6-10

    在資料數值變化時改變顏色 ································· 6-11

    使用高對比的顏色來凸顯特定資料 ··················· 6-12

    標記所有相關的資料 ··· 6-12

  6.2.2 顏色使用的小技巧 ··· 6-14

    善用留白 ·· 6-14

    用色越簡單越好 ·· 6-15

    選擇與資料相呼應的顏色 ··································· 6-15

    確保顏色之間對比夠大 ······································ 6-16

    聰明利用非資料的元素 ······································ 6-16

6.3 如何善用文字元素 ··· 6-17

  6.3.1 字體 ··· 6-17

  6.3.2 圖例 ··· 6-18

  6.3.3 座標軸 ··· 6-20

  6.3.4 資料標籤 ·· 6-21

6.4 利用圖表指出重要訊息 ·· 6-22

  6.4.1 比較資料適用圖表：折線圖、直條圖、橫條圖 ······ 6-22

  6.4.2 組合資料適用圖表：圓形圖、橫條圖、堆疊橫條圖、

     瀑布圖、樹狀圖 ·· 6-24

  6.4.3 關聯性適用圖表：散佈圖、趨勢線、泡泡圖············ 6-26

CHAPTER **07** 非圖表的資料呈現方法

7.1 數值格式代碼 ··· 7-2

  7.1.1 數值格式代碼的四個區段 ································· 7-2

    一個區段的數值格式代碼 ··································· 7-3

    兩個區段的數值格式代碼 ··································· 7-3

    三個區段的數值格式代碼 ··································· 7-4

    四個區段的數值格式代碼 ··································· 7-5

    省略某些區段不指定格式代碼 ··························· 7-6

7.1.2　數值格式代碼的特殊字符 ································· 7-6

數字佔位字符 ·· 7-6

逗號與點字符 ·· 7-7

文字字符 ··· 7-8

底線字符 ··· 7-9

星號字符 ··· 7-10

跳脫（escape）特殊字元 ·· 7-10

會計數值格式 ·· 7-11

7.1.3　日期與時間格式代碼 ·································· 7-13

7.1.4　條件式自訂格式代碼 ·································· 7-14

條件式格式的區段 ··· 7-14

條件式格式的顏色 ··· 7-15

7.2　使用圖示（icons）·· 7-17

7.2.1　色階（color scales）··································· 7-17

使用預設色階 ··· 7-17

自訂色階 ··· 7-18

7.2.2　資料橫條（data bars）································ 7-22

使用預設資料橫條 ··· 7-22

自訂資料橫條 ·· 7-23

資料橫條的外觀調整 ··· 7-24

7.2.3　圖示集（icon sets）···································· 7-25

使用預設圖示集 ·· 7-25

自訂圖示集 ·· 7-26

7.3　使用走勢圖 ·· 7-28

7.3.1　走勢圖的類型 ·· 7-28

7.3.2　建立走勢圖 ·· 7-30

7.3.3　走勢圖群組 ·· 7-31

7.3.4　自訂走勢圖 ·· 7-32

修改來源資料 ·· 7-33

設定資料點標記與色彩／粗細 ······························· 7-34

調整座標軸 ·· 7-37

CHAPTER 08 使用圖案工具讓圖表更有看頭

8.1 認識圖案工具 ⋯⋯⋯⋯⋯⋯⋯⋯⋯⋯⋯⋯⋯⋯⋯⋯⋯⋯⋯⋯⋯ 8-2

　　8.1.1 插入圖案與調整圖案尺寸 ⋯⋯⋯⋯⋯⋯⋯⋯⋯⋯⋯⋯ 8-2

　　　　　按住 Shift 鍵可維持原圖案的長寬比例 ⋯⋯⋯⋯⋯⋯ 8-3

　　　　　按住 Ctrl 鍵可讓原圖案的中心點不動 ⋯⋯⋯⋯⋯⋯⋯ 8-4

　　　　　圖案的名稱 ⋯⋯⋯⋯⋯⋯⋯⋯⋯⋯⋯⋯⋯⋯⋯⋯⋯⋯ 8-4

　　8.1.2 圖案的可調整性 ⋯⋯⋯⋯⋯⋯⋯⋯⋯⋯⋯⋯⋯⋯⋯⋯ 8-5

　　　　　在圖案中加入文字 ⋯⋯⋯⋯⋯⋯⋯⋯⋯⋯⋯⋯⋯⋯⋯ 8-5

　　　　　由『圖形格式』功能頁次插入圖案 ⋯⋯⋯⋯⋯⋯⋯⋯ 8-5

　　　　　插入文字方塊與編輯圖案 ⋯⋯⋯⋯⋯⋯⋯⋯⋯⋯⋯⋯ 8-5

　　　　　圖案樣式 ⋯⋯⋯⋯⋯⋯⋯⋯⋯⋯⋯⋯⋯⋯⋯⋯⋯⋯⋯ 8-6

　　　　　文字藝術師樣式 ⋯⋯⋯⋯⋯⋯⋯⋯⋯⋯⋯⋯⋯⋯⋯⋯ 8-8

　　　　　替代文字 ⋯⋯⋯⋯⋯⋯⋯⋯⋯⋯⋯⋯⋯⋯⋯⋯⋯⋯⋯ 8-8

　　　　　排列 ⋯⋯⋯⋯⋯⋯⋯⋯⋯⋯⋯⋯⋯⋯⋯⋯⋯⋯⋯⋯⋯ 8-8

　　　　　大小 ⋯⋯⋯⋯⋯⋯⋯⋯⋯⋯⋯⋯⋯⋯⋯⋯⋯⋯⋯⋯⋯ 8-10

8.2 利用圖案工具美化圖表 ⋯⋯⋯⋯⋯⋯⋯⋯⋯⋯⋯⋯⋯⋯⋯ 8-10

　　8.2.1 為單調的圖表標題加上橫幅 ⋯⋯⋯⋯⋯⋯⋯⋯⋯⋯ 8-11

　　8.2.2 製作活頁標籤 ⋯⋯⋯⋯⋯⋯⋯⋯⋯⋯⋯⋯⋯⋯⋯⋯ 8-15

　　　　　製作圖表標題橫幅 ⋯⋯⋯⋯⋯⋯⋯⋯⋯⋯⋯⋯⋯⋯⋯ 8-16

　　　　　製作活頁標籤 ⋯⋯⋯⋯⋯⋯⋯⋯⋯⋯⋯⋯⋯⋯⋯⋯⋯ 8-18

　　8.2.3 處理許多圖案的技巧 ⋯⋯⋯⋯⋯⋯⋯⋯⋯⋯⋯⋯⋯ 8-20

　　　　　為圖案取個一看即知的名稱 ⋯⋯⋯⋯⋯⋯⋯⋯⋯⋯⋯ 8-20

　　　　　查看工作表中的圖案清單 ⋯⋯⋯⋯⋯⋯⋯⋯⋯⋯⋯⋯ 8-21

　　　　　將多個圖案建立群組 ⋯⋯⋯⋯⋯⋯⋯⋯⋯⋯⋯⋯⋯⋯ 8-23

　　8.2.4 利用圖案工具組合圖形 ⋯⋯⋯⋯⋯⋯⋯⋯⋯⋯⋯⋯ 8-24

8.3 利用調整端點與編輯端點自建新圖案 ⋯⋯⋯⋯⋯⋯⋯⋯⋯ 8-26

　　8.3.1 用調整端點做圖案形變 ⋯⋯⋯⋯⋯⋯⋯⋯⋯⋯⋯⋯ 8-27

　　8.3.2 用編輯端點做更自由的形變 ⋯⋯⋯⋯⋯⋯⋯⋯⋯⋯ 8-28

8.4 插入 Excel 額外提供的圖示 ⋯⋯⋯⋯⋯⋯⋯⋯⋯⋯⋯⋯⋯ 8-29

PART 3 用對圖表做對事 一
最常見的 20 種圖表製作案例

CHAPTER 09 適合呈現績效差異的圖表類型

9.1 強調重要的單一數值 ··· 9-2

9.2 直條圖（Column Charts）與橫條圖（Bar Charts） ·········· 9-4

案例研究：季度銷售額 ··· 9-7

9.3 子彈圖（Bullet Charts） ·· 9-10

案例研究：實際支出 vs. 預算 ··· 9-11

9.4 群組直條圖（Clustered Column Chart） ······················ 9-16

案例研究：產品缺陷 ··· 9-17

9.5 漏斗圖（Funnel Charts） ··· 9-19

案例研究：銷售轉換率 ·· 9-20

9.6 XY 散佈圖（XY Charts） ··· 9-23

案例研究：溫度 vs. 銷售量 ·· 9-24

9.7 泡泡圖（Bubble Charts） ··· 9-28

案例研究：房屋抵押貸款 ·· 9-29

9.8 點狀圖（Dot Plot Charts） ·· 9-32

案例研究：每小時生產量 ··· 9-33

建立圖表所需的中繼資料 ·· 9-34

產生圖表的點狀圖 ··· 9-37

完成年資小於 1 年的生產量點狀圖 ····························· 9-42

接著複製出其他三張點狀圖 ·· 9-44

修改第二張點狀圖的數列資料 ····································· 9-46

為這四張點狀圖加上標題 ·· 9-47

CHAPTER **10** 適合呈現整體中各組成份子的
圖表類型

10.1 圓形圖（Pie Charts）……………………………………………… 10-2

10.2 環圈圖（Doughnut Charts）……………………………………… 10-3
案例研究：不同地區的銷售額 ………………………………… 10-4
　　建立預設環圈圖 ……………………………………………… 10-5
　　讓環圈內顯示地區名稱 …………………………………… 10-6

10.3 鬆餅圖（Waffle Charts）………………………………………… 10-8
案例研究：員工福利使用率 ………………………………… 10-9
　　建立 100 個格子，每個佔 1%……………………………10-10
　　建立第一張健康檢查鬆餅圖 ……………………………10-12
　　建立第二張牙科服務鬆餅圖 ……………………………10-15
　　建立第三、四張鬆餅圖 …………………………………10-16
　　為四張圖表加上標題 ……………………………………10-16

10.4 放射環狀圖（Sunburst Charts）………………………………10-17
案例研究：生產流程時間分析 ………………………………10-18

10.5 長條圖（Histograms，直方圖）………………………………10-20
案例研究：餐廳消費金額 ……………………………………10-23
　　用消費金額建立預設長條圖 ……………………………10-24
　　設定間隔數值 ………………………………………………10-24

10.6 矩形式樹狀結構圖（Treemap Charts）………………………10-26
案例研究：各類保單投保金額 ………………………………10-28

10.7 瀑布圖（Waterfall Charts）……………………………………10-30
案例研究：損益表與淨收入 …………………………………10-33
　　建立預設損益表瀑布圖 …………………………………10-33
　　調整座標軸與數值單位 …………………………………10-35
　　用百分比呈現瀑布圖 ……………………………………10-36

CHAPTER **11** 適合呈現時序性的圖表類型

11.1　折線圖（Line Charts）·······································11-2
案例研究：各類產品的銷售額······························11-4
建立預設的折線圖·····································11-5
調整折線圖細節·······································11-6
用折線圖預測未來 2 個月的銷售額···········11-8
將預測值納入折線圖中·····························11-9
調整納入新值的折線圖·····························11-10

11.2　顯示變化量的直條圖（Column Charts with Variances）·11-12
案例研究：每月房屋成交金額·····························11-13
建立增加與減少數列·································11-13
建立預設的直條圖···································11-15
將變化量加入直條圖·································11-16
將增加與減少改用誤差線呈現···················11-18
將變化量用直條圖的資料標籤呈現···········11-21

11.3　組合圖（Combination Charts）························11-23
案例研究：運費收入 vs. 哩程數···························11-24
建立預設的組合圖···································11-25
將新資料加入組合圖中·····························11-26

11.4　顯示差值的折線圖（Line Charts with Differences）·········11-28
案例研究：比較兩個季度的營業額·····················11-29
建立預設的折線圖···································11-29
加上增減的誤差線···································11-30

11.5　並排比較的盒鬚圖（Box Plots）·····················11-33
案例研究：各部門的薪資水平·····························11-36
建立預設的盒鬚圖···································11-36
調整盒鬚圖格式·······································11-37

11.6　動態圖表（Animated Charts）·······························11-38

11.6.1　樞紐分析圖（PivotChart）·······························11-38

建立預設的樞紐分析圖······································11-39

調整欄位的群組方式··11-42

11.6.2　使用公式與控制項·····································11-43

建立預設的折線圖··11-43

固定垂直軸的刻度，不隨年份營業額而變動··············11-45

先開啟開發人員功能頁次····································11-45

加入捲軸控制項··11-46

11.6.3　使用巨集···11-49

建立 VBA 模組（Module）··································11-49

VBA 程式碼說明··11-52

11.7　圖表自動化（Chart Automation）·························11-53

11.7.1　操縱圖表中的物件·····································11-53

自動化的第一步 - 錄製巨集··································11-54

查看錄製的巨集內容··11-56

11.7.2　建立圖表面板（Panel Charts）·························11-58

錄製第一張圖表的巨集······································11-59

查看錄製的巨集內容··11-59

一步一步增加巨集的功能····································11-61

為巨集添加引數，畫出指定資料來源與
　　位置的折線圖··11-65

利用迴圈讓巨集更有彈性····································11-68

去除重覆出現的水平軸座標··································11-70

本書介紹
INTRODUCTION

近年來，無論是大型還是中小企業都能接觸到大量的數據，也越來越熱衷於資料的搜集和儲存。然而，經營層不可能消化所有原始數據，所以在用資料做出商業決策以前，原始數據必須先轉換為有效資訊才行，而這樣的過程就是我們所說的『**商業智慧**』(BI, business intelligence)。

其實 BI 的概念早就存在很長時間了，只不過隨著相關軟體工具日益強大且普及，BI 也逐漸成為熱門話題。可以說：在『資料取得門檻降低』與『BI 工具大行其道』的雙重影響下，開啟了各家企業對於製作**儀表板** (dashboards)的需求。

在眾多軟體中，Excel 已然成為整合各種 BI 工具的標準。微軟公司投入了大量資源開發 Excel 內建與外部的 BI 插件；不但建立了包含 **PowerQuery**、**PowerPivot** 等工具的 PowerBI 家族，還在 Excel 新版本中添加了大量先前沒有的圖表類型。

以上努力得到的成果就是：許多本來得透過專業軟體達成的功能，現在人人都能以 Excel 完成。在過去，為了存取資料和製作儀表板必須自己開發 IT 工具；如今這些工具可能早就安裝進你的電腦中了，而關鍵就在各職場皆不可缺的 Excel。

話雖如此，再簡單的軟體也需要學習。如果你正想製作儀表板，但卻不具備相關知識，那麼歡迎閱讀本書！我們會完整介紹 Excel 的資料視覺化功能，從使用形狀、設定條件式格式、到繪製各類圖表等。各位將能從本書提供的實例中，瞭解如何以儀表板回答真實的商業問題。

本書包含哪些內容？

本書共可分為三大篇。第一篇**用儀表板為資料說故事**，我們會以三個例子呈現製作完整儀表板的全過程。第二篇**視覺化的基本概念**重點討論如何將儀表板下各種元件的效果最大化，並說明一些非圖表的視覺元素。而在第三篇**用對圖表做對事 ─ 最常見的 20 種圖表製作案例**，會逐一介紹每一類圖表，並以實例說明應用場合。

各章簡述

- Chapter 01：**儀表板的基礎介紹**。本章描述的是基本觀念，包括哪些情況適合使用儀表板、規劃與如何建立儀表板和格式設定的大致流程。
- Chapter 02：**儀表板案例研究 01：專案目標進度監控**。此類儀表板關注的項目皆有完成條件，一旦專案或任務結束，資源就能轉移到其它地方，我們也能再設定新的目標。儀表板上的資訊要能夠告訴用戶某專案目前的狀態。
- Chapter 03：**儀表板案例研究 02：人資管理關鍵績效指標 (KPIs)**。儀表板經常用來呈現關鍵績效指標，該指標是由能反映某組織 (如：一間公司、或者公司裡的一個部門) 表現的重要資訊所組成。
- Chapter 04：**儀表板案例研究 03：企業營運的財務指標**。財務資料是企業的命脈，幾乎所有儀表板或多或少都會包括相關指標。由於營運狀況直接影響財務數據，故我們可以透過財務指標來評估企業的表現。
- Chapter 05：**儀表板資料前處理 - Power Query、Power Pivot 與資料模型**。本章重心完全放在資料上。我們不僅會示範把數據整理分層的最佳做法，還會說明如何將常用的外部資料整理並匯入 Excel 的資料模型中。

- Chapter 06：**有效視覺化的大原則**。本章是為了不熟悉圖表的讀者而設計的。讀完後將明白：什麼才是有效的視覺化溝通、運用顏色和文字等元素的祕訣、以及如何為想呈現的資料選擇合適的圖表類型。

- Chapter 07：**非圖表的資料呈現方法**。儀表板上並非只有幾個圖表而已。本章會學到更多 Excel 提供的視覺化選項，並深入瞭解自訂數值格式。

- Chapter 08：**使用圖案工具讓圖表更有看頭**。這一章主要是談 Excel 中的圖案工具，並示範怎麼用此工具替圖表製作與美化外框。

- Chapter 09：**適合呈現績效差異的圖表類型**。本章會介紹所有適合用來比較績效數據的圖表類型，且每類圖表都會提供一個案例。

- Chapter 10：**適合呈現整體中各組成份子的圖表類型**。本章會說明呈現整體中的組成時，應該使用什麼圖表類型。和前一章一樣，各類圖表都有實際案例與步驟。

- Chapter 11：**適合呈現時序性的圖表類型**。本章會討論能呈現資料隨著時間變化的圖表類型。除了不可或缺的案例研究外，我們還會說明如何撰寫 VBA 程式控制圖表。

本書補充資源

本書譯者與編輯為了幫助讀者理解書中內容，會分別以 譯註： 與 編註： 的方式輔助說明。並提供範例檔案供讀者下載練習。下載補充資源請連到下面網址，並依指示取得檔案：

https://www.flag.com.tw/bk/st/F2016

儀表板（Dashboards）
的基礎介紹

本章內容

- 什麼時候該使用儀表板
- 瞭解使用者需求
- 組合資料
- 建立儀表板
- 決定儀表板的格式

儀表板（dashboards）一直以來都廣受大眾歡迎，特別是在這個資料唾手可得、可視化工具又越來越先進的時代。簡單來說，儀表板就是一群圖表的集合，不過事情當然沒那麼簡單！雖然隨便將圖表湊在一起就能弄出儀表板的樣子，但這樣的結果恐怕並不好用。要建立好用的儀表板，需要一定的準備、知識與技巧。在本章中，我們會說明儀表板的概念、使用所需的技能、並介紹其適用的領域。

1.1 什麼時候該使用儀表板

儀表板的功能是用於呈現資料 (data)。資料可依其所在的處理階段分為：原始 (raw) 資料、聚合 (aggregated) 資料、已分析 (analyzed) 資料和呈現用 (presented) 資料，這些階段是由『資料的來源』以及『使用者想達成的目的』來決定的。

資料的聚合可發生在不同的層級上，且分析和呈現的方法也有無限多種。舉個例子，一張發票 (invoice) 是一筆筆訂購商品資訊的聚合，而一份銷售報告 (sales report) 則是多張發票的聚合。因此，對發票而言，其上的一筆筆記錄就是原始資料；但對銷售報告來說，發票才是原始資料。圖 1.1 呈現出來自不同階段的資料：

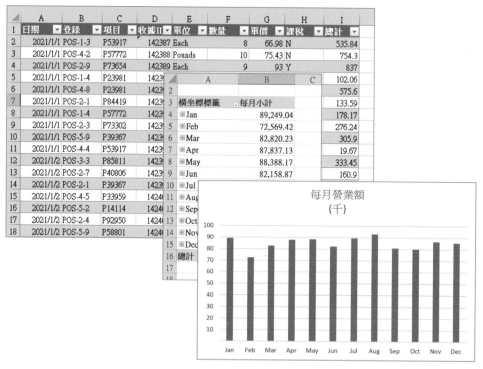

圖 1.1 由左至右呈現出原始、聚合、已分析與呈現用資料。

原始資料基本上就是尚未處理過的數據，其可以是從會計系統取得的交易資料、由銷售時點情報系統（point of sale, POS）提供的銷售資訊、或者是某種測量儀器的讀數（如：液位或溫度等）。如果我們手上只有原始資料，那麼在建立儀表板之前，得先對其進行聚合和一些分析才行。

> **NOTE** 本章中的圖表都整理在 Chapter01 / Figures.xlsx 的活頁簿（workbook）中，讀者可以在本書補充資源網址下載，請看前面的第 xix 頁。

聚合資料是已藉由某種方式分組或總結過的數據。舉例而言，一份月報表上的數據是由每週或每日的資料加總而來，而每日資料又是將當天不同時間段數據加總的結果。在許多應用中，建立儀表板的第一步就是聚合資料。

儀表板可以展現資料背後的故事。至於要用數據說什麼故事、以及哪些故事值得拿出來講，則是由資料分析決定。分析並不僅僅獲得結論，它還能釐清資料的本質並發現問題。此外，在資料分析的過程中，我們需要時常回到上一步，嘗試以不同的方法聚合數據，看看能不能發現不同的結果。

最後就是資料的呈現了，這也是儀表板發光發熱的地方。基本上，儀表板的建立能以上述任何一個階段做為起點。例如，你的資料可能來自某位分析師；此時，資料背後的故事已經確定（ 譯註： 即分析工作已經完成），接下來只要考慮如何把故事說好就行了。相反地，如果你得從原始資料開始搞起，那麼就得先處理數據的聚合與分析步驟。

儀表板持續在進化。過去是由靜態的視覺圖表與單一故事組成，但現在，儀表板還包含了自助式的**商業智慧**（business intelligence, BI）工具，能同時呈現多個故事、或允許使用者自行搜索資料中的意義。有了微軟公司的 Power BI 工具，以及 Power Pivot、Power Query 增益集與 Excel 的整合，自助式商業智慧會成為主流、並變得更加方便易用。

1.1.1 儀表板是什麼？

儀表板由一至多個視覺元素構成，專門用來呈現資料背後的故事。注意！一份單純將多項數據堆在一起的報告不能算是儀表板，因為其無法顯示任何有用資訊，像這樣的東西一般稱為『報告 (report)』或『表格 (table)』（兩者經常被視為同義詞）。就我們的目的而言，儀表板不能只是一長串的資料，其中一定得包含視覺元素才行！

如前所述，儀表板最重要的功能就是說故事，而這些故事是由資料分析產生的。透過分析，我們才能知道數據的重要性為何。舉例而言，關鍵績效指標 (key performance indicators, KPIs) 就是經常用儀表板來呈現的故事之一，我們會在下一節簡單說明一下該指標。

建立儀表板時最常犯的錯誤就是『預先下結論』。人們有時會對資料有先入為主的假設或期待，但這是不對的！我們應該讓資料來驅動故事，而不是擬好故事再用資料去湊。為避免這種情況，請試著將任何預設的結論轉換為問題；例如，若有人讓你建立一張儀表板以說明『銷售量的降低是由於天氣差導致的』，你應該將該陳述轉化為如下的問句：

每日的平均氣溫和銷售量之間是否相關？
雨天時我們的銷售額是多少？
和晴天的銷售額比起來如何？

一般而言，儀表板上的資料都是有關聯的，但不同使用者所關注的關聯性有可能不同。對人力資源部的專員而言，儀表板上記錄著與員工去留有關的資料，如：聘用率、開除率、遣散率、自願離職率、以及退休率等。而人力資源部經理的儀表板上則有更上層的資訊，包括更多員工的去留資料、薪資成本、敬業程度等等。公司內掌管一切行政事務的人則不只要閱讀人力資源的數據，還得檢視財務、會計、法律等部門的資料。至於公司管理的最高層，則必須考慮行政、營運、研發等各部門之間的數據關聯性。

1.1.2　關鍵績效指標 KPIs

KPIs 應該如何設定並不在本書的討論範圍內，領導人應根據對自身組織的理解來發展相應的 KPIs。例如，若你的組織以營利為目標，那麼淨利（net income）顯然是一項重要數據。事實上，不同組織的 KPIs 各有不同，而類似的組織會有相似的 KPIs。財務部門感興趣的資料包括淨利、自由現金流量（free cash flow）、以及營運資金（working capital）等；而對於製造商而言，他們可能更在乎生產線效益和產能等。

1.2　瞭解使用者需求

在建立儀表板之前，請務必先有計劃。就像蓋房子一樣，如果在動工之前我們什麼規劃都沒做，那麼房子建好後很有可能漏東漏西。而要擬定計劃，你就必須先得知使用者的需求為何。在著手產生儀表板之前，我們至少要先和以下三者溝通：

■ 第一是指示你製作儀表板的需求方
■ 第二是資料提供者
■ 第三則是終端使用者（end user）

注意！以上三者也可以是同一人，就是你自己。

你應該盡可能詳盡地瞭解需求方的要求。若他對自己想要什麼只有模糊的概念，你就得追問細節，以得到清楚的方向。如同前一節提到的，請將任何預想的結論轉化為一至多個問題，再繼續進行後續工作。

人們經常忽視和資料來源有關的問題，但這是不正確的。請弄清楚資料到底從何而來，以及它們是否已被聚合或分析過了。各位應依照專案的需求，盡可能取得最原始的資料；畢竟，我們可以用不同方式聚合原始資料，但要將聚合好的資料拆解回原始資料則幾乎不可能。

另外，還需知道資料是來自組織內部還是外部、負責維護的人是誰、以及數據的更新頻率如何。以會計系統上的財務資料為例，其可能每月或每季度才出一次；至於像是 POS 提供的數據，則或許可以即時更新。

如果你找不到想要的資料，那麼整個儀表板專案就得拆分成兩個部分：其中一個是『資料搜集』專案，另一個才是『儀表板製作』專案。有時，我們需要的資料並非還沒準備好，而是根本不存在。舉例而言，若組織內部從未記錄過生產線上的瑕疵率，那麼就不可能找到相關的歷史資料。如果是這樣，你可能得自行建構一套系統並開始追蹤所需數據，而這當然會拖慢儀表板製作的進度。因此，應盡早與專案中的參與者溝通，有助於大家取得共識。

1.2.1　使用者的類型

你可以根據儀表板的使用目的，將使用者劃分為不同類型，以便瞭解怎樣的儀表板能符合他們的需要：

- ■ 『**監督者**』需要儀表板來檢視組織或專案當前的狀態如何，這就如同我們得透過車子的儀表板得知速度、油量和警示一樣。
- ■ 『**決策者**』得從儀表板來判斷接下來應採取什麼行動。
- ■ 『**生產經理**』則要根據儀表板上的銷售量和產線利用率等資料，判斷是否有必要加開夜班。

- 『**計畫者**』是組織的最高層，負責決定組織未來的方向。因此，他們更關心儀表板所顯示的趨勢，並依此制定各項決策。計畫者會需要觀察各部門的營運情況，然後決定接下來五年的資源該如何分配。
- 『**報告者**』需利用儀表板來呈現資訊。例如在股東會上展示的儀表板，能有助於股東們快速掌握平時看不到的各種訊息。

事實上，上面提到的各類使用者之間多有重疊。例如，監督專案的人當然得依資訊的指示採取必要行動（ 譯註： 在作者的定義中，決定採取什麼行動是決策者的任務）；股東們也可能因為不滿意某些訊息而徹換管理部門，進而改變公司未來的方向。總之，你應該去認識你的觀眾，有時甚至還要瞭解觀眾的觀眾是誰，如此才能提供正確層級的資訊。

1.2.2 更新頻率

產生儀表板的頻率也很重要。以『舉辦奧運如何影響某城市的財務狀況』為例，可以預期：該主題的儀表板可能只需製作一次。對於這種單次儀表板，資料維護和製作效率通常不是考慮的重點。

但對於週期性或即時儀表板而言，我們就得確保資料的取得能跟得上儀表板產生的頻率了。並且，上述頻率越高，你就應該花越多時間去自動化儀表板的產出過程。以即時儀表板來說，全自動化有其必要；至於一年出一次的儀表板，自動化程度就不必那麼高。

製作儀表板的過程從一開始便要有記錄可尋。對此，你不必使用特殊的軟體，只需簡單的文字說明或試算表（spreadsheet）即可。記錄上可註明你針對使用者和資料所搜集的各項訊息，以及將原始數據（通常從資料庫中取得）整理成試算表的全過程。就算是產生頻率極高的全自動儀表板，我們也應保留資料流動的記錄，這樣日後才好進行除錯工作。各位可以想像一下：若一年後需要再次製作某個儀表板，而你早已遺忘所有細節了，那時的你可能會問什麼問題？請趁現在將它們回答清楚。

設計儀表板是個有來有回的過程。當我們製作出可用的初稿後，可以先將它傳給相關人士徵求意見。之後，每更新一個版本就傳送一次，看看使用者有什麼反饋。在等待意見的時候，你可以繼續處理下一階段的作業，但萬一儀表板有錯，這麼做可幫你省去大量修正工作，避免等到交出最終版本才發現問題的窘境。

最後，在儀表板完成後，我們還得追蹤其成效。假如終端用戶每週會收到一份儀表板，那麼你最好提醒自己在數月後與這些用戶聯絡，看看儀表板的內容是否仍符合他們現在的需要，這點對持續不間斷的儀表板尤其重要。

在此提供筆者的親身經歷：有一次，我負責的某個每月儀表板發送功能失靈，且經過數週後我才注意到問題；然而在此期間，完全沒人來詢問儀表板上哪兒去了。後來發現使用者的需求原來早已改變，於是我們不再製作那份儀表板，每月省下了不少時間。

1.3 組合資料

對於 Excel 的用戶來說，處理資料算是建立儀表板時最重要的工作了。Excel 提供非常好用的資料聚合與操作工具，包括數以百計的函數與表格，以及數據分類、分割、和刪除重複值等功能，這一點想必大家都有感覺。在下面幾小節裡，我將介紹幾項 Excel 上的資料操作工具。

> **注意！** 如果製作儀表板所需的資料來自 Excel 之外，那麼第一步得先將其匯入 (import)。我會在第 5 章討論如何處理 Excel 外部的資料。

1.3.1 樞紐分析表（PivotTable）

Excel 中最強大的功能之一是**樞紐分析表**，其能根據你所設置的條件來過濾、分類、總結資料。樞紐分析表是一項互動式工具，你可以用滑鼠拖曳的方式，將想要的欄位（field）框選到分析表內適當的區域，達到快速改變資料總結方式的效果。

注意！ 透過樞紐分析表畫出的圖形稱為樞紐分析圖（PivotChart），其具有其它圖表所沒有的互動式功能。我會在第 9 章中介紹更多和樞紐分析圖有關的細節。

雖然任何樞紐分析表的功能都能以工作表的函數來實現，但比起自己手動用函數來總結資料，使用樞紐分析表顯然快多了。透過該工具，我們能在瞬間加入、移除、或者重新排列各欄位；反之，利用函數進行操作則需耗費許多時間。以圖 1.2 顯示的部分原始資料為例（想實際操作者請參考 Chapter1Figures.xlsx 的 **1.2** 工作表），圖 1.3 便是由原始資料產生的一種樞紐分析表（此結果可參考 **1.3** 工作表）：

	A	B	C	D	E
1	州	地區	月份	季度	銷售額
2	加州	西部	Jan	第一季	1,118
3	加州	西部	Feb	第一季	1,960
4	加州	西部	Mar	第一季	1,252
5	加州	西部	Apr	第二季	1,271
6	加州	西部	May	第二季	1,557
7	加州	西部	Jun	第二季	1,679
8	華盛頓	西部	Jan	第一季	1,247
9	華盛頓	西部	Feb	第一季	1,238
10	華盛頓	西部	Mar	第一季	1,028
11	華盛頓	西部	Apr	第二季	1,345
12	華盛頓	西部	May	第二季	1,784
13	華盛頓	西部	Jun	第二季	1,574
14	奧勒岡	西部	Jan	第一季	1,460
15	奧勒岡	西部	Feb	第一季	1,954
16	奧勒岡	西部	Mar	第一季	1,726
17	奧勒岡	西部	Apr	第二季	1,461
18	奧勒岡	西部	May	第二季	1,764
19	奧勒岡	西部	Jun	第二季	1,144

圖 1.2 建立樞紐分析表的原始資料。

加總 - 銷售額	欄標籤		
列標籤	第一季	第二季	總計
⊟中區	21,025	22,176	43,201
伊利諾	4,243	3,623	7,866
堪薩斯	4,776	4,007	8,783
肯塔基	3,342	4,626	7,968
密蘇里	4,669	4,556	9,225
奧克拉荷馬	3,995	5,364	9,359
⊟東區	17,267	17,864	35,131
佛羅里達	4,722	4,630	9,352
麻州	3,442	4,155	7,597
紐澤西	4,365	4,316	8,681
紐約	4,738	4,763	9,501
⊟西區	16,778	18,242	35,020
亞利桑那	3,795	4,663	8,458
加州	4,330	4,507	8,837
奧勒岡	5,140	4,369	9,509
華盛頓	3,513	4,703	8,216
總計	55,070	58,282	113,352

圖 1.3 樞紐分析表。

以下說明由圖 1.2 原始資料產生出圖 1.3 樞紐分析表的步驟：

1. 首先用滑鼠將 **1.2** 工作表的資料框選起來，

2. 接著按一下工具列的『插入』功能頁次，選擇最左邊的『樞紐分析表』，

3. 在『建立樞紐分析表』交談窗點『確定』鈕，出現『樞紐分析表欄位』工作窗格 (task pane)。

4. 請將『州』、『地區』、『季度』、『銷售額』這幾個項目勾選起來，然後把『季度』拖曳到標題為『欄』的區域中，把『地區』和『州』欄位放到『列』區域內，最後將『銷售額』拖曳到『值』區域中。『值』的功能就是總結資料。依照預設，由於『銷售額』欄位的資料為數值，故 Excel 會將其加總起來；至於非數值的資料，預設是計算資料的筆數。

經過上面的步驟，『樞紐分析表欄位』工作窗格會如圖 1.4：

此工作窗格包含以下幾個區域，分別說明之：

■ **選項 (右上角齒輪圖示)**：該選項允許使用者調整工作窗格的版面配置，並對欄位進行分類。如果你的工作表欄位眾多，可以選擇能顯示較多欄位的版面配置。

■ **搜尋框**：只要在文字框中輸入關鍵字，就能讓欄位列表只顯示符合 (或部分符合) 關鍵字的欄位。

圖 1.4 樞紐分析表的工作窗格。

- **篩選**：如果你將某欄位拖入此區域，則樞紐分析表中相應欄位上方會出現一個下拉選單，你可以勾選（或取消勾選）選單內的資料，進而控制樞紐分析表要顯示哪些資料。

- **欄**：被放進此區域的欄位會顯示在樞紐分析表的最上方，你也可以一次放入多個欄位以形成巢狀結構，換言之，位於較上層的欄位會橫跨多欄資料，而其下方的儲存格則僅顯示與上方欄位有關的數據。例如圖 1.5 呈現了一個將『月份』欄位放在『季度』欄位下方的巢狀結構；我們可以看到，由於『第一季』只包含 Jan、Feb 與 Mar，故下方儲存格只會呈現這三個月的數據（相同的道理也適用於『第二季』，其下方只有 Apr、May、Jun 的資料）：

欄標籤 ▼				第一季 合計	第二季			第二季 合計	總計
	Jan	Feb	Mar		Apr	May	Jun		
加總 - 銷售額	18,579	19,194	17,297	55,070	20,754	18,771	18,757	58,282	113,352

圖 1.5 在『欄』區域中放入巢狀欄位。

- **列**：位於此區域的欄位會顯示在樞紐分析表的左側。和『欄』的情況一樣，你也可以藉由巢狀結構，以層級方式呈現不同欄位；以圖 1.3 所呈現的樞紐分析表為例，『州』欄位被放在了『地區』欄位的下層。

- **值**：若欄位出現在『值』區域內，則其中的資料會被聚合起來，再顯示於樞紐分析表中。此處最常用的『聚合』方法為**加總**（Sum）和**計數**（Count），不過事實上還有其它做法，例如：**平均**（Average）、**取最小值**（Min）、以及**取最大值**（Max）。對於『欄』和『列』區域裡的欄位，Excel 會將有交集的資料聚合起來。

以圖 1.3 的樞紐分析表為例，由於我們將『季度』欄位放到『欄』中、『州』欄位放於『列』中，故 Excel 在聚合資料（見圖 1.2）時，只會將同一『州』且同一『季度』的資料加在一起（如：所有『加州』的『第一季』銷售額被加總成一個數字，所有『密蘇里』的『第二季』銷售額被加總成另一個數字，以此類推）。

如果表中的『欄』或『列』有巢狀結構，則 Excel 不只會計算最上層欄位的總計，還會計算每個底層欄位的小計。我們可以根據自己的需求，選擇要展示或隱藏這些總合結果。若要關掉總計，請點擊一下樞紐分析表的任何位置，然後按視窗上方『樞紐分析表分析』功能頁次，點擊最左方的『選項』以打開如圖 1.6 的『樞紐分析表選項』交談窗，選擇『總計與篩選』次分頁，並將其中的『顯示列的總計』和『顯示欄的總計』取消勾選即可：

圖 1.6 『樞紐分析表選項』交談窗。

若要將某巢狀欄位的小計隱藏，則請對該巢狀欄位的任意值 (此處以『地區』為例) 點滑鼠右鍵，然後點擊『欄位設定』，即可開啟『欄位設定』交談窗，如圖 1.7 所示。你可以任選以下選項的其中一個：

■ **自動**：使用預設的方式 (『計數』或者『總和』) 將相同子欄位的資料聚合起來。

▪ **無**：將該欄位的小計隱藏起來。

▪ **自訂**：依使用者指定的方式將子欄位的資料聚合起來。

圖 1.8 是將樞紐分析表中總計和小計皆隱藏起來的結果：

圖 **1.7**『欄位設定』交談窗。

圖 **1.8** 沒有總計和小計的樞紐分析表。

使用 GETPIVOTDATA 函數

樞紐分析表本身是可以動態調整的，也就是可以依需要改變表格的大小、以及資料存放的位置。但這麼一來，當我們想在函數中取用表格內某特定資料時，可能因為儲存格的位置改變而抓取到不正確的資料。萬幸的是，Excel 提供了 GETPIVOTDATA 函數，可確保我們總是能參照到正確的資料。

來舉個例子吧。假如在某個自訂函數中用到加州第一季的銷售量數據,那麼 GETPIVOTDATA 函數就可派上用場:

```
=GETPIVOTDATA("銷售量",$I$3,"州","加州","地區","西部","季度","第一季")
```

使用上述函數後,即使在樞紐分析表中加入更多數據,以致於加州第一季銷售量跑到了其它儲存格,試算表也能抓到正確的數字。GETPIVOTDATA 函數的第一個引數可指定我們想取用『值』區域中的哪一個欄位,也就是銷售量。下一個引數(即『$I$3』)代表樞紐分析表最左上角的資料儲存格(請參考 1.3 工作表)。至於最後六個引數(兩兩成對,一共三對,如:『州』是標題,『加州』則是其下的某個值,以此類推),則決定了目標資料所在的欄與列。

上述的最後三對引數順序是可替換的。但請記得,在欄位標題之後,一定要放該欄位的值,例如:『加州』是『州』這個標題下的值,故一定要放在『州』之後。GETPIVOTDATA 函數會自動分析每一對引數,並找出符合要求的資料。

除了可以指定要找出某特定數據,GETPIVOTDATA 還能回傳總計或小計。以『第一季』那一欄的總計為例,使用以下方式便可取得:

```
=GETPIVOTDATA("銷售量",$I$3,"季度","第一季")
```

若要傳回整張樞紐分析表的總計,則用:

```
=GETPIVOTDATA("銷售量",$I$3)
```

用手輸入一長串 GETPIVOTDATA 函數挺麻煩的,但只要點選工作表中某一特定資料,Excel 就能自動幫我們生成對應的 GETPIVOTDATA。方法很簡單(編註:您可用 1.3 工作表來試試看):先在任一空白儲存格中打一個等號，然後點擊樞紐分析表中的某個儲存格資料，這樣 Excel 就會將 GETPIVOTDATA 連同其中所有的引數一併建立好，你只需要按下 Enter 鍵接受即可。

假如你不想使用 GETPIVOTDATA 功能，那麼也可以將其關閉：請先點一下樞紐分析表上的任何位置，然後選擇功能區的『樞紐分析表分析』，點一下位於最左邊『樞紐分析表『選項』右邊的向下箭頭(注意！不是點『選項』，而是右邊的小箭頭)，然後將『產生 GetPivotData』取消勾選即可。

> **警告！** 和函數不同，樞紐分析表建立後，若原始資料有任何修改，表格中的數字並不會立即自動更新。若要讓表中的數字正確，請按功能區的『樞紐分析表分析』，再點一下『重新整理』。

1.3.2 試算表函數

Excel 提供了上百種試算表函數，方便我們控制和處理資料。在實務上，我們會用到的函數並沒有那麼多，除了少部分與製作儀表板直接相關之外，還有一些功能很強且常用於處理資料的函數，下面就來介紹其中幾個。

VLOOKUP 函數

VLOOKUP 函數會先在指定的「欄(column)」裡尋找特定值位於哪一「列(row)」，然後再傳回該「列」中被指定的某「欄」的值。其語法如下：

```
VLOOKUP(lookup_value, table_array, col_index_num, range_
        lookup)
```

圖 1.9 是 VLOOKUP 的使用範例 (參考 **1.9** 工作表):

C4	▼	:	×	✓	fx	=VLOOKUP(B4,$F$3:$R$52,5,FALSE)				

	A	B	C	D	E	F	G	H	I	J	K
1											
2						銷售員姓名	一月	二月	三月	四月	五月
3						Rachel Thomas	2,076.08	2,741.45	1,540.96	2,142.28	1,863.27
4		Hailey Porter	4,274.40			Payton Brooks	3,109.17	2,136.32	4,774.18	4,675.77	3,519.00
5						Ava Mills	1,619.69	1,104.68	1,566.24	1,797.64	4,233.14
6						Jayden Cruz	2,207.33	4,083.45	4,205.58	3,921.56	4,830.75
7						Brady Bailey	3,547.31	4,787.54	3,557.96	1,545.73	3,228.25
8						Hailey Porter	1,598.16	1,935.84	1,977.14	4,274.40	2,700.35
9						Cameron Cook	4,801.98	4,326.55	2,342.97	1,532.29	1,619.69
10						Arianna Gardner	2,855.90	1,785.04	3,266.20	4,989.87	2,140.13
11						Ashley Austin	4,704.37	4,084.04	3,752.84	3,889.23	3,777.19
12						Camila Phillips	1,935.64	2,482.00	3,077.91	3,772.08	2,081.66
13						Julia Sims	4,439.92	1,640.12	1,323.81	1,865.97	1,692.28
14						Robert Wallace	4,752.36	2,357.20	1,464.17	4,888.25	4,723.95

圖 1.9 VLOOKUP 函數。

在上述例子裡,範圍 F3:R52 (table_array 的引數) 中存放了各銷售人員的佣金數據,第一個引數 B4 (lookup_value) 是欲搜索的銷售員姓名,我們可以利用 VLOOKUP 找出此人在四月份得到多少佣金。注意!該函數會順著整張表的第一欄 (在這個例子中為 F 欄,也就是銷售員姓名那一欄)往下找,直到遇到搜索對象 (此例為 Hailey Porter) 為止 (在儲存格 F8 找到了,即第 F 欄行、第 8 列);接著,它會傳回該列 (第 8 列) 第 5 欄 (由col_index_num 指定) 的資料。

本例的 range_lookup 引數設為 FALSE,這是在告訴函數:只有當找到與目標完全吻合時 (一定要是 Hailey Porter,差一個字母都不行),才需傳回值,如果都找不到,則傳回錯誤值「#N/A」。假如我們將此引數設為TRUE,那麼 Excel 會預期資料已經過排序,並搜索與目標最接近的項目。在某些場合中,尋找最接近的選項確實有用,但這樣的場合很少;多數情況下,我們都將最後一個引數設為 FALSE。

XLOOPUP 函數

XLOOPUP 是 Excel 函數中新進的成員 (Excel 2021、365 支援,但 2019 及以前版本不支援)。它的運作方式與 VLOOKUP 很像,但搜索欄未必是表格的第一欄,可以自行指定。下面就是 XLOOKUP 的語法:

```
XLOOKUP(lookup_value, lookup_array, return_array, if_not_
        found, match_mode, search_mode)
```

我們可以看到,XLOOKUP 的第一個引數和 VLOOKUP 完全一致,但此後就有差異了。VLOOKUP 要求我們選取整個資料表的範圍,並自動假設第一欄為搜索欄;在 XLOOKUP 中,我們則可自行指定要搜索哪一欄 (lookup_array),又要從哪一欄 (return_array) 回傳值。

XLOOKUP 中還有 if_not_found 引數,可讓我們指定:當找不到目標時,函數應傳回什麼值。若不指定該引數,則找不到目標時會傳回錯誤值「#N/A」,這一點和 VLOOKUP 是一樣的。

引數 match_mode 與 VLOOKUP 的 range_lookup 類似,只不過其接受值並非 TRUE 或 FALSE,而是提供了幾個選項 (以整數索引表示),用以指定搜索的嚴格程度;其預設值為『0』,代表需要完全吻合。

最後一個引數是 search_mode,我們能藉此指定 Excel 搜尋資料的方法。如果資料集很大,那麼你可以透過此引數來加速搜索的速度。但對於多數資料集來說,該引數可忽略。

圖 1.10 顯示如何用 XLOOKUP 找到四月份佣金最高的銷售員是哪一位 (可參考 **1.10** 工作表):

圖 **1.10** XLOOKUP 函數。

如你所見，XLOOKUP 函數搜尋的不再是整張資料表的第一欄，而是第五欄 (即四月份的佣金，因為我們將 lookup_array 指定為 J3:J52)，且其傳回值反而來自第一欄 (return_array 為 F3:F52) 的銷售員姓名。C4 儲存格中的公式『=MAX(J3:J52)』能找出 J 欄裡的最大值。在本例中，XLOOKUP 順著 J 欄往下找 C4 中的值，發現就是儲存格 J10 (第 J 欄、第 10 列)，然後將 F 欄中位於第 10 列的值 (Arianna Gardner) 傳回。由於我們已知該搜索目標存在、且要求完全吻合，故其餘引數毋須設定。

> **編註！** 如果是用 Excel 2019 開啟在 2021 中輸入的 XLOOKUP 函數，則會看到『_xlfn.XLOOKUP(…)』，前面的 _xlfn 是 2019 為不支援的函數自動加上的，並傳回『#NAME？』錯誤訊息。

INDEX 與 MATCH 函數

假如讀者使用的 Excel 版本不支援 XLOOKUP，也可以用 INDEX 和 MATCH 這兩個函數的組合達成同樣的效果。只要為 INDEX 函數選定一個資料區域、並提供欄值與列值，該函數便會傳回資料區域內位於指定欄、列上的資料 (如果我們所選的區域只有一欄，那麼只需提供列值就行了)。另外，MATCH 函數能夠告訴 INDEX 該存取哪一列的資料。圖 1.11 的例子顯示如何使用 INDEX 和 MATCH 函數來輸出與 XLOOKUP (圖 1.10) 相同的結果 (參考 **1.11** 工作表)：

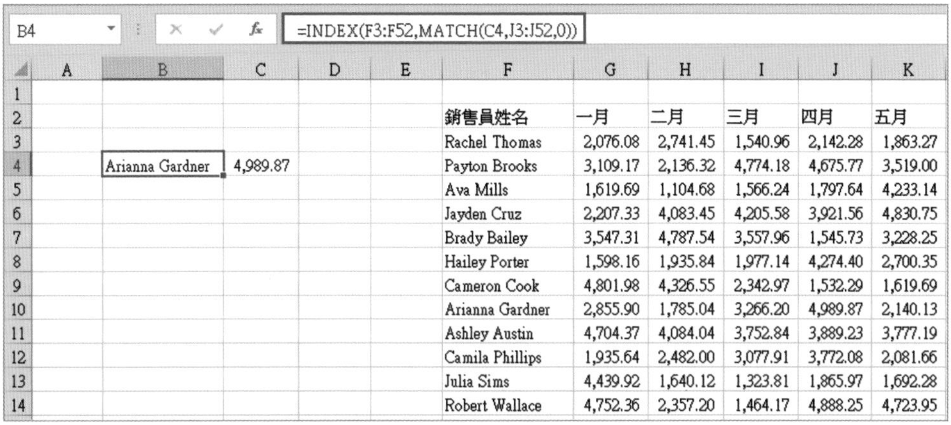

B4	▼ : ✕ ✓ ƒx	=INDEX(F3:F52,MATCH(C4,J3:J52,0))								
	A	B	C	D	E	F	G	H	I	J	K
1											
2						銷售員姓名	一月	二月	三月	四月	五月
3						Rachel Thomas	2,076.08	2,741.45	1,540.96	2,142.28	1,863.27
4		Arianna Gardner	4,989.87			Payton Brooks	3,109.17	2,136.32	4,774.18	4,675.77	3,519.00
5						Ava Mills	1,619.69	1,104.68	1,566.24	1,797.64	4,233.14
6						Jayden Cruz	2,207.33	4,083.45	4,205.58	3,921.56	4,830.75
7						Brady Bailey	3,547.31	4,787.54	3,557.96	1,545.73	3,228.25
8						Hailey Porter	1,598.16	1,935.84	1,977.14	4,274.40	2,700.35
9						Cameron Cook	4,801.98	4,326.55	2,342.97	1,532.29	1,619.69
10						Arianna Gardner	2,855.90	1,785.04	3,266.20	4,989.87	2,140.13
11						Ashley Austin	4,704.37	4,084.04	3,752.84	3,889.23	3,777.19
12						Camila Phillips	1,935.64	2,482.00	3,077.91	3,772.08	2,081.66
13						Julia Sims	4,439.92	1,640.12	1,323.81	1,865.97	1,692.28
14						Robert Wallace	4,752.36	2,357.20	1,464.17	4,888.25	4,723.95

圖 1.11 INDEX 與 MATCH 函數。

MATCH 函數的語法如下：

```
MATCH(lookup_value, lookup_array, match_type)
```

MATCH 函數和 VLOOKUP 很像，只不過前者無法指定要傳回哪一欄的資料 (即沒有後者的 col_index_num 參數)。事實上，MATCH 只會告訴我們目標數值 (lookup_value) 位於選定資料區域 (lookup_array) 中的第幾列而已。MATCH 的最後一個引數 (match_type) 預設為 0，代表需要完全吻合，這與 VLOOKUP 最後的 FALSE 引數意義相同。在本例中，由於 C4 儲存格中的值位於 J3:J52 的第 8 列，故 MATCH 回傳 8。

一旦 MATCH 的計算結果確定，圖 1.11 中的 INDEX 函數就變成了：

```
=INDEX(F3:F52,8)
```

INDEX 函數的語法如下：

```
INDEX(reference, row_number, column_number)
```

在本例中，由於 reference 引數 (F3:F52) 僅包含單欄資料，故我們只需提供列數 (row_number) 就好了 (即：欄數 column_number 可省略)。

SUMPRODUCT 函數

SUMPRODUCT 函數是所有 Excel 工作表函數中功能相當強大的一個，它能將兩個 (或更多) 區域的資料相乘、再將乘積加總成單一數字。圖 1.12 牛刀小試一下 SUMPRODUCT 的功能 (參考 **1.12** 工作表)：

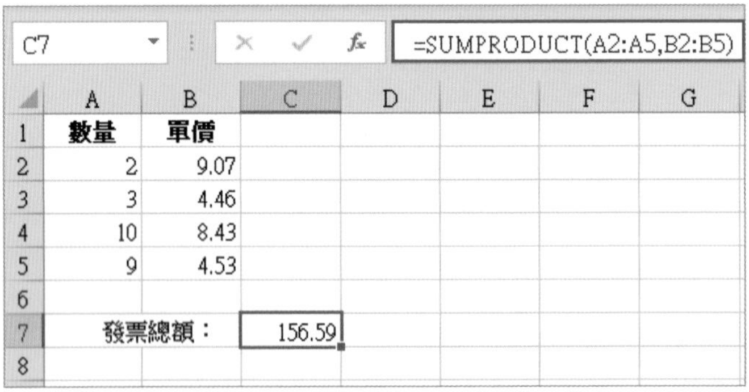

圖 1.12 SUMPRODUCT 函數。

上述範例包含數量資料、以及各品項的單價。如果要算發票總額，一般的作法是在儲存格 C2 輸入公式『=A2*B2』，並依次在 C3 輸入公式『=A3*B3』…，最後在 C7 輸入『=SUM(C2:C5)』算出總和，然而用 SUMPRODUCT 只需要一條公式就完成了。

SUMPRODUCT 可發揮如陣列公式 (這是下個小節的主題) 的功能，而這也是其真正強大的地方。此外，在使用 SUMPRODUCT 時，我們還能透過『乘以 0』的方式將特定數值過濾掉，以免其影響最終結果。圖 1.13

示範如何以該函數計算某特定商品在某月份的總銷售額（可參考 **1.13** 工作表）：

L6	▼	:	× ✓	fx	{=SUMPRODUCT(($C$2:$C$3651=K6)*(MONTH($A$2:$A$3651)=4)*($I$2:$I$3651))}					

	A	B	C	D	E	F	G	H	I	J	K	L
1	日期	登錄	品項	收據 ID	單位	數量	單價	課稅	總計			
2	2021/1/1	POS-1-3	P53917	142387	Each	8	66.98	N	535.84			
3	2021/1/1	POS-4-2	P57772	142388	Pounds	10	75.43	N	754.30			
4	2021/1/1	POS-2-9	P73654	142389	Each	9	93.00	Y	837.00			
5	2021/1/1	POS-1-4	P23981	142390	10Pk	2	51.03	N	102.06			
6	2021/1/1	POS-4-8	P23981	142391	5Pk	10	57.56	N	575.60		P23981	5,000.32
7	2021/1/1	POS-2-1	P84419	142392	2PK	3	44.53	N	133.59			
8	2021/1/1	POS-1-4	P57772	142393	5Pk	3	59.39	Y	178.17			
9	2021/1/1	POS-2-3	P73302	142394	Pounds	4	69.06	N	276.24			
10	2021/1/1	POS-5-9	P39367	142395	5Pk	5	61.18	N	305.90			
11	2021/1/1	POS-4-4	P53917	142396	Feet	1	19.67	N	19.67			

圖 1.13 SUMPRODUCT 搭配資料過濾。

上面這個例子共包括三個部分：其中兩個部分用於比較資料、還有一個計算結果。當比較的結論為 TRUE 時，SUMPRODUCT 在做乘法時會自動將其視為 1；FALSE 則自動當成 0。我們將圖 1.13 公式分開解釋：

■ 第一部分：($C$2:$C$3651=K6) 會將 C 欄內所有的值（品項）一一和 K6 的值比較，並傳回 TRUE 或 FALSE。

■ 第二部分：(MONTH($A$2:$A$3651)=4) 則取 A 欄中每個日期的月份一一和 4（以 4 月為例）進行比對，進而傳回 TRUE 或 FALSE。

■ 第三部分：($I$2:$I$3651) 並不包含比較運算，只是單純將 I 欄的數值傳回而已。

以上的三個部分會各自產生包含 3,650 個值的陣列（因為有 3650 筆資料）。對前兩者而言，陣列內的值非 TRUE 即 FALSE，至於最後一部分的值則等於 I 欄。

接下來，SUMPRODUCT 會將陣列中同一列的值相乘。讓我們看一下第 2 列的計算結果：首先，由於 C2 的值與 K6 的不同，且 A2 中的月份也不等於 4，故 SUMPRODUCT 所做的運算為 FALSE * FALSE *

535.84；由於 FALSE 自動視為 0，所以最後的乘積為 0，而這就是該項目對所求總銷售額的貢獻。

再來看看第 6 列吧：此列中的項目 (C6) 符合了，但月份 (A6) 依舊不對，故 SUMPRODUCT 的運算為 TRUE * FALSE * 575.60；這裡的 TRUE 等於 1，但 FALSE 是 0，因此結果仍為 0。事實上，當函數移動到第 924 列時，才第一次碰到了項目和月份都符合的資料，該列的算式為 TRUE * TRUE * 47.12；因為 TRUE 是 1，所以此項目對所求總銷售額的貢獻就是 47.12。

如你所見，只要任何一部分比較的結果為 FALSE，就會被視為 0，進而讓整列的乘積都變為 0。換言之，只有當所有比較皆為 TRUE 時，該列的數值才會被納入總計中。無論你設了 2 個、還是 20 個比較條件，都是這樣計算。

就上面提到的用法而言，SUMPRODUCT 與樞紐分析表很像；對後者而言，Excel 只會將指定欄與指定列中，數值相同的資料聚合在一起。對比兩者，樞紐分析表的優勢是更改起來較為簡單。若是使用 SUMPRODUCT，資料有變動時我們就得修改每一個 SUMPRODUCT 公式。然而，用 SUMPRODUCT 的好處是當資料發生改變，公式的結果會自動更新，而用樞紐分析表則需按下重新整理。

SUMPRODUCT 和樞紐分析表的另一項相似點是：在聚合資料時，我們可以讓兩者計算某數值一共出現多少次 (計數)，而非將它們的數值加總。若要讓 SUMPRODUCT 改進行計數，公式中只需包含比較運算。以圖 1.13 的例子來說，只要保留公式裡和比較有關的部分 (換言之，將 ($I$2:$I$3651) 刪除)，即可算出符合特定項目 (K6) 與 4 月兩條件的資料共有多少筆了：

```
=SUMPRODUCT(($C$2:$C$3651=K6)*(MONTH($A$2:$A$3651)=4))
```

我們可以比對一下上面的公式和圖 1.13 的公式幾乎一樣，只不過少了和
行 I 有關的項目。想像一下，若公式內兩個比較的結果皆為 TRUE，則
Excel 會進行 1*1＝1 的運算，再加入總和中。以圖 1.13 的範例資料而
言，一共有 18 列符合『品項為 P23981』且『月份為 4 月』這兩個條
件，它們的乘積皆為 1，故加總後公式會傳回 18，就如同是計數的功能。

另一個和 SUMPRODUCT 有關的技巧是：在公式中加入參照同一欄的比
較項。舉個例子，若我們想計算 P23981 和 P73302 兩項產品在 4 月的銷
售額總計，則可以用以下公式：

```
=SUMPRODUCT((($C$2:$C$3651="P23981")+($C$2:$C$3651="P73302"))*(MONTH($
A$2:$A$3651)=4)*($I$2:$I$3651))
```

在這個例子裡，存在兩個參照 C 欄的條件式（即 $C$2:$C$3651＝
"P23981" 和 $C$2:$C$3651＝"P73302"）。由於 C 欄的每列資料都只存
放一項產品，故兩條件式不可能同時為 TRUE，這就是為什麼我們將兩式
相加。各列在比較後可能出現 0＋0、0＋1 或 1＋0 等三種結果，其中等
於 1 者表示該列的產品為 P23981 或 P73302、等於 0 則代表兩者皆非。
因為 Excel 會先乘除後加減，所以我們要用小括號將上述兩個條件式括起
來，讓 Excel 先處理它們。

請注意！此處所說的技巧只適用於比較同一欄資料的狀況；倘若我們把兩
個不同欄的比較結果加起來，則當兩者皆為 TRUE 時，計算結果將變成
2，這麼一來結論就錯了。

陣列公式（Array Formulas）

前面提過的 SUMPRODUCT 函數和陣列函數很類似，但前者只能執行數據加總，而無法以其它方式聚合資料。陣列公式會進行與 SUMPRODUCT 相同的計算，但你可以指定要怎麼聚合符合條件的數值。要建立陣列公式，只需在輸入完試算表函數後，按下 ⌈Ctrl⌋ + ⌈Shift⌋ + ⌈Enter⌋ 鍵（而非只按 ⌈Enter⌋ 鍵）即可。你應該會看到公式外圍自動多出一組大括號，這樣原本的函數就變成陣列公式了。

下面用與 SUMPRODUCT 一樣的資料集舉例。若想得到 P23981 在 4 月份的銷售額最大值，則我們可以使用 MAX 函數搭配陣列公式，請看圖 1.14（參考 **1.14** 工作表）：

```
=MAX((($C$2:$C$3651=K6)*(MONTH($A$2:$A$3651)=4)*($I$2:$I$3651))
```

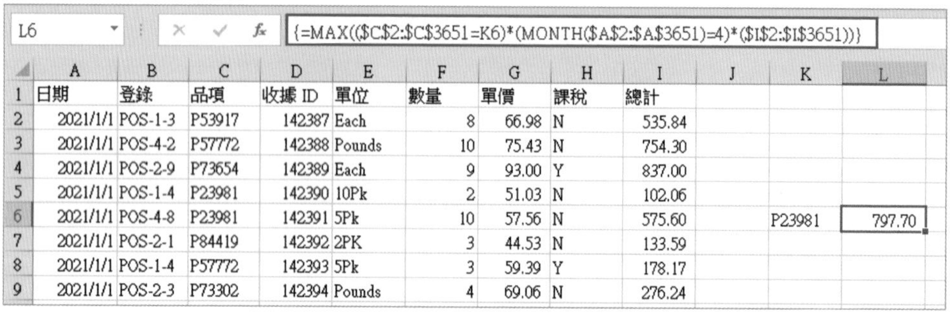

	A	B	C	D	E	F	G	H	I	J	K	L
1	日期	登錄	品項	收據 ID	單位	數量	單價	課稅	總計			
2	2021/1/1	POS-1-3	P53917	142387	Each	8	66.98	N	535.84			
3	2021/1/1	POS-4-2	P57772	142388	Pounds	10	75.43	N	754.30			
4	2021/1/1	POS-2-9	P73654	142389	Each	9	93.00	Y	837.00			
5	2021/1/1	POS-1-4	P23981	142390	10Pk	2	51.03	N	102.06			
6	2021/1/1	POS-4-8	P23981	142391	5Pk	10	57.56	N	575.60		P23981	797.70
7	2021/1/1	POS-2-1	P84419	142392	2PK	3	44.53	N	133.59			
8	2021/1/1	POS-1-4	P57772	142393	5Pk	3	59.39	Y	178.17			
9	2021/1/1	POS-2-3	P73302	142394	Pounds	4	69.06	N	276.24			

儲存格 L6 公式列：`{=MAX(($C$2:$C$3651=K6)*(MONTH($A$2:$A$3651)=4)*($I$2:$I$3651))}`

圖 1.14 尋找最大值的陣列公式。

仔細觀察圖 1.14 的公式列，可以看到公式最外圍有大括號包住。請注意！這個大括號不是（也不能）自己輸入！你必須在打完函數後按下 ⌈Ctrl⌋ + ⌈Shift⌋ + ⌈Enter⌋ 鍵（而非僅按 ⌈Enter⌋ 鍵），Excel 才會自動替我們加上去。假如你的陣列公式傳回錯誤的結果，第一個要檢查的就是：公式最外圍是否有大括號，如果發現漏掉了，可按 ⌈F2⌋ 鍵來編輯儲存格，然後補按 ⌈Ctrl⌋ + ⌈Shift⌋ + ⌈Enter⌋ 鍵。

上述陣列公式和 SUMPRODUCT 一樣包含兩個條件式、以及一個與數值
有關的部分。但在 Excel 將三部分乘起來以後（如前所述，TRUE 相當於
1、FALSE 相當於 0），其並不會將所有乘積加總；取而代之，它會找出
其中最大的值為何。之所以會這樣，是因為本例使用了 MAX 函數。事實
上，如果我們把公式裡的 MAX 換成 SUM，則所得結果就與
SUMPRODUCT 完全一致。

要從符合條件的數值中挑出最小值則需要稍微不同的策略。由於在聚合資
料以前，不符合條件的數據會被變成 0（因為乘上 FALSE 的緣故），因此
若我們以 MIN 函數直接尋找最小的非負數值，其結果必是 0。萬幸的
是，MIN 會自動忽略文字資料，我們可以利用這一點讓 Excel 只處理非
零的數值。以下公式可傳回產品 P23981 在 4 月份的最小銷售額：

```
=MIN(IF(($C$2:$C$3651=K6)*(MONTH($A$2:$A$3651)=4),"",($I$2:$I$3651)))
```

我們可以看到，原本的兩個條件式（$C$2:$C$3651=K6 和
$A$2:$A$3651=4）改成 IF 函數的引數。如果它們相乘的結果為 0，則以
空字串（即上式中的雙引號『""』）替代之，否則將其換成同一列的行 I 數
值。由於 MIN 會自動無視所有字串，因此空字串的資料不會被處理，傳
回結果會是兩條件式皆為 TRUE 的最小值。

1.3.3 表格

表格（tables）指的就是試算表中儲存資料的區域。使用表格的兩大好處在
於：第一，可自行設定儲存格的格式（formats）；第二，當表格的大小發
生變化時，與之連動的公式也會自動進行調整。圖 1.15 示範了一張小型
表格，以及根據該表所繪製的直條圖（參考 **1.15** 工作表）：

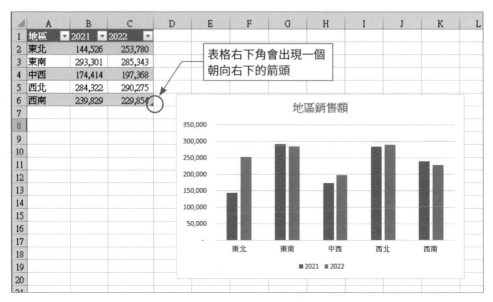

圖 1.15 根據表格資料繪製的直條圖。

若我們改變了原始表格的欄數或列數，則直條圖也會自動調整。換言之，該圖參照的內容並非如 A1:C6 這樣的固定儲存格範圍，而是一個具有名稱 (如：Table1) 的特定區域，且其會對此區域的內容變化即時產生反應。

要使用表格，第一步就是把某個一般的 Excel 區域轉換為表格：首先，選定一個範圍，並按功能區『插入』中的『表格』，就會出現『建立表格』交談窗 (編註：如果選在已建表格的區域就不能再插入表格)：

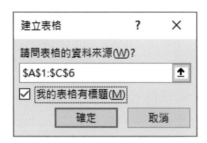

圖 1.16 『建立表格』交談窗。

此交談窗會向你確認欲轉換的區域、以及表格是否有標題。請點一下『確定』鈕完成表格的建立。下一步，請點一下表格，然後按功能區的『插入』中的『建議圖表』，接著選『群組直條圖』來插入新圖表。你可以自行更改圖表的標題，本例所用的名稱為『地區銷售額』。

假設你想在上述表格中加入新一年的資料，並且把『德州』從『西南』欄位裡獨立出來。若是一般的 Excel 儲存格，在加入新資料後，我們還得手動擴大圖表對應的範圍；但因為此處建立的是表格，故只管在表格範圍內加入新數據，圖表就會自行調整了。

想插入新的一年 (相當於在最右邊新增一欄)，請直接在 D1 輸入 2023 並按 Enter 鍵。從圖 1.17 可看出來，Excel 自動在表格中新增了一欄，而圖表中也會多出一個位置 (參考 **1.17** 工作表)：

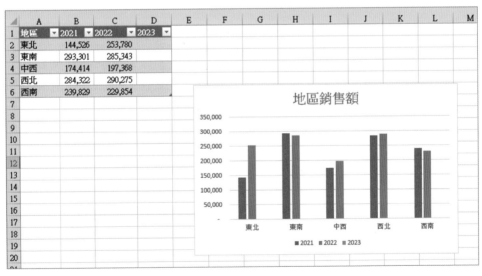

圖 1.17 表格自動擴張以容納新資料。

接下來，把『德州』輸入 A7 後按 Enter 鍵，Excel 會自動新增一列。現在，將空缺的數據填妥，更新的表格和直條圖如圖 1.18 所示 (參考 **1.18** 工作表)：

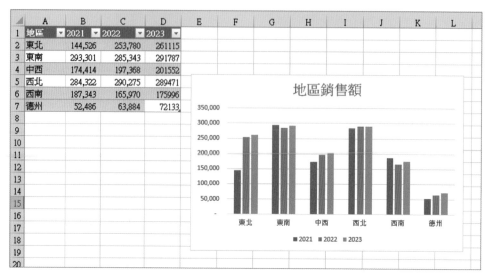

圖 1.18 直條圖自動針對新資料進行修正。

如你所見，Excel 主動將『德州』和 2023 年的新資料添加到了群組直條圖中。此外，『德州』的數據格式也自動變得和其它列相同。但要注意的是，由於輸入的『2023』是新的一欄，並沒有既定格式可供參考，故我們得手動調整其資料格式。總而言之，我們毋須直接更動圖表，只要在表格裡加入新資料，就會自動得到圖 1.18 的結果。

對表格使用結構化參照

在上個例子中，當表格的資料改變，圖表的內容也會跟著改變。假如我們在建立公式時，透過**結構化參照** (structured referencing) 指向特定表格，則這些公式也會隨著表格的變動而自行調整。為了舉例方便，我們將表格名稱從 Excel 的預設值 (通常是『Table』然後加一個數字，如『Table1』) 改為『tbl 營業額』。作法是先點一下表格，然後點選功能區的『表格設計』標籤頁，找到最左邊的『表格名稱』文字方塊，打上新的名字：

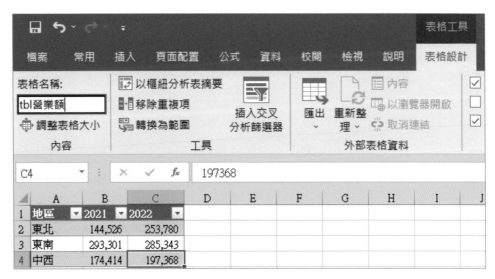

圖 1.19 更改表格名稱。

要在公式中加入結構化參照，請先在試算表中選擇一個空白的儲存格，輸入『=SUM(』(這裡使用 SUM 函數只是舉例，讀者可換成自己需要的公式)，然後用滑鼠選取表格裡的特定範圍，如 B2:B7。注意！如果你選擇的空白儲存格太靠近表格，Excel 會以為你想添加新的行或欄，所以請將公式打在離表格遠一些的格子裡（[譯註:]也不用隔太遠，只要不緊貼著表格就行了)。Excel 就會將原本應該是『=SUM(B2:B7)』的公式，自動轉換成如下的結構化參照：

```
=SUM(tbl營業額[2021])
```

如你所見，公式所參照的範圍並非 B2:B7，而是『tbl 營業額 [2021]』，其代表：在名稱為『tbl 營業額』的表格裡面被標記成『2021』的那一欄。因此，當我們在處理儀表板中的資料時，便可以使用表格的結構化參照來確保公式總是涵蓋到所有的數據。[編註:]在選取該欄全部資料時才會轉換成表格名稱與欄位名稱。

事實上，你不一定要透過選取資料來產生結構化參照。舉個例子，讓我們
再輸入一次剛才的公式，這次請輸入『=SUM(tbl』，你會看到 Excel 上
出現一個下拉選單，其中包括名稱有『tbl』三個字的選項(參考 **1.20** 工
作表)：

圖 1.20 出現可選擇的表格名稱。

假如你在活頁簿中建立了多張表格，且它們的名稱皆以相同字串(如
『tbl』)開頭，那麼上述方法就非常便利了：直接在下拉選單中選擇想要的
表格即可。由於本例中只有一張表格，故其為下拉選單的第一個選項；在
這種情況下，只要按 [Tab] 鍵，程式就會自動補完表格名稱，不需要自己手
打。在表格名稱之後，請打個左中括號『[』，你會看到 Excel 自動列出所
有和指定表格有關的選項(請參考 **1.21** 工作表)：

圖 1.21 Excel 可提供選項，協助你建立公式。

各位可看到，第一個選項包含了『@』符號，其能告訴 Excel：你想取用『tbl 營業額』中與公式位於同一列的所有數值。如果你輸入的是 [@2021]，則 Excel 會傳回在 2021 這一欄中與公式同列的那個值。注意輸入 [@2021] 與 [2021] 的區別：後者會傳回 2021 這一欄的所有資料。

接下來的四個選項分別是表格中的不同欄；Excel 會分析表格結構，並自動產生與每一欄同名的範圍。

至於最後四個選項則對應表格中的特定區域：『# 全部』參照的是整張表格，其中包含標題與總計的部分。『# 資料』與『# 全部』很像，但不含標題與總計。『# 標題』和『# 總計』則分別參照到全部的標題與全部的總計上。你可以用方向鍵選擇所要的選項，然後按下 Tab 鍵完成輸入。舉例來說：請先用方向鍵移動到『# 資料』選項上，按下 Tab 鍵，然後輸入右中括號和右小括號完成公式：

```
=SUM(tbl營業額[#資料])
```

該公式會傳回『tbl 營業額』表格中所有資料的總和。

1.3.4　資料剖析

如果你的資料是從 Excel 外部匯入的，則有時不同欄的數值會全部擠在同一個儲存格內，而不是一欄一欄分開。遇到這種時候，Excel 的『資料剖析』功能能幫你將資料整理成可用的格式。圖 1.22 就是一串從外部貼到 A 欄的資料；雖然有用逗號隔開，但原本屬於同列不同欄的資料全都放進同一個儲存格中（參考 **1.22** 工作表）：

	A
1	一月,69,47,38,97,36
2	二月,14,47,62,90,67
3	三月,42,78,83,94,82
4	四月,72,15,65,61,21
5	五月,56,70,84,22,33
6	六月,37,38,97,39,34
7	七月,18,96,76,91,88
8	八月,13,59,79,43,80
9	九月,70,36,33,77,69
10	十月,29,58,25,99,87
11	十一月,56,83,88,39,24
12	十二月,93,99,52,33,97

圖 1.22 同列不同欄的資料全部擠在同一個儲存格中。

若要將這些數值分開，請按以下步驟操作：

1. 將資料框選起來，然後按『資料』功能頁次中的『資料剖析』。

2. 圖 1.23 是『資料剖析精靈』的介面。請選擇『分隔符號』選項，然後按『下一步』：

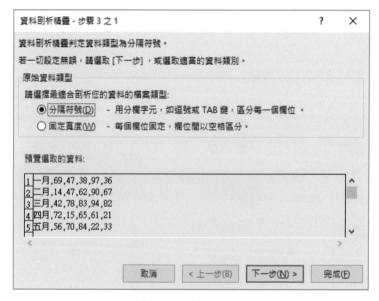

圖 1.23 資料剖析精靈。

3. 請取消勾選『Tab 鍵』選項，並把『逗點』選項勾起來，圖 1.24 是 Excel 所顯示的預覽畫面。完成後點『下一步』鈕：

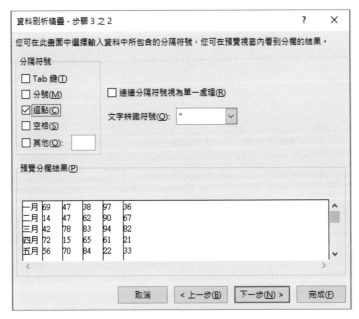

圖 1.24 Excel 根據不同分隔符號來分割資料。

4. 最後一步允許我們更改資料的格式。一般而言，Excel 可自動轉換日期和數字格式。如果我們的數值前面有零，則 Excel 會自動將其去掉，除非我們將該欄的值指定為『文字』格式。圖 1.25 呈現出最終成果：不同數值已被分隔到不同欄中：

	A	B	C	D	E	F
1	一月	69	47	38	97	36
2	二月	14	47	62	90	67
3	三月	42	78	83	94	82
4	四月	72	15	65	61	21
5	五月	56	70	84	22	33
6	六月	37	38	97	39	34
7	七月	18	96	76	91	88
8	八月	13	59	79	43	80
9	九月	70	36	33	77	69
10	十月	29	58	25	99	87
11	十一月	56	83	88	39	24
12	十二月	93	99	52	33	97

圖 1.25 不同資料被分隔到不同欄中。

1.3.5　去除重複值

在處理原始資料時，另一個常見的問題是重複項。Excel 的『移除重複
項』工具可快速、簡單地去除資料中重複出現的記錄，而毋須使用樞紐分
析表或複雜的公式。圖 1.26 的例子就是一組有重複記錄的數據 (參考
1.26 工作表)：

	A	B	C	D
1	發票編號	日期	客戶名稱	金額
2	IN001000	2021/12/1	Atlantic Northern	847.97
3	IN001000	2021/12/1	Atlantic Northern	847.97
4	IN001003	2021/12/21	Big T Burgers and Fries	763.62
5	IN001003	2021/12/21	Big T Burgers and Fries	763.62
6	IN001006	2021/12/25	Sixty Second Avenue	516.08
7	IN001007	2021/12/4	Mainway Toys	706.85
8	IN001008	2021/12/19	Carrys Candles	726.68
9	IN001013	2021/12/2	The Legitimate Businessmens Club	666.51
10	IN001014	2021/12/14	Zevo Toys	780.58
11	IN001016	2021/12/15	North Central Positronics	370.02
12	IN001022	2021/12/25	Fake Brothers	142.65
13	IN001022	2021/12/25	Fake Brothers	142.65
14	IN001022	2021/12/25	Fake Brothers	142.65
15	IN001023	2021/12/14	General Services Corporation	931.21
16	IN001024	2021/12/3	General Products	918.33
17	IN001026	2021/12/6	Taco Grande	303.72
18	IN001032	2021/12/10	Videlectrix	939.56
19	IN001036	2021/12/15	Wernham Hogg	909.72
20	IN001037	2021/12/30	Sample, inc	563.13
21	IN001040	2021/12/24	Taco Grande	472.36
22	IN001040	2021/12/24	Taco Grande	472.36
23	IN001042	2021/12/7	Roxxon	909.71
24	IN001046	2021/12/1	LuthorCorp	121.00
25	IN001048	2021/12/15	Videlectrix	897.77

圖 1.26 包含重複的資料。

若要把重複項刪除，請先框選資料，然後按『資料』功能頁次，再選擇
『移除重複項』。你應該會看到如圖 1.27 的『移除重複項』交談窗：

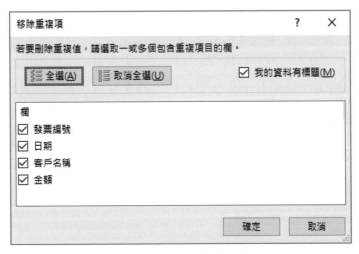

圖 1.27 移除重複項交談窗。

此交談窗會列出資料中所有的欄位，你可以勾選要用哪些欄來判斷某列資料是否為重複記錄。以本例中的發貨單來說，每一欄都相同的資料才是重複項，故我們將所有欄位都勾選起來。但對於其它類型的數據，可能只要勾選其中一、兩欄就夠了。為避免誤刪不該刪掉的資料，請盡量多勾幾個欄位。在點擊『確定』鈕後，Excel 會顯示如圖 1.28 的交談窗，上面會寫共刪除了幾列資料：

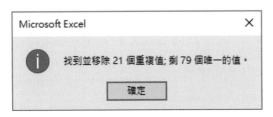

圖 1.28 Excel 會顯示刪除的資料筆數。

現在，資料中就只剩下非重複的記錄了。如果你發現結果有錯，只要使用復原功能 (直接按快速鍵 Ctrl + Z) 就能將資料恢復。

1.4 建立儀表板的觀念

如果你平常的工作是用 Excel 整理資料，那麼在處理數字、表格與樞紐分析表方面可能游刃有餘，但對於視覺元素很可能不大熟悉。幸好，許多網站和文章都提供了實用的例子，相信各位已經看過不少了。由於儀表板這項工具已存在很長一段時間，相關社群已發展出了一套視覺化原則，可協助我們建立賞心悅目的儀表板。只要掌握這些原則，讀者便能獲得鑑定儀表板優劣的能力！

這裡的首要原則是：緊扣關鍵訊息。若有事先做好計畫，那麼你就應該知道手上可用的資料有哪些、以及使用報表的人需要什麼資訊。請確保儀表板上所有的元素都能推進你想描述的故事。可以問問自己：是否可以用一張簡單的圖表說完所有的事情？如果是，那就不要添加其他多餘的東西。事實上，儀表板上的視覺元素應該精簡又能呈現重點，而不是讓人眼花撩亂。

考慮到上述原則，請不要一股腦兒把全部資料往儀表板上塞。一般而言，我們手中的數據都會超過所需，而對於那些已經過妥善處理、能立刻產生圖表的資料，我們更是會情不自禁地將其放在儀表板上（畢竟不用花什麼精力）。雖然這樣做乍看沒什麼害處，但倘若它們與整張儀表板的脈絡不符，那麼後續的代價可能極高。

但要注意的是，儀表板上的元素也不必完全是精華中的精華。實際上，任何儀表板都含有主要與次要的元素；只要版面不亂，那些能為故事提供支持、但本身不那麼關鍵的元素還是可以出現的。事實上，在讓儀表板盡可能『豐富』和『簡約』之間，存在著某種平衡，而這需要各位依靠經驗來學習。

1.4.1 整理視覺元素

網路上有許多資料在教大家如何建立多視覺元素的文件，相關資料或見解有很多(特別是在網頁設計領域)，而筆者認為其中有三點最為關鍵，那就是：尺寸、顏色、以及擺放位置。

尺寸最大的視覺元素通常最吸睛。因此，最重要的資訊應該要比其他東西都大。要記得！一個視覺元素的尺寸應和其重要性成正比。此外，考慮元素尺寸時，應將其周圍的留白空間一併算進來。以包含三個元素的圖1.29 為例，其中一個元素明顯比另外兩個大，代表其重要性最高(參考 **1.29** 工作表)：

圖 1.29 儀表板範例，其中包含 3 個不同尺寸的視覺元素。

顏色明亮、對比高的元素看起來要比淺色、單調的元素重要。不過若儀表板上到處充斥著高亮度、高對比的顏色，那麼整個版面在視覺上會相當混亂。當然，我們不建議你把整個儀表板弄得灰溜溜，只在其中放上一張五彩繽紛的圖表。其實，只要引入細微的上色差異，就足以改變閱讀者的注意力了。在製作儀表板時，你應該限制使用的顏色數量，並確定不同顏色之間能互相搭配。而在此前提之下，適時地改變用色規律有助於凸顯特定元素。

最後，**應該把最要緊的視覺元素放在左上角的位置、最無所謂的東西則放右下角**。請想像一下人們閱讀的習慣：我們一般都從左上角開始往右讀，然後再跳至下一行，如此不斷重複；看網頁內容時也通常如此。因此，最左上角的東西會第一個被讀者注意到。另一種常見的設計模式是把最重要的元素放在正中央，次要元素則擺在其周圍，當某個元素的重要性完全輾壓其他元素時，這種設計就非常合適。

1.4.2 視覺元素的變化

一張儀表板通常包含多種類型的圖表。假如你用折線圖來表示所有東西，閱讀者就需耗費大量精力來解讀其中的訊息。話雖如此，也不是沒有例外：若儀表板上每個視覺元素都對應相同資料，只不過在單一向度上不同（例如：每張圖都是銷售額對時間的變化，但不同圖對應不同地區），那麼使用同類圖表可協助讀者連繫相關資訊。

不過，當發生變化的向度更多時（例如：貨物單位、金額、以及時間尺度都不同），使用不同類型的圖表效果會更好。圖 1.30 的儀表板由八張同類型的圖表組成，這表示：每張圖表對應的資料相同，只是在其中一個向度上有所差異：

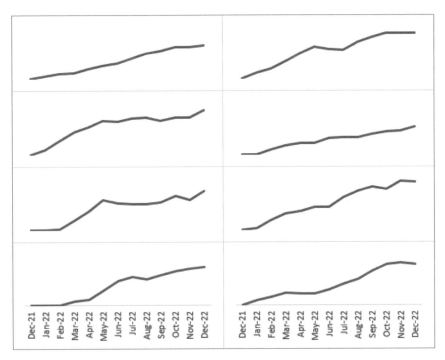

圖 1.30 由同類型圖表組成的儀表板。

本書第三篇會談到，我們應依照『資料』和『想說的故事』來決定圖表類型。舉例而言，折線圖特別適合呈現時間上的變化，但假如將時間分割成幾個離散的區段（如：將不同月份的資料分開），則改用直條圖也蠻適合的。

請注意！本小節的意思並非儀表板上的圖表類型完全不能重複。我們的重點是：當對完全無關的資料套用同類型圖表時，請千萬不要將它們調成相同尺寸與顏色，並擺放在相鄰位置。此外，和之前『不要亂塞資料』的警告一樣，即使某種圖表看起來很炫、或這是你剛學會的新招，也不要輕易將其放上儀表板。我們使用的圖表類型應該『與資料一致』，並且能『推進故事』。

1.4.3 呈現趨勢

你可以透過插入趨勢線的方式來展現資料的走向。但某些圖表本身已能呈現出趨勢，此時添加趨勢線就顯得多餘了。圖 1.31 是一張加了趨勢線 (紅色虛線) 的折線圖。如你所見，原資料的走向 (藍色折線) 其實已經夠明顯了，根本不需要多此一舉 (參考 **1.31** 工作表)：

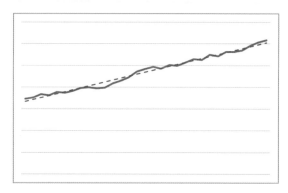

圖 **1.31** 紅色趨勢線顯得多餘。

但趨勢線也有發光發熱的時候。假如資料波動劇烈以致於看不清走向、但該走向對你的故事又非常重要，那麼加入趨勢線便能解決問題。圖 1.32 是每日銷售額的折線圖；其中，週期性的週末銷售額下降導致整體趨勢非常不明顯。此時，放上一條趨勢線有助於儀表版使用者詮釋資料 (參考 **1.32** 工作表)：

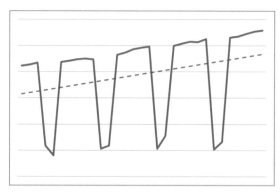

圖 **1.32** 當資料大幅波動時，趨勢線就能派上用場。

想插入趨勢線，請先點選圖中的折線，然後按滑鼠右鍵選擇『加上趨勢線 ...』，此時 Excel 會根據預設為圖表加上一條線性趨勢線，而『趨勢線格式』工作窗格也會出現在右邊，如圖 1.33 所示。

趨勢線有很多類型，請從以下清單中選一種來擬合你的資料：

- **指數**：當資料集的上升或下降率快速增加時，適用此類趨勢線。

- **線性**：適用於簡單、線性的資料集。

- **對數**：適用於先快速上升或下降、之後又保持平穩的資料集。

- **多項式**：適合不斷波動的資料集。

- **乘冪**：當資料集的上升或下降率為常數時，適用此類趨勢線。

- **移動平均**：當資料集中存在某種固定波動，而你想讓其變得平滑時，便可使用此類趨勢線。

圖 1.33『趨勢線格式』工作窗格。

1.5 決定儀表板的格式

儀表板是由圖表與數字等視覺元素組合而成，因此圖表與數字的呈現方式都會影響到儀表板的閱讀專注度與清晰度，這都是設計儀表板時需要注意之處。

1.5.1 圖表格式

選用正確的圖表格式能讓好的儀表板更上層樓。幸運的是，Excel 為幾乎所有類型的圖表都提供了眾多格式選項。但要小心的是，其中某些格式不僅無法加分，還會模糊圖表想傳達的訊息。

和儀表板的整體設計原則一樣，每張圖表的格式應保持乾淨、簡單。過度裝飾會干擾使用者理解資料，進而降低圖表的有效性。圖 1.34 就是一張過度修飾的圖表，看起來花了很多時間製作，而圖 1.35 則是同一張圖的簡約版本，後者顯然更能呈現出資料的意義 (參考 **1.34** 工作表)。

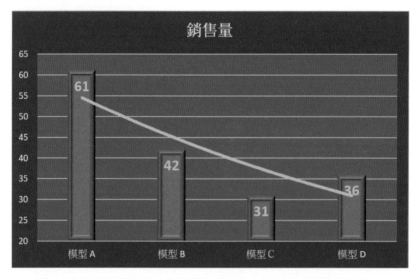

圖 1.34 過度裝飾會讓人無法將注意力放在圖表想傳達的訊息上。

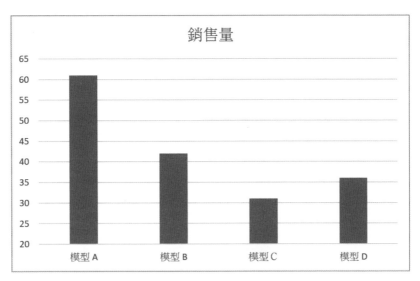

圖 1.35 乾淨、簡單的格式能清楚呈現訊息。

事實上，最糟糕的 Excel 格式選項就是所謂的立體圖。這種格式會扭曲視覺元素，導致它們無法正確反映資料內容。以立體直條圖為例，最前排的長條看起來較大，而位於後排的長條則有一部分被擋住，這顯然不是理想的呈現方法。總之，立體圖雖看起來很酷，但會增加理解資料的難度，有時甚至會遮擋到資訊。

以下再列出幾項最好避開或需謹慎使用的格式選項：

■ **背景顏色**：理想的背景色是白色、或者非常淡的顏色，黑色或其它較深的顏色會降低圖表主要元素與背景之間的對比。由於背景永遠和資料無關，故請不要強調背景。

■ **前景顏色**：請不要把圖表的主要元素弄得五顏六色。顏色的使用應該要有具體目的，例如：強調圖中最重要的資料點。各位可以在『圖表設計』功能區中找到『變更色彩』下拉選單 (圖 1.36)，其中已為你配好了各種互補色。另外，各位也可以用『格式』功能頁次下的『佈景主題樣式』來更改配色 (圖 1.37)：

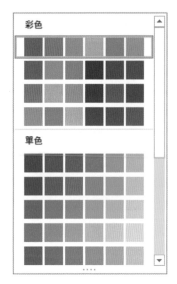

圖 1.36 『圖表設計』下的『變更色彩』已為大家配好一系列互補色。

圖 1.37 也可以透過『格式』下的『佈景主題樣式』來更改配色。

■ **漸層**：漸層填色會讓元素呈現出由深到淺的顏色變化。這對於理解資料沒有幫助，建議不要使用。

- **圖片**：這裡指的是『格式』功能區『圖案填滿』下的『圖片...』選項，該選項會以重複的圖案來填滿圖表中的元素。這不僅對於理解資料沒有幫助，甚至還會讓閱讀者分心，導致圖表效力下降。因此，也建議不要使用此功能。

- **圖案效果**：在『格式』功能區最右邊有『格式窗格』，打開後會看到一個正五邊形的圖示，此即『圖案效果』選項。該格式選項允許我們為圖表或其元素加上『陰影』、『光暈』或『柔邊』。如果用得好，這些效果能為圖表增加一點深度，視覺上看起來更吸引人。然而，我們經常會濫用此功能，以致於圖表無法順利傳達訊息。一般來說，除非真的有強烈需求，否則建議各位不要使用此選項。

- **框線**：框線是圍繞在圖表最外圍的一圈邊線。該選項基本上是多餘的，因為圖表本身的座標軸就能顯示出圖表區域了。就算座標軸被隱藏了，加上框線的意義也不大。如果說真的要加，請記得把顏色調淡一點，以免搶了資料的風頭。

- **格線**：Excel 會為大多數圖表加上預設格線，但這通常不會產生加分效果。假如圖中有某個資料點特別重要，但其離座標軸很遠，比較好的做法是加上資料標籤（下面會提到）、或利用特殊顏色將其凸顯出來。如果真的要加入格線，記得將其顏色調淡，才不會搶走主要元素的注意力。

- **資料標籤**：在『圖表設計』功能區最左邊有『新增圖表項目』下拉選單，其中就能找到『資料標籤』選項。需要注意的是，假如替每個數據點都加上資料標籤，則圖表會變得不易閱讀。因此，只為重要的資料加上標籤即可，例如：最大值或最小值。此外，此功能也能用於解釋異常數值。在圖 1.38 的範例裡，我們用資料標籤來解釋某工廠的生產量為什麼會出現一個詭異的低谷（參考 **1.38** 工作表）：

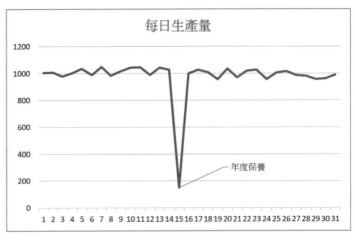

圖 1.38 可以用資料標籤來解釋異常的資料變化。

■ **座標軸：**對大多數例子而言，座標軸能為圖表提供脈絡以及尺度資訊。但在某些情況裡，例如：方差圖（variance charts），我們會隱藏座標軸上的數字。總之，不要因為 Excel 預設加入座標軸，就以為每張圖都應該要有此元素。請仔細思考其對解釋資料有何貢獻，再決定要顯示還是隱藏座標軸。

最後，請不要在圖表中加任何美工圖案。圖表本身已經是圖形了，不需要再加入另一個圖形來與資料爭奪注意力。

1.5.2 數字格式

圖表裡基本上都會包含數字；它們可能在座標軸上，又或者在資料標籤中。Excel 會自動將圖表的數字格式設定成與原始資料相同，但這不一定是我們想要的，因此務必進行檢查。另外，請為所有數字加上千位號，以增加其可讀性，例如不要只寫『10000』，應該要寫『10,000』。

我們首先要為數字選擇適當的有效位數。以動輒上千萬的營業額資料為例，沒必要顯示零頭。Excel 提供了完善的數字格式系統，可支援我們以任何格式顯示數值。請在不遺失訊息的情況下，盡可能少呈現幾位數字；譬如說，將 17,483,262 改用百萬單位做為座標刻度，像是 17.4、17.5…，並在圖表的標題或座標軸上註明單位是百萬。圖 1.39 中的折線圖座標軸就使用了此技巧 (參考 **1.39** 工作表)：

圖 1.39 當資料數值龐大時，可調整座標軸的數字格式。

想改變座標軸大數值的格式，請先對著圖表上欲調整的座標軸連點兩下滑鼠左鍵，以打開『座標軸格式』工作窗格，選擇最上端的『座標軸選項』，點一下直條圖圖示，然後展開『數值』選項，如圖 1.40 所示：

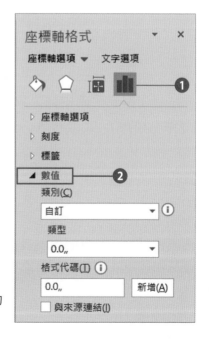

圖 1.40 『座標軸格式』中的『數值』選項。

此處我們將類別設為『自訂』，可以看到下面多了一個『類型』下拉選單，其下則是『格式代碼』文字方塊。以前面的 17,483,262 為例，我們在格式方格中輸入『0.0,,』，再按一下『新增』鈕 (按 Enter 鍵無效)。

『0.0,,』代表數字中由右數來兩個逗號以右的數字都隱藏，並用 0.0 的格式將第 2 個逗號左邊的數字顯示到小數一位，也就是會用 17.x 的格式當作垂直座標軸刻度。同理，若打上『0.00,,』則垂直座標軸會顯示到小數兩位。表 1.1 提供了一些可用來表示大數字的格式：

表 1.1 大數值的自訂格式

想呈現的效果	使用格式代碼
17.4	0,,.0
17	0,,
$17.4	$0.0,,
$17	$0,,
17.4M	0.0,,"M"
17M	0,,"M"
$17.4M	$0,,.0"M"
$17M	$0,,"M"
17,483K	0,000,"K"
$17,483K	$0,000,"K"

你可以在格式代碼中插入貨幣符號或字母 (如：代表『千』的 K、代表『百萬』的 M、以及代表『億』的 B 等)，以說明數值的尺度。不過，在座標軸刻度上增加符號會讓圖表看起來變得複雜，建議不要這麼做。如果真的想加上符號說明，建議可以放在座標軸的標題，或是整張圖表的標題中。

儀表板可在一個頁面呈現最關鍵的資訊，接下來的三章會以案例研究的方式，從事前計劃、搜集與操作資料等，一步步製作出儀表板。

儀表板案例研究 01：
專案目標進度監控

本章內容

- 儀表板的版面規劃
- 建立視覺元素：子彈圖、橫條圖、折線圖
- 利用格式化規則改變狀態指示燈

專案目標進度監控儀表板上的資訊要能夠告訴用戶：某專案或任務目前的狀態為何。此類儀表板關注的項目皆有『完成條件』，像是：實際生產出商品、又或者達成了某種財務或操作上的目標等。一旦專案或任務結束（例如：產品成功出貨了），資源就能轉移到其它地方，我們也能再設定新的目標。

用來評估專案當前進度的指標有很多種，如：時間預算（time-based budget）、財務預算（financial budget）或階段性可交付成果。有時，我們甚至會用上全部三種指標。

2.1 案例說明：軟體開發專案進度監控

假設你的公司正在開發一款內部使用的出缺勤軟體，負責的小組成員也已經選定。資訊部門針對此專案提出了預計開發時間和一連串階段性任務。你則被要求設計一個儀表板，好讓公司主管能監控該專案的進度。下圖就是本案例做出來的儀表板：

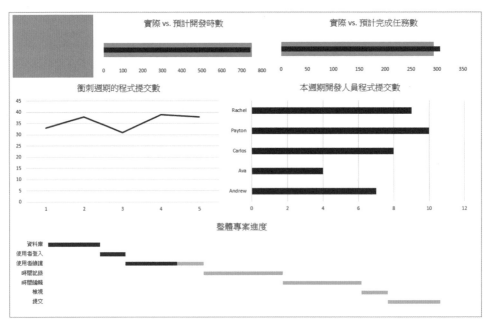

圖 2.1 軟體開發專案進度監控儀表板。

2.2 第一步：計畫與版面規劃

首先，我們要和 IT 部門以及儀表板的使用者開會。此會議的重點在於決定：儀表板上要呈現什麼資訊、以及這些資訊的更新頻率為何。請將你想到的所有想法記下來，也包括那些看似覺得沒用的點子。接下來，你必須判斷哪些是真正重要的東西，並據此建立儀表板最終的模樣。這裡假定開會之後得到了以下列表，其中列出了儀表板上可能需要呈現的訊息：

■ 實際開發時間和預期開發時間的對照
■ 已完成任務數量和預計完成任務數量的對照
■ 下一個階段性目標為何
■ 標出停滯不前、或耗時過長的項目
■ 已經寫了多少程式碼
■ 標出還沒有分配到資源的任務或項目
■ 程式上線倒數天數
■ 已完成測試的程式數量
■ 專案當前位於哪個階段
■ 距離進入下個階段還剩多少時間
■ 標出『還未開始』、『正在進行』、『已經完成』、以及『逾期』的項目

你與團隊成員花了一點時間考慮上述的每個項目，然後再次開會以決定儀表板最終需包含什麼內容。經過一番討論，大家的共識如下：

■ 某種能顯示專案整體狀態的指標。除非發生問題，否則公司的 CEO（執行長）和 CIO（財務長）通常不關心專案細節，他們只想看到類似於紅（黃）綠燈之類的指示燈號；至於每個燈號所代表的專案狀態為何，則需由你和 IT 部門共同討論決定。
■ 顯示累計開發時間，並與 IT 部門的預計時間對照。

- 顯示已完成的任務數量,並與總任務數量對照。
- IT 部門的人認為『程式碼提交 (code commit)』,即開發人員將寫好的程式碼放入 repository (儲存庫,也常見簡稱為 repo) 中,能有效顯示工作進度。因此,他們要求你放上一個能顯示程式碼提交的元素。
- 顯示目前進行中的專案階段、其進度為何、以及下個階段是什麼。

開發小組將整個專案分成了幾個階段 (以軟體的主要功能或基礎架構來定義)、以及數個短期衝刺週期 (sprints;本例以兩週為一週期,完成指定任務)。小組成員認為:在短期衝刺的脈絡下展示程式碼的提交數,對他們而言最有用。

有了這些資訊,你的下一步便是設計儀表板的初始版面,有時又稱為線框稿 (wireframing)。請你試著在一個空白工作表上,執行『插入 / 圖案』命令,利用矩形工具畫出下圖中的幾個區域,並分別加上內容說明文字,見圖 2.2 (見 SoftwareProject.xlsx 的**版面**工作表):

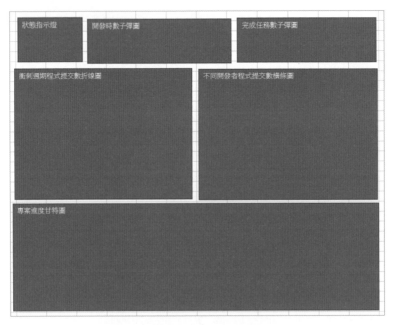

圖 2.2 儀表板的初始版面安排。

如上圖所示，就現階段來說，儀表板的版面設計只要大致安排出來即可，還不需要太整齊美觀。現在，你得決定不同區域的資訊該用何種視覺元素來呈現。

以『開發時數』和『完成任務數』為例，你可以使用**子彈圖**（bullet chart）。每個短期『衝刺週期程式提交數』就以**折線圖**（line chart）表示，而『不同開發者程式提交數』則畫成**長條圖**（column chart）。為了展示『專案進度』到哪個階段，可以使用**甘特圖**（Gantt chart）。一旦所有人都同意了這樣的設計，你就能進入下個步驟：搜集資料。

2.3 第二步：資料搜集

對於開發時數和完成任務數，開發小組同意提供實際數字與預計數字的摘要。於是你傳了一份空白表格給他們，而圖 2.3 就是傳回資料（見**進度**工作表）：

	A	B	C
1	指標	開發時數	完成任務數
2	實際	744	306
3	預計	750	294
4	總計	2,250	814
5			

圖 2.3 搜集開發時數和完成任務數的數據。

程式碼的 repository（儲存庫）則可下載到 CSV 格式的提交數資料。圖 2.4 呈現了表格的一小部分（已貼至 Excel 並轉換為表格，見**提交數**工作表）：

	A	B	C
1	衝刺週期	開發人員	提交數
2	1	Rachel	7
3	1	Andrew	5
4	1	Payton	7
5	1	Carlos	9
6	1	Ava	5
7	2	Rachel	4
8	2	Andrew	10
9	2	Payton	4
10	2	Carlos	10
11	2	Ava	10
12	3	Rachel	4
13	3	Andrew	4
14	3	Payton	6

圖 2.4 搜集程式碼提交數的數據。

開發小組的成員還標記了 15 個短期衝刺週期，如圖 2.5 所示 (見**階段**工作表)。當然，小組內部所用的任務列表要比這個複雜很多，但他們相信：對於想評估專案大致進度的人來說，這樣的資訊量就足夠了

	A	B	C
1	軟體功能	開始	結束
2	資料庫	1	2
3	使用者登入	3	3
4	使用者維護	4	6
5	時間記錄	7	9
6	時間編輯	10	12
7	檢視	13	13
8	提交	14	15

圖 2.5 搜集專案整體進度的數據。

最後，你與開發小組需共同決定綠燈、黃燈和紅燈指標分別對應專案的何種狀態。對此，你做出以下提案：

- **綠燈：**實際開發時間和完成任務量皆符合預期。
- **黃燈：**其中某一階段進度落後，但落後程度不超過 10%。
- **紅燈：**其中某一階段進度落後超過 10%。

你將上述提案寄給相關人士，並等待他們的回應。與此同時，你可以著手準備所需的視覺元素。

2.4 第三步：建立視覺元素

在此，我們要來探討建立視覺元素的步驟。首先，開啟一張新的工作表，並命名為『**儀表板**』，之後產生的所有視覺元素都會存放在這張工作表內。

2.4.1 開發時數與完成任務數的子彈圖

對於『開發時數』和『完成任務數』這樣的資料，你決定以**子彈圖**的形式呈現。這種圖能在很小的空間中，呈現出目前進度與最終目標的差距。

請用滑鼠點一下存有開發時數和完成任務數的表格 (即**進度**工作表的數據)，然後依以下指示來建立子彈圖。

將表格資料建成子彈圖

1. 選取表格的『A1:C4』範圍，按『插入』功能區的『建議圖表』，選擇『群組橫條圖』，並按下『確定』鈕，即出現橫條圖的圖表：

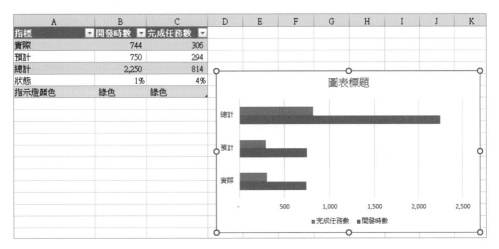

圖 2.6 群組橫條圖。

2. 對圖表點一下滑鼠右鍵，並點擊『選取資料』，可開啟『選取資料來源』交談窗。

3. 點擊交談窗中的『切換列 / 欄』鈕，將原本在左邊的『開發時數』和『完成任務數』移到右邊的『水平 (類別) 座標軸』上。同時原本右邊的『實際』、『預計』、『總計』也會移到左邊。

4. 用滑鼠點一下『圖例項目 (數列)』區域中的『總計』，然後按下『移除』鈕。圖 2.7 顯示出調整完成的『選取資料來源』交談窗：

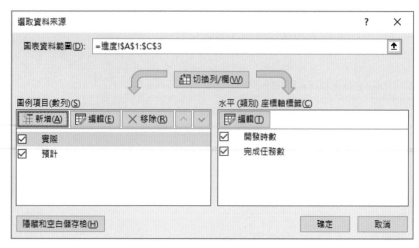

圖 2.7 『選取資料來源』交談窗。

5. 然後按下『確定』鈕，即可得到目前的圖表(圖 2.8)：

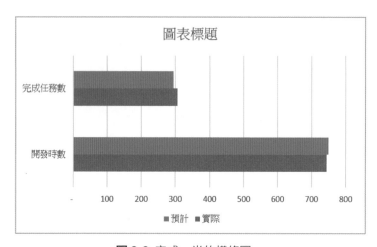

圖 2.8 完成一半的橫條圖。

6. 對圖表中代表『實際』進度的長條(藍色)點一下滑鼠右鍵，選擇 『變更數列圖表類型』打開『變更圖表類型』交談窗。

7. 在『選擇資料數列的圖表類型和座標軸』區域底下，將『實際』數 列的『副座標軸』核取方塊打勾，如圖 2.9 所示：

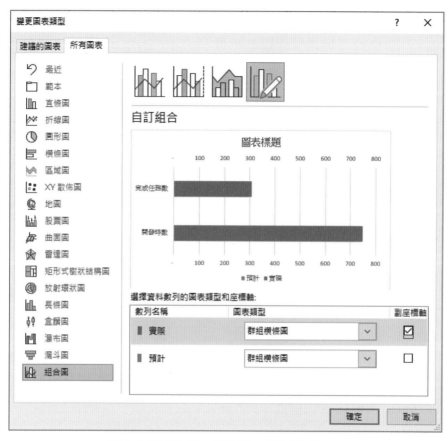

圖 2.9 將『實際』數列移至『副座標軸』。

8. 按下『確定』鈕回到圖表。再對圖表中代表『實際』的長條點一下滑鼠右鍵，選擇『資料數列格式』以開啟同名的工作窗格。

9. 將『類別間距』改為 **400%**。也就是將縱軸的兩個類別距離拉遠一點，因此長條會變細：

圖 2.10 縱軸兩個橫條類別的距離拉開 400%。

10. 接下來切換到『資料數列格式』工作窗格的『填滿與線條』子頁(點一下最上方看起來像油漆桶的小圖示)，展開『填滿』選項，選擇『實心填滿』、再把『色彩』改為深橘色(本處用『橙色，輔色 2，較深 50%』，將滑鼠停留在某個顏色方塊上就會顯示出來) 見圖 2.11：

11. 用同樣的方法在圖表『預計』進度的長條上點一下滑鼠右鍵，選擇『資料數列格式』以開啟『資料數列格式』工作窗格，並將『類別間距』改為 **90%**(兩類別距離拉近，橫條會變粗)。接著切換到『填滿與線條』子頁，展開『填滿』選項，選擇『實心填滿』、再把『色彩』改為淺橘色(本書使用『橙色，輔色 2，較淺 40%』)。圖 2.12 就是調好的成果：

圖 **2.11** 調整橫條的顏色。

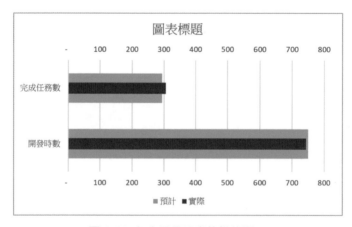

圖 **2.12** 包含重疊元素的橫條圖。

將上下排列的子彈圖改為左右排列

目前的『開發時數』和『完成任務數』橫條圖是上下排列，我們想將這兩者改為左右排列。

1. 我們要先將圖表中一些不需要的東西清理一下。請先點一下圖表，然後點『圖表設計』功能頁次，選擇功能區最左端的『新增圖表項目』下拉選單，將滑鼠移動到『座標軸』，取消勾選『主水平』以外的所有項目。接下來，滑鼠移動到『新增圖表項目』下的『格線』，取消勾選所有項目，如此圖表中就不會有格線了。

2. 然後刪除圖表下方的『預計』、『實際』兩個圖例。最後，對圖表中僅存的一條座標軸 (橫軸) 雙按滑鼠左鍵，開啟『座標軸格式』工作窗格，點開『座標軸選項』子頁最下方的『數值』選項，並選擇『類別』下拉選單中的『數值』。圖 2.13 即呈現上述操作的結果：

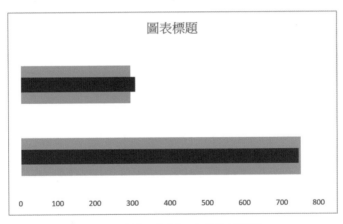

圖 2.13 移除不必要元素後的子彈圖。

3. 接下來要把上圖拆分成兩張圖，並將其放在儀表板上。前面我們已經建立了名為**儀表板**的工作表了。請點一下做好的子彈圖，然後按 Ctrl + X 鍵將其剪下。點一下『儀表板』工作表，然後按下 Ctrl + V 鍵將圖表貼到此頁上。

完成後，再點一下子彈圖，並按 Ctrl + C 鍵進行複製。接著，往右邊移一點距離點選儲存格，按下 Ctrl + V 鍵再複製一次，這樣便產生了兩張相同的子彈圖。

4. 對其中一張圖點滑鼠右鍵，並點擊『選取資料』打開『選取資料來源』交談窗。將『水平 (類別) 座標軸』欄位裡的『完成任務數』取消勾選，並按『確定』鈕，如此就只會出現『開發時數』的橫條圖。然後，雙按圖表上的『圖表標題』，將標題改為『實際 vs. 預計開發時數』。

5. 接著對另一張圖表點滑鼠右鍵，點『選取資料』打開『選取資料來源』交談窗，並取消勾選『水平 (類別) 座標軸』欄位裡的『開發時數』，如此就只會出現『完成任務數』的橫條圖。同樣地，將此圖的標題改為『實際 vs. 預計完成任務數』。

6. 不過，將原本圖表中的某個項目移除，有可能改變座標軸的刻度範圍。若發生此情況，請用滑鼠雙擊圖表的座標軸，打開『座標軸格式』工作窗格。展開其中的『座標軸選項』，並將其下的『最小值』欄位改為『0』，圖表的座標就會自動調整到正確的刻度範圍。

你可以直接用滑鼠拖曳圖表外框的右下角，以此改變圖表的大小。但現在請別花太多時間調整圖表的尺寸與位置；等到其它視覺元素加入後，我們再來協調它們之間的比例和配置。圖 2.14 就是完成的兩張子彈圖 (存放在**儀表板**工作表上)。

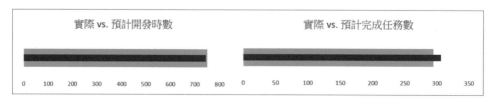

圖 2.14 完成的兩張子彈圖。

2.4.2 程式提交數的折線圖

接下來要準備的視覺元素是：顯示每個衝刺週期的程式提交數的折線圖。需注意的是，原始的提交數資料格式並不適合畫折線圖 (因為資料有點零散)，所以我們打算用一張樞紐分析表整理數據。

建立提交數的樞紐分析圖

請依下列步驟建立樞紐分析圖 (見**提交數**工作表)：

1. 若提交數資料還沒有建立表格 (回顧 1.3.3 節的說明)，請先用滑鼠框選資料，然後按 Ctrl ＋ T 鍵，則選取的區域就會成為一個可擴充的表格。

2. 按『表格設計』功能頁次，並將最左邊的『表格名稱』改為『tbl 提交數』。

3. 點一下表格，然後按『插入』功能頁次，點『樞紐分析**圖**』(請注意是樞紐分析**圖**，不是樞紐分析**表**；另外，請不要點到下方的下拉選單)，以開啟『建立樞紐分析圖』交談窗。

4. 在『選擇您要放置樞紐分析圖的位置』小標題下方，選擇『已經存在的工作表』，然後點一下**儀表板**工作表 (注意！『位置』欄應該要出現『儀表板！』字樣)，再隨便點一個儲存格 (點哪裡都沒關係，因為之後會再調整其位置)。

   圖 2.15 就是『建立樞紐分析圖』交談窗：

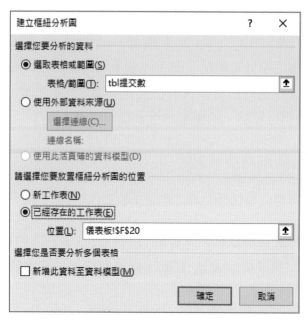

圖 2.15 在**儀表板**工作表中建立樞紐分析圖。

5. 按下『確定』鈕，接著 Excel 便會顯示『樞紐分析圖欄位』工作窗格。

6. 請用滑鼠把『衝刺週期』拖曳到『座標軸 (類別)』區域下，同時把『提交數』拖曳到『值』區域下：

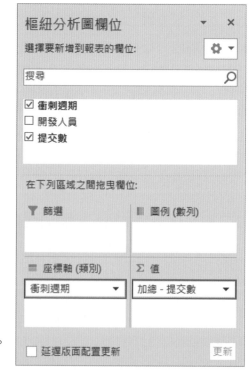

圖 2.16 『樞紐分析圖欄位』工作窗格的座標調整。

我們做的調整，都會即時在樞紐分析圖中呈現：

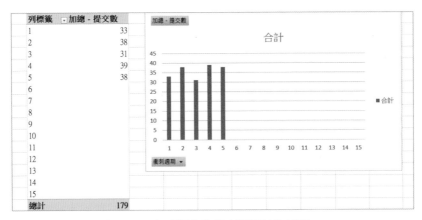

圖 2.17 程式提交數粗略版樞紐分析圖。

調整程式提交數樞紐分析圖

現在要來調整成程式提交數樞紐分析圖的格式，請按以下步驟操作：

1. 對樞紐分析圖中的長條點一下滑鼠右鍵，然後選擇『變更數列圖表類型』，開啟『變更圖表類型』交談窗。

2. 選擇『折線圖』，見圖 2.18，然後點『確定』鈕。

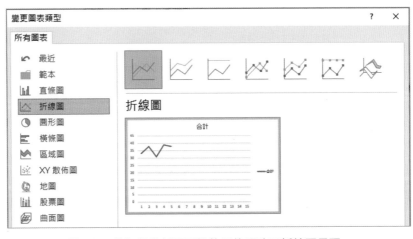

圖 2.18 將樞紐分析圖預設的長條圖改用折線圖呈現。

3. 現在看到樞紐分析表，最左上角應該有一個『列標籤』下拉選單，見圖 2.19：

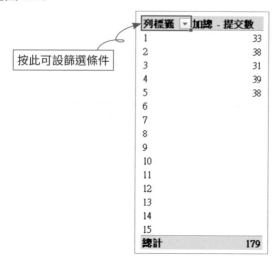

圖 2.19 樞紐分析表上的列標籤。

4. 請打開該下拉選單，將滑鼠移動到『值篩選』上，選擇『不等於』，這會開啟『值篩選 (衝刺週期)』交談窗。

5. 在『值篩選 (衝刺週期)』交談窗的文字方塊中輸入『0』，將資料中是 0 的值篩掉，並按下『確定』鈕，請參考圖 2.20：

圖 2.20 篩選樞紐分析表以隱藏數值為零的資料。

6. 點一下樞紐分析圖右邊小小的『合計』圖例，按 Delete 鍵將其刪除。

7. 將圖表標題改為『衝刺週期的程式提交數』。

8.　選擇『樞紐分析圖分析』功能頁次，展開最右邊的『欄位按鈕』下拉選單，點選『全部隱藏』。

9.　對折線圖中的線段按滑鼠左鍵 2 次，開啟『資料數列格式』工作窗格。請點一下像是油漆桶的小圖示(『填滿與線條』)，選擇『實心線條』，然後將色彩改為『深藍色』(本例使用『藍色，輔色 1，較深 50%』)。

10.　將樞紐分析圖移動到樞紐分析表的上方將其遮住。圖 2.21 即是調整樞紐分析圖(改為折線圖)的成果：

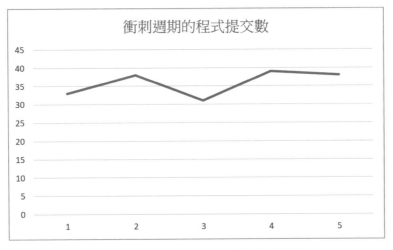

圖 2.21 已經完成的程式提交數樞紐分析圖。

2.4.3　各開發者的程式提交數橫條圖

下一個視覺元素是：每位開發者在當前衝刺週期中的程式碼提交數橫條圖。注意！在繪製不同類型的圖表之前，需先以不同方式分類資料，而利用樞紐分析圖功能將提交數表格轉換成圖表，可替我們省下大量寫公式的時間。

建立各程式開發者提交數的樞紐分析圖

現在，請仿照之前『建立提交數的樞紐分析圖』的步驟 1~5 建立另外一張樞紐分析圖。以本圖而言，請用滑鼠將『衝刺週期』欄位拖曳到『樞紐分析圖欄位』工作窗格的『篩選』區域、『開發人員』欄位則拖曳到『座標軸（類別）』區域，最後把『提交數』欄位拖曳到『值』區域中，見圖 2.22：

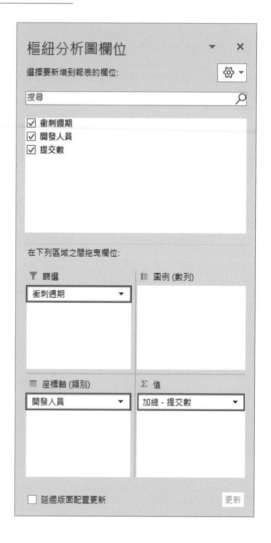

圖 2.22 利用『樞紐分析圖』功能來建立開發人員程式提交數的圖表。

接下來，點一下樞紐分析圖上顯示的『衝刺週期』下拉選單，選擇『5』（代表只顯示到第 5 衝刺週期的資料。因為從**提交數**工作表可看出當前已進行 1~5 個衝刺週期），然後按『確定』鈕，過程請參考圖 2.23：

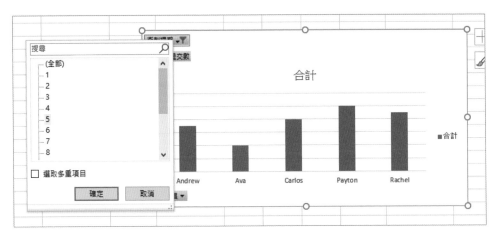

圖 2.23 使用篩選功能，讓樞紐分析圖只顯示第 5 衝刺週期的資料。

將提交數用橫條圖呈現

完成後，在樞紐分析圖按滑鼠右鍵，選擇『變更圖表類型』，點一下『橫條圖』，再按『確定』鈕，就可以將原本的直條圖改為橫條圖了：

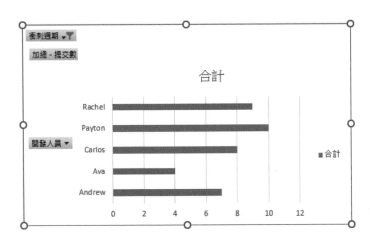

圖 2.24 各程式開發者的提交數改為橫向呈現。

接著，請參考前面『調整程式提交數樞紐分析圖』步驟 6~9 的作法，將圖例刪除、欄位按鈕全部隱藏、圖表標題改成『本週期開發人員程式提交

數』、並把橫條顏色調整成『深藍色』，如此就完成不同開發者的程式提
交橫條圖：

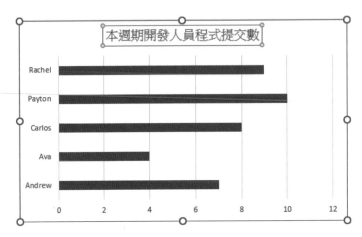

圖 **2.25** 各程式開發者的提交數完成圖。

圖 2.26 是目前已完成的四個儀表板視覺元素。圖中所顯示的位置已是我
們最後擺放的位置，但讀者先別急，等所有元素齊備後再來調整位置也不
遲。

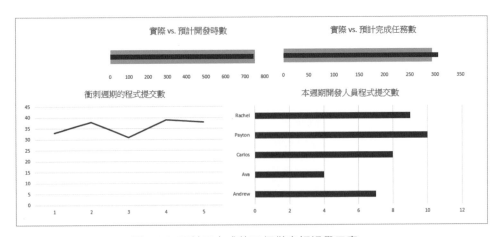

圖 **2.26** 目前已完成的四個儀表板視覺元素。

2.4.4 專案進度的圖表

為展示專案的進度，我們選擇以類似甘特圖的方式，將專案不同階段(分別對應不同軟體功能需求)標註出來。要建立類似甘特圖的圖表，可以使用『堆疊橫條圖』，此類型的圖表會隱藏一部分資料點。

和前面一樣，如果你的『階段』資料還不是 Excel 表格(見**階段**工作表)，請先選取資料範圍後按 Ctrl + T 鍵將其轉換成表格，並將『表格設計』功能頁次最左邊的『表格名稱』改為『tbl 階段』:

	A	B	C
1	軟體功能	開始	結束
2	資料庫	1	2
3	使用者登入	3	3
4	使用者維護	4	6
5	時間記錄	7	9
6	時間編輯	10	12
7	檢視	13	13
8	提交	14	15

圖 2.27『tbl 階段』表格。

建立呈現專案進度需要的欄位

『tbl 階段』表格一開始只有『軟體功能』、『開始』、『結束』等三個欄位。從表格中可以看出：『資料庫』功能的開發是從第 1 週期開始、並於第 2 週期結束；『使用者登入』功能則是在第 3 週期開始、且在同一週期結束，依此類推。我們由**提交數**工作表可看出各程式開發者已進入第 5 週期，也就是到了開發『使用者維護』功能階段(第 4 週期開始，第 6 週期結束)。

> **注意！** 在最原始搜集到的資料裡，並沒有**階段**工作表中的『空白』、『已完成』和『未完成』這三個欄位，下面會說明其用途。

讀者可以自己試試另開一個工作表加上這 3 個欄位：

1. 『**空白**』**欄位**：此欄中的數字代表不同橫條的起始位置。讀者可先跳到圖 2.30，各軟體功能的橫條圖在開始之前的部分會被隱藏起來 (變成空白)。請在第一格 (即儲存格 D2) 輸入公式『=C1』參照到儲存格 C1 的值，然後下方儲存格會自動複製此公式並調整為正確的參照。注意！如果發現並未自動複製公式，表示尚未設定好『tbl 階段』表格。

2. 『**已完成**』**欄位**：表示在某軟體功能開發週期中已過了幾個週期。例如『資料庫』功能是第 1~2 週期要完成，因此在『已完成』欄位顯示 2，表示 2 個週期都結束了。另外像『使用者維護』功能是第 4~6 週期 (共 3 個週期)，目前已完成第 5 週期，因此完成 2 個週期，尚有 1 個週期未完成。

   請新增『已完成』欄位，並於第一格 (E2) 輸入以下公式 (下方的儲存格也會自動複製此公式)：

```
=MAX(MAX((tbl提交數[開發人員]<>"")*(tbl提交數[衝刺週期]>=[@開始])*(tbl提交數[衝刺週期]<=[@結束])*(tbl提交數[衝刺週期]))-[@開始]+1,0)
```

編註: 這個公式在做什麼？

此公式看起來相當複雜，以下來分段解釋，請讀者搭配範例檔中『超長公式』工作表會比較清楚 Excel 做了哪些事)：

● **(tbl 提交數 [開發人員]<>"")**：若『tbl 提交數』表格中『開發人員』欄位不等於空白，則傳回 TRUE (也就是 1)，否則傳回 FALSE (也就是 0)。因此傳回的會是有 25 個 TRUE、51 個 FALSE 的 76×1 陣列。

→ 接下頁

- **(tbl 提交數 [衝刺週期]>=[@ 開始])**：若『tbl 提交數』表格中『衝刺週期』欄位的數字大於等於『tbl 階段』表格中『開始』欄位的數字，則傳回 TRUE，否則為 FALSE 的 76×7 陣列。

- **(tbl 提交數 [衝刺週期]<=[@ 結束])**：若『tbl 提交數』表格中『衝刺週期』欄位的數字小於等於『tbl 階段』表格中『結束』欄位的數字，則傳回 TRUE，否則為 FALSE 的 76×7 陣列。

- **(tbl 提交數 [衝刺週期])**：將『tbl 提交數』表格中『衝刺週期』欄位的數字傳回，這是一個 76×1 的陣列。

- **內層 MAX 函數**：將上面 4 個式子的值相乘（TRUE=1、FALSE=0），然後取每個階段的最大值。

- **外層 MAX 函數**：算出每階段已完成的衝刺週期數。用內層 MAX 的值扣除 [開始] 欄位值再加 1，並與 0 比較後取最大值（因為有可能算出來是負值，但各階段已完成週期數最少也只能是 0）。這些就是出現在『tbl 階段』表格中『已完成』欄位的值。

3. **『未完成』欄位**：代表此階段尚未完成的衝刺週期數，請在第一格 F2 輸入下列公式：

```
=[@結束]-[@開始]+1-[@已完成]
```

這就簡單多了，也就是先算出每個階段的總週期數（[結束] − [開始] ＋ 1）再扣掉已完成的週期數，就是各該階段尚未完成的週期數。

建立專案各階段的橫條圖

現在，請點一下表格『tbl 階段』的任意位置，點擊『插入』功能頁次，選擇『建議圖表』，點選『堆疊橫條圖』，最後按『確定』鈕。最初始的圖表應該如圖 2.28 所示：

圖 2.28 最初的階段資料表格與橫條圖。

請對橫條圖點一下滑鼠右鍵，點擊『選取資料』，將『圖例項目(數列)』下的『開始』和『結束』取消勾選，只留下『空白』、『已完成』和『未完成』三欄：

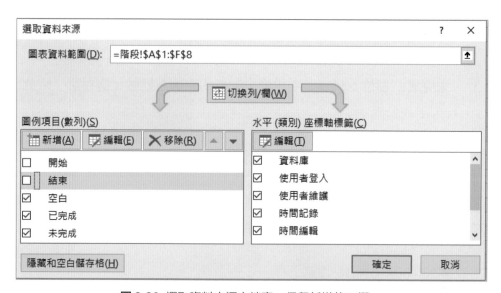

圖 2.29 選取資料來源交談窗，保留新增的三欄。

按『確定』鈕之後，圖表變成下面這樣：

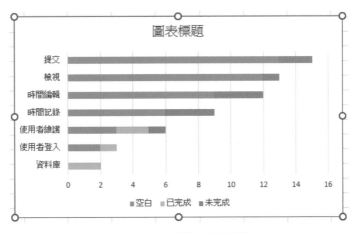

圖 2.30 只剩下新增三欄的橫條圖。

再對圖表的垂直軸點滑鼠右鍵，選擇
『座標軸格式』以開啟同名的工作窗
格，將『類別次序反轉』選項勾選起
來，如圖 2.31 所示：

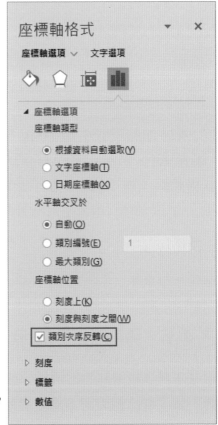

圖 2.31 將類別的次序反轉，
排列順序會倒過來。

接下來請對圖表中對應『空白』(即灰色橫條)的橫條連點兩下滑鼠左鍵以開啟『資料數列格式』工作窗格，點一下代表『填滿與線條』的小油漆桶圖示，展開『填滿』選項，並選取『無填滿』。成果如下圖所示，可以看到對應『空白』的橫條消失，呈現出甘特圖的樣貌：

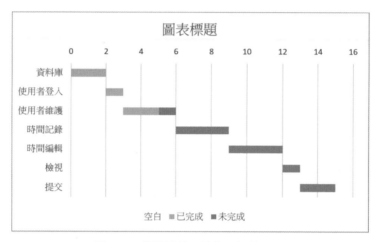

圖 2.32 模擬甘特圖的堆疊橫條圖。

接下來，請點選下方圖例並按下 Delete 鍵刪除。然後點一下圖表，選擇『圖表設計』功能頁次，展開最左側的『新增圖表項目』下拉選單，將滑鼠移動到『座標軸』，把『主水平』取消勾選；繼續往下移動到『格線』，把全部項目取消勾選。圖表的標題請改為『整體專案進度』。

對圖表按 Ctrl + X 鍵將其剪下，然後切換到**儀表板**工作表中按 Ctrl + V 鍵將其貼過來，並擺放在適當的位置。

2.4.5 專案狀態指示燈

現在本儀表板還缺少的最後一個視覺元素，就是專案狀態指示燈，共有綠、黃、紅三種燈號。為建立此元素，我們會用上『格式化條件規則』功能。

建立顯示進度狀態的資料欄位

請先切換到**進度**工作表，並依第 1 章所介紹的方式建好『tbl 進度』表格，並於表格中新增名為『狀態』列。該列在『指標』欄中的值就表示進度狀態，請在『開發時數』欄建立公式：『=(B3-B2)/B3』，是用『預計開發時數』減去『實際開發時數』，再除以『預計開發時數』，表示進度超前 (正值) 或落後 (負值) 的百分比。也就是說：『預計開發時數＞實際開發時數』是正向訊號，否則是負向訊號。

而在『完成任務數』欄的值則是公式：『=-(C3-C2)/C3』，是先用『預計完成任務數』減去『實際完成任務數』，再除以『預計完成任務數』，表示任務數超前 (負值) 或落後 (正值)，然後在前面補一個負號，使得：『預計完成任務數＜實際完成任務數』是正向訊號，否則是負向訊號。

建立指示燈顏色的資料欄位

到目前為止，『開發時數』與『完成任務數』指標都還只是百分比的數字，我們想要改用紅黃綠燈號來呈現。接著，在『狀態』列下方再新增『指示燈顏色』列。在『開發時數』欄的 B6 儲存格輸入公式：

```
=IF(B5>=0,"綠色", IF(B5<-0.1,"紅色","黃色"))
```

表示如果開發時數的狀態 (B5) 大於等於 0，即進度超前，則亮綠燈。若 B5 小於 0 表示進度落後；落後程度若小於 -0.1，表示已落後超過 10%，要亮紅燈；否則表示落後進度在 10% 以內，則亮黃燈。

最後，將此公式複製到『完成任務數』欄 (Excel 會自動調整公式內容)，即可顯示『完成任務數』的燈號顏色。

建立指示燈圖示與設定燈色切換的格式化規則

新增一個**狀態**工作表，並於 B2 儲存格製作這個指示燈，將其調整成適當的大小 (本例列高為 54.75、欄寬為 13.71)；這裡的大小不用太完美，反正日後還能修改。

請點一下該儲存格，然後按『常用』功能頁次，打開圖示為油漆桶的『填滿色彩』下拉選單，選擇黃色，這就是 B2 儲存格的預設顏色。接下來，我們要使用格式化條件規則，讓此儲存格可以隨條件轉換為綠色或紅色。

點一下 B2 儲存格，並點開位於『常用』功能頁次的『條件格式設定』下拉選單，選擇『新增規則』，這會開啟『新增格式化規則』交談窗。在『選取規則類型』區域中點選『使用公式來決定要格式化哪些儲存格』：

圖 2.33『新增格式化規則』交談窗。

然後在『格式化在此公式為 True 的值』文字方塊中輸入以下公式，表示在**進度**工作表中的 B6、C6 兩格的值都要是 " 綠色 "，才會顯示出綠色：

```
=AND(進度!$B$6="綠色",進度!$C$6="綠色")
```

再按下方的『格式』按鈕開啟『設定儲存格格式』交談窗，點開『填滿』頁次，選擇綠色 (要選哪一種綠色都可以)，然後按『確定』鈕。圖 2.34 即設定完成後的『新增格式化規則』交談窗，請按『確定』鈕以完成設定：

圖 2.34 新增能讓儲存格呈現綠色的格式化規則。

再次點選 B2 儲存格，並開啟『常用』功能頁次中的『條件格式設定』下拉選單，選擇『管理規則』以打開『設定格式化的條件規則管理員』交談窗，將目前規則後方的『如果 True 則停止』選項勾選起來。

接下來，點一下『新增規則』鈕來開啟『新增格式化規則』交談窗，再次點選『使用公式來決定要格式化哪些儲存格』，然後輸入以下公式 (這是控制指示燈顏色的第二條規則)，表示在**進度**工作表中的 B6、C6 兩格的值只要有一個是 " 紅色 "，就會顯示出紅色：

```
=OR(進度!$B$6="紅色",進度!$C$6="紅色")
```

點一下『格式』按鈕開啟『設定儲存格格式』交談窗，點開『填滿』子頁次，選擇紅色，按『確定』鈕回到『設定格式化的條件規則管理員』交談窗。現在，用滑鼠點一下『格式』為綠色的規則，將其順序調整到紅色規則之上 (點擊位於『刪除規則』右側的 ⌃ 向上箭頭)。圖 2.35 即經過上述操作後的『設定格式化的條件規則管理員』交談窗：

圖 **2.34** 設定讓儲存格變成綠色與紅色的格式化條件規則。

簡而言之，圖 2.35 中第一條規則的意思是：當『進度』工作表中 B6 和 C6 儲存格皆顯示『綠色』時，**狀態**工作表的 B2 儲存格就會變為綠色；此外，若此規則被判定為 True，其它規則就不予執行。第二條規則是：當**進度**工作表中 B6 和 C6 儲存格有一個顯示『紅色』時，**狀態**工作表

B2 儲存格就變為紅色。假如以上兩條規則都不符合，那麼儲存格顯示預設顏色：黃色。

對**狀態**工作表 B2 儲存格按滑鼠右鍵，並選擇『複製』。進入『儀表板』工作表中，點一下任意儲存格，然後點開『常用』功能頁次的『貼上』下拉選單，選擇『其它貼上選項』底下的『連結的圖片』(即位於最後的按鈕)，此操作會產生一張新的圖片。日後，當**狀態**工作表的 B2 儲存格改變顏色時，此圖片的顏色也會跟著改變。

2.5 第四步：調整儀表板的版面

至此已完成六項視覺元素，且放到**儀表板**工作表中。接下來的工作就是調整它們的位置與大小了。

改變樞紐分析圖的位置最為麻煩，因為我們要將這些圖覆蓋在與其連結的樞紐分析表正上方(換言之，在最後的成品中，我們希望樞紐分析**表**不要露出來，只顯示樞紐分析**圖**就好)，故樞紐分析表的位置也得跟著移動。有鑑於此，我們應該優先處理兩張樞紐分析圖(即：與程式提交數有關的兩張圖)的對齊問題。

為了方便對齊工作的進行，請點一下樞紐分析圖，選擇『格式』功能頁次，打開『圖案外框』下拉選單，並點選『無外框』。在沒有外框的情形下，即使兩圖高度差了一兩個像素，用肉眼也看不出來。倘若你想保留外框，那就得多花些時間確保兩圖的外框能對齊。

如果你需要改變樞紐分析表的位置，請點一下樞紐分析表，按『樞紐分析表分析』功能頁次，然後點選『移動樞紐分析表』打開同名的交談窗，點一下新位置所在的儲存格，再按下『確定』鈕。至於其它視覺元素，則直接用滑鼠拖曳或改變大小即可。

確定元素之間的相對位置與大小之後，我們可以將多餘的空白欄與列刪除，讓儀表板元素盡可能靠近**儀表板**工作表的左上角。如果視覺元素很多，請確定目標用戶的螢幕範圍內能容得下所有視覺元素。這就是軟體開發專案進度儀表板的成果 (請注意！儀表板的目的是清楚呈現必須的資訊，不需要弄得花俏)：

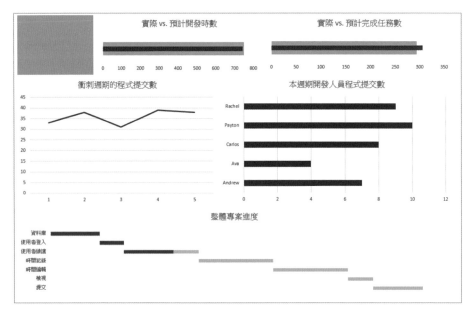

圖 2.36 軟體專案進度儀表板的成品。

倘若是要列印出來，則請確保所有元素都在一頁紙的範圍內，你可以按『檔案』功能頁次，然後選擇『列印』來查看預覽畫面，也可以試試『直向方向』和『橫向方向』哪一種列印方式較好。假如你發現工作表只差一點點就能以一頁紙來呈現，那麼可以在列印功能最下方將預設的『不變更比例』改為『將工作表放入單一頁面』，就不用再回去調整每個視覺元素的大小。

儀表板案例研究 02：
呈現關鍵績效指標（KPIs）

本章內容

- 建立視覺元素：直條圖、橫條圖、折線圖、環圈圖
- 善用 SUMPRODUCT 函數與表格運算
- 利用 Excel VBA 自動排列各圖表的版面位置

儀表板經常用來呈現關鍵績效指標（KPIs），該指標是由能反映某組織（如：一間公司、或者公司裡的一個部門）表現的重要資訊所組成。雖然選擇 KPIs 的評估項目與評分方式沒有標準答案，但網路上有眾多的建議可供參考，因此訂定 KPIs 時不用害怕沒有頭緒。

KPIs 可以從財務層面或操作層面來定義，也可以兩個層面都納入考量。此外，有些 KPIs 與高階訊息有關，例如一整間公司的營運狀況，有些則呈現低階資訊，像是部門中某特定小組的工作情形。KPIs 也會隨著商業組織的發展而有所變化。

3.1 案例說明：人力資源部門的 KPIs

假定公司的人力資源部門 (HR，Human Resources) 發展出了一套關鍵指標，能反映出與員工聘用相關的績效。他們希望你能建立儀表板來呈現這些指標。下圖就是本案例做出來的樣子 (轉 90 度)：

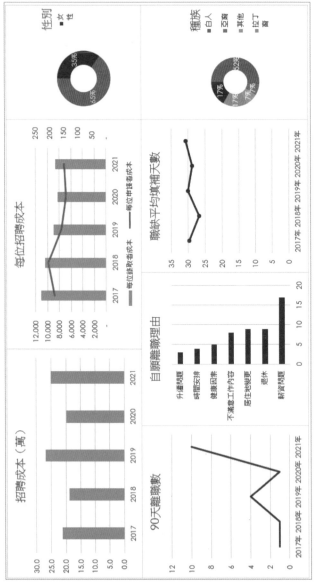

圖 3.1 員工聘用相關的績效儀表板。

NOTE 此案例需要的資料在補充資源 Chapter3 / HumanResources.xlsm。

3.2 第一步：計畫與版面規劃

以下是 HR 提供的 KPIs 評估項目：

(1) **每年招聘成本**：即花在招聘新人上的總支出。

(2) **每位申請者、錄取者招聘成本**：考慮一位申請者和錄取者所需的平均花費。

(3) **聘僱多樣性**：不同性別與種族之間的招聘人數比例。

(4) **90 天離職數**：聘用後 90 天內離職人數。

(5) **自願離職人數**：離職理由屬於自願的人數。

(6) **職缺的平均填補天數**：平均需要幾天時間來填補職缺。

HR 人員希望看到過去五年 (2017~2021) 中，第 (1)(2)(4)(6) 項指標的資料。至於第 (3)(5) 項指標，只要求 2021 年的數據。上述資料每年需匯報一次。

我們先大致製作一個版面初稿，規劃各指標擺放的位置並與相關人員討論，如圖 3.1 所示 (見範例檔的**版面**工作表)：

圖 3.2 HR 儀表板的版面初稿。

3.3 第二步：資料搜集

HR 部門每年都會追蹤招聘花費的支出、以及支出的類型，這些類型包括：企業內部招聘人員的薪資、企業外部人員的費用、以及參加就業招聘活動等的成本。雖然 HR 並未要求將資料按不同支出類型做視覺化，但既然 HR 有這些資訊，將其納入原始資料也無妨。如此一來，若 HR 日後想再新增一項與支出類型有關的 KPI 時，你手上便有歷史數據可依循。圖 3.3 就是取得的資料 (見**招聘成本**工作表)：

	A	B	C	D
1	年份	內部人員薪資	外部人員費用	其他
2	2017	78,500	109,250	24,003
3	2018	70,542	99,900	17,503
4	2019	72,271	183,000	13,615
5	2020	70,825	94,800	33,228
6	2021	78,201	143,550	28,938

圖 3.3 HR 提供的招聘成本資料。

此外，HR 還提供了一份員工清單，其中的機密或非必要資訊已刪除。此清單包括員工編號和入職日期；假若員工已離職，則離職日期和理由也會記錄在表內。圖 3.4 顯示出一部分資料 (見**員工清單**工作表)：

	A	B	C	D
1	員工編號	入職日期	離職日期	離職理由
2	1002	2020/10/4		
3	1021	2004/8/28		
4	1022	2019/3/3		
5	1024	2014/9/17		
6	1029	2015/2/5		
7	1034	2004/12/12		
8	1035	2002/10/10		
9	1036	2006/9/26		
10	1045	2005/11/6		
11	1070	2016/7/11		
12	1080	2018/3/28		
13	1084	2006/7/3		
14	1092	2005/12/17	2021/4/14	薪資問題
15	1115	2020/3/13	2021/3/16	非自願
16	1122	2016/8/13		
17	1127	2010/2/20		
18	1131	2017/6/21		
19	1140	2002/7/1		
20	1141	2020/9/13		
21	1145	2020/12/30		
22	1146	2005/7/16		
23	1152	2009/11/22		
24	1159	2008/11/1		
25	1168	2010/7/24	2011/6/14	退休
26	1169	2011/9/19	2019/9/23	退休

圖 3.4 員工清單中包含員工編號、入職日期、以及離職日期和理由等欄位。

每當 HR 招聘新人時，他們都會記下該職缺釋出的日期、被新員工填補的日期、申請該職缺的人數、以及錄取申請者的性別和種族，請看下圖 (見**職缺**工作表)：

	A	B	C	D	E	F	G
1	職稱	部門	釋出日期	填補日期	性別	種族	申請人數
2	Cashier	Store	2017/1/11	2017/1/22	男性	白人	60
3	Cashier	Store	2017/1/7	2017/1/28	男性	非裔	80
4	Maintenance	Backoffice	2017/1/4	2017/2/1	女性	非裔	69
5	Bookkeeper	Backoffice	2017/3/16	2017/4/13	男性	非裔	44
6	Controller	Corporate	2017/4/24	2017/5/13	男性	非裔	14
7	Cashier	Store	2017/4/15	2017/5/15	男性	白人	74
8	Cashier	Store	2017/6/7	2017/6/25	女性	白人	66
9	Cashier	Store	2017/5/26	2017/7/14	女性	白人	66
10	Cashier	Store	2017/5/29	2017/7/18	女性	拉丁裔	69
11	Maintenance	Backoffice	2017/6/26	2017/7/21	女性	白人	64
12	Cashier	Store	2017/8/8	2017/8/29	男性	白人	65
13	Maintenance	Backoffice	2017/8/4	2017/9/8	男性	非裔	65
14	Accountant	Corporate	2017/8/25	2017/10/4	女性	白人	22
15	Billing Clerk	Backoffice	2017/9/27	2017/10/20	女性	白人	48
16	Maintenance	Backoffice	2017/9/27	2017/10/27	女性	其他	58
17	Cashier	Store	2017/10/18	2017/11/11	女性	非裔	70
18	Cashier	Store	2017/11/8	2017/12/6	男性	亞裔	73
19	Cashier	Store	2017/10/28	2017/12/8	男性	白人	68
20	Cashier	Store	2017/11/2	2017/12/15	女性	其他	78
21	Cashier	Store	2017/11/27	2018/1/7	男性	白人	65
22	Billing Clerk	Backoffice	2017/12/30	2018/1/18	男性	非裔	55
23	Stockroom	Store	2018/1/5	2018/2/5	男性	白人	59
24	Cashier	Store	2018/1/29	2018/3/3	男性	白人	61

圖 3.5 職缺記錄。

3.4 第三步：建立視覺元素

下面的每一小節分別對應一個視覺元素。請讀者新建一張**儀表板**工作表來存放這些元素。

3.4.1 每年招聘成本的直條圖

我們打算以最簡單的直條圖來呈現 2017~2021 每年的招聘成本。首先，切換到**招聘成本**工作表，HR 提供的原始資料只包含『年份』、『內部人員薪資』、『外部人員費用』、以及『其它』等四個欄位。本範例檔預設已將整個資料區域設為 Excel 表格，可以在表格右下角看到一個朝向右下方的箭頭，我們稱為**調整控點**，拉此控點可以拉大或縮小表格範圍。

編註： 建立表格與取消表格

若工作表的資料只是單純的儲存格而不是 Excel 表格，請先用滑鼠選取要建立表格的資料範圍，按 Ctrl + T 鍵，再按『確定』鈕，即可將選取的區域轉換為表格。或者選取資料範圍後點開視窗上方的『插入』功能頁次，選『表格』再按下『確定』鈕也可以轉換為表格。

如果想取消表格，可在表格中任一位置按滑鼠右鍵，點開視窗上方的『表格設計』功能頁次，按『轉換為範圍』，再按『是』鈕，就會取消表格而回復為一般儲存格，原本表格右下角的調整控點也會隨之消失。

接著，點一下表格內的任一位置，點開視窗上方的『表格設計』功能頁次，將位於最左側的『表格名稱』改為『tbl 成本』。

除了原本的四個欄位資料之外，我們還需要在表格右邊的儲存格新增一個『總計』欄位，此表格會自動擴大範圍。然後在『總計』欄位的第一格 (E2) 輸入以下公式，將 B2:C2 三個欄位的數值相加：

```
=SUM(tbl成本[@[內部人員薪資]:[其他]])
```

因為此儲存格是在表格中，『總計』欄位下方的各儲存格都會自動複製上面的公式，並算出 2017~2021 年各年份的總計，然後我們就可以建立每年招聘成本的直條圖了。

請先點一下表格中的任一位置，點開視窗上方的『插入』功能頁次，點『建議圖表』開啟『插入圖表』交談窗，選『群組直條圖』(要選全部都是直條圖的)，然後按『確定』鈕，結果請見圖 3.6：

圖 3.6 初始的招聘成本直條圖。

此直條圖中包含許多不必要的欄位資料，因此我們接下來要將多餘的部分取消，只留下每年的總計。

請對圖表點一下滑鼠右鍵,按『選取資料』打開『選取資料來源』交談
窗。將『圖例項目(數列)』內除了『總計』以外的欄位全部取消勾選:

圖 3.7 只留下『總計』欄位。

按『確定』鈕:

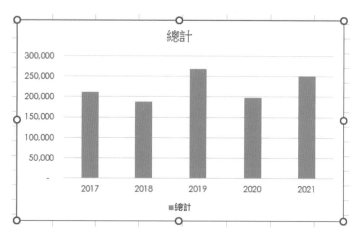

圖 3.8 只有 2017~2021 年份『加總』欄位的直條圖。

然後把此圖剪下(Ctrl + X 鍵),貼到(Ctrl + V 鍵)之前建立的**儀表板**工
作表上。接下來,請按以下步驟修改圖表的格式:

1. 點一下圖表下方的『總計』圖例，按 Delete 鍵刪除。

2. 圖表標題改為『招聘成本 (萬)』，也就是直條圖的單位為萬元。

3. 對圖表中的垂直軸點一下滑鼠右鍵，選擇『座標軸格式』，展開最下方的『數值』選項，將原本的『格式代碼』整個刪除，並填入格式代碼『0!.0,』，表示垂直軸座標會用萬為單位 (若想以千為單位則用『0,;;』)，再按右邊『新增』鈕，即可見到垂直軸的數值變成以萬為單位。

4. 點開視窗上方『頁面配置』功能頁次，選擇『佈景主題』中的『離子』主題 (不同的主題會改變版型的顏色、字型，讀者也可以試試別種佈景主題)。

經過這幾個步驟之後，成果請見圖 3.9：

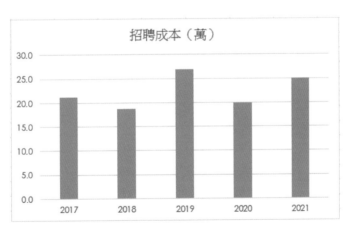

圖 3.9 招聘成本直條圖。

請先忽略圖片的大小和位置問題，等所有視覺元素都齊備並貼到**儀表板**工作表後，再來調整就可以了，我們到 3.5 節再介紹。

3.4.2 申請者、錄取者招聘成本的直條圖與折線圖

要製作此視覺元素，我們得在**招聘成本**工作表的『tbl 成本』表格中再添加幾個欄位才行。

增加繪製招聘成本圖表所需的資料欄位

在製作本節的圖表以前，需要先知道每個職缺有多少人申請以及錄取的人數；而要得到這些數據，我們得用公式處理**職缺**工作表內的原始資料。請按之前所說的方式將**職缺**工作表中的數據轉換為 Excel 表格 (在範例檔中已預設為表格)。點一下表格任一位置，點開視窗上方的『表格設計』功能頁次，將『表格名稱』設為『tbl 職缺』。接著切換回**招聘成本**工作表，在『總計』右邊的欄位新增以下四個欄位，各欄位的名稱與計算公式請見下表：

表 3.1 在『招聘成本』表格中新增四個欄位

欄位名稱	公式
申請人數	=SUMPRODUCT((YEAR(tbl職缺[填補日期])=[@年份])*(tbl職缺[申請人數]))
	(建立陣列公式請按 Ctrl + Shift + Enter 鍵)
錄取人數	=SUMPRODUCT(--(YEAR(tbl職缺[填補日期])=[@年份]))
	(輸入公式後只按 Enter 鍵)
每位申請者成本	=[@總計]/[@申請人數] (輸入公式後只按 Enter 鍵)
每位錄取者成本	=[@總計]/[@錄取人數] (輸入公式後只按 Enter 鍵)

編註： **公式解讀**

● **申請人數**：要得到每一年申請職缺的人數，得同時用到**招聘成本**工作表與**職缺**工作表。我們先看 "YEAR (tbl 職缺 [填補日期]) = [@ 年份]"，

→ 接下頁

這一段是指用『tbl 職缺』表格中『填補日期』欄位下所有資料的年份，去與『tbl 成本』表格中的該列年份（用了 @ 符號）做比較，有符合的就傳回 TRUE，不符合的傳回 FALSE。舉例來看，『tbl 職缺』表格中『填補日期』的年份與『tbl 成本』表格中『年份』欄位都是 2017 的資料共有 19 個（故產生 19 個 TRUE），其他 101 個是 FALSE，也就是說傳回的是一個 120×1 的陣列。

然後用 SUMPRODUCT 函數將此陣列與『tbl 職缺』表格下『申請人數』欄位的所有值（也是一個 120×1 陣列）相乘（此處的乘法是陣列相乘，這就是該公式必須為陣列公式的原因），此時 TRUE 會轉換為 1，FALSE 會轉換為 0，最後就只會留下 $60+80+\cdots+78=1153$ ，即『申請人數』欄位儲存格 F2 的值，依此類推下面各儲存格的值。

● **錄取人數**：如前面所說，公式中的 "YEAR（tbl 職缺 [填補日期]）= [@ 年份])" 會傳回一個 120×1 的陣列；以 2017 年為例，該年份一共能找到 19 個 TRUE、101 個 FALSE。接下來，再用 SUMPRODUCT 函數進行加總，以算出一共有幾個 TRUE。

然而 TRUE、FALSE 的資料要在有運算的時候才會自動轉換為 1、0，例如在申請人數的公式中用到 "*（tbl 職缺 [申請人數]）" 運算，但此處 SUMPRODUCT 函數內沒有其他運算，因此必須在陣列前面用 " -- " 強制將 TRUE、FALSE 轉換成 1、0，如此就能做加總了。

● **每位申請者成本**：用該列『總計』欄位除以該列『申請人數』，即可得到各該年的『每位申請成本』。

● **每位錄取者成本**：用該列『總計』欄位除以該列『錄取人數』，即可得到各該年的『每位錄取成本』。

	A	B	C	D	E	F	G	H	I
1	年份	內部人員薪資	外部人員費用	其他	總計	申請人數	錄取人數	每位申請者成本	每位錄取者成本
2	2017	78,500	109,250	24,003	211,753	1,153	19	184	11,145
3	2018	70,542	99,900	17,503	187,945	911	18	206	10,441
4	2019	72,271	183,000	13,615	268,886	1,694	30	159	8,963
5	2020	70,825	94,800	33,228	198,853	1,383	24	144	8,286
6	2021	78,201	143,550	28,938	250,689	1,690	29	148	8,644

圖 3.10 建好的**招聘成本**工作表

製作招聘成本的圖表

建好欄位與公式之後，點一下此表格的任一位置，點開視窗上方的『插入』功能頁次，按下『建議圖表』開啟『插入圖表』交談窗，切到『所有圖表』頁次，並選取『直條圖』，然後選擇水平座標軸為『年份』的群組直條圖：

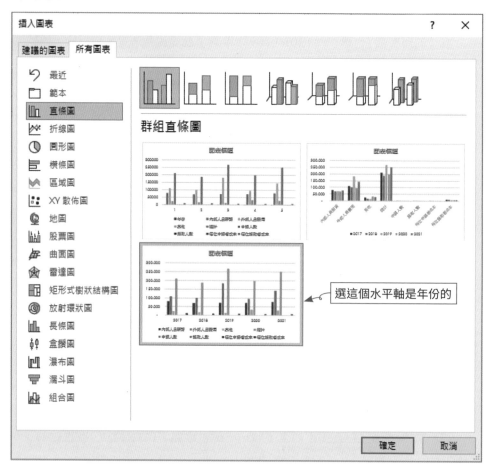

圖 3.11 選擇『年份』位於『水平（類別）軸』上的群組直條圖。

然後按『確定』鈕，即出現所有欄位的直條圖：

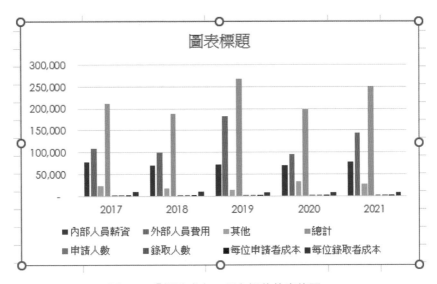

圖 3.12『招聘成本』所有欄位的直條圖。

對此圖表點一下滑鼠右鍵，按『選取資料』開啟『選取資料來源』交談
窗，然後在『圖例項目（數列）』底下只保留勾選『每位申請者成本』和
『每位錄取者成本』這兩個欄位，其他幾個欄位取消勾選，並按『確定』
鈕，結果如圖 3.13：

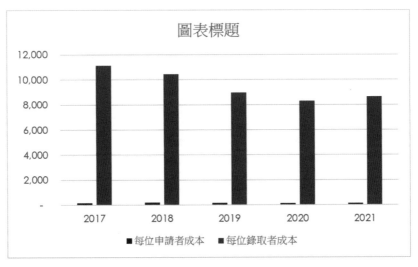

圖 3.13 圖表僅呈現『每位申請者成本』和『每位錄取者成本』欄位的資料。

區分這兩個欄位在圖表的呈現方式

我們發現兩個欄位的數值差異過大，造成兩者直條圖的高低懸殊，因此我們打算將『每位申請者成本』的資料轉換成折線圖呈現，並另外建立一個適合其數值範圍的副座標軸(垂直軸的主座標軸位於圖表左側，副座標軸位於圖表右側)，如此一來，即可將兩個欄位的數值範圍，用不同座標軸同時呈現在一張圖表中。

接下來，對圖表中任一長條點一下滑鼠右鍵，按『變更數列圖表類型』開啟『變更圖表類型』交談窗：

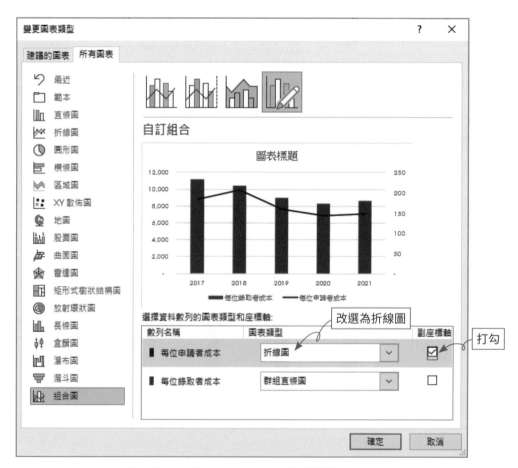

圖 3.14 將『每位申請者成本』數列的圖表類型改為折線圖。

在交談窗下方點開『每位申請者成本』的『圖表類型』下拉選單，選
『折線圖』，然後將後方的『副座標軸』核取方塊勾起來（圖表會多一個右
側的垂直軸），按『確定』鈕。如此一來，『每位申請者成本』會用折線
圖呈現，『每位錄取者成本』仍維持用直條圖呈現。

完成後，將圖表標題改成『每位招聘成本』，將其剪下（Ctrl ＋ X 鍵），然
後到**儀表板**工作表中貼上（Ctrl ＋ V 鍵）。

再來，對此圖表中的任一
長條連點兩下滑鼠左鍵，
以開啟『資料數列格式』
工作窗格，打開『填滿與
線條』子分頁（像油漆桶的
圖示），點開『色彩』下拉
選單，選最下方的『其他
色彩』，將『十六進位』文
字 方 塊 中 的 內 容 改 成
『#6AAC90』：

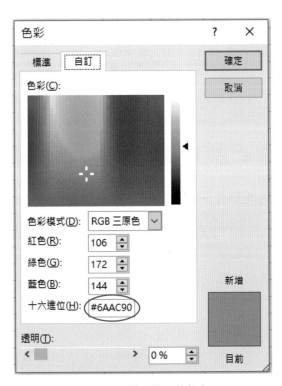

圖 3.15 改變長條圖的顏色。

這樣一來，直條的顏色就會和『招聘成本』圖表有整體感。接著再點一
下圖表中的折線圖，把『色彩』改為橘色。圖 3.16 即呈現出目前已完成
的兩項視覺元素（皆已存放在**儀表板**工作表中）：

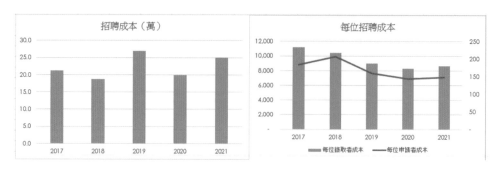

圖 3.16 目前已完成的兩張招聘成本圖表。

> **注意！** 因為我們在**招聘成本**工作表的『tbl 成本』表格中新增了四個欄位，做之前做好的每年招聘成本圖表中會多出四根很短的長條，請在該圖表按滑鼠右鍵，再按『選取資料』，然後在『圖例項目 (數列)』下，將多的四個欄位取消勾選。

3.4.3 聘僱多樣性的性別與種族環圈圖

我們打算把今年聘僱多樣性元素拆分成兩張環圈圖，一張圖對應性別、另一張圖則對應種族。由於**職缺**工作表中的性別與種族資料尚未經過統整，也就是還不知道個別人數到底有多少，因此在畫環圈圖之前，得先透過樞紐分析圖功能將資料整理出來。

找出今年錄取者中不同性別的人數

因為我們只看今年，首先需找出哪些職缺填補是在今年完成的 (本範例是 2017~2021 的人力聘僱資料，因此所謂的今年是指 2021 年)：

1. 在**職缺**工作表的『tbl 職缺』表格右邊加入『今年填補』的新欄位，在其下儲存格 (H2) 輸入下列公式 (因為要用到陣列運算，因此請按 Ctrl + Shift + Enter 鍵將公式建成陣列公式，並套用到此欄位下面全部的儲存格)：

```
=YEAR([@填補日期])=MAX(YEAR([填補日期]))
```

注意！ 上面公式右邊的 [填補日期] 代表『填補日期』欄位中的所有日期資料 (也就是一個陣列)，然後取出最大的年份，在此例是 2021。而左邊 [@ 填補日期] 則是與公式所在同一列的『填補日期』資料)。例如第 2 列會判斷 "2017 是否等於 2021"，然後傳回 FALSE。

注意！ Excel 會為陣列公式的兩邊自動加上大括號 { }，如果輸入公式後只按 Enter 鍵，則只是單一儲存格的公式，而不是陣列公式。

---

2. 按『tbl 職缺』表格的任一位置，按視窗上方的『插入』功能頁次，選擇『樞紐分析圖』下拉選單中的『樞紐分析圖』選項，開啟『建立樞紐分析圖』交談窗 (見圖 3.17)。

3. 於『請選擇您要放置樞紐分析圖的位置』點選『已經存在的工作表』，點一下『位置』文字方塊，然後點開**儀表板**工作表，隨意挑一個儲存格點一下（稍後再調整位置），就會看到『位置』文字方塊中出現此樞紐分析表要放的位置：

圖 3.17 指定此樞紐分析圖要放在**儀表板**工作表中。

4. 按下 Enter 鍵之後，就會在**儀表板**工作表的右側開啟『樞紐分析圖欄位』工作窗格。請將『今年填補』欄位拖曳到『篩選』區塊中，『性別』欄位拖曳到『座標軸(類別)』區塊，最後把『職稱』拉到『值』區塊：

圖 3.18 性別的『樞紐分析圖欄位』工作窗格設置。

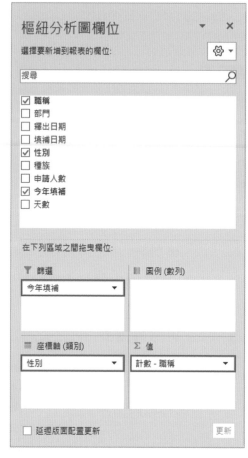

然後圖表會變成：

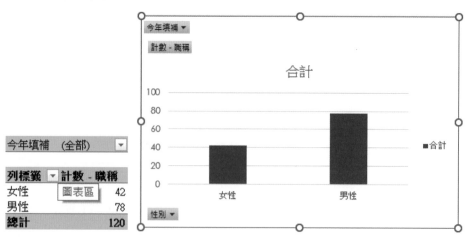

圖 3.19 性別的樞紐分析圖表。

5. 此時『今年填補』欄位直條圖尚包括今年填補（TRUE）與非今年填補（FALSE）的所有筆數，但本圖表只要呈現今年填補的部分，因此點開此樞紐分析表左上角的『今年填補』下拉選單，選擇『TRUE』，再按『確定』鈕，這樣便只顯示今年聘僱填補的筆數：

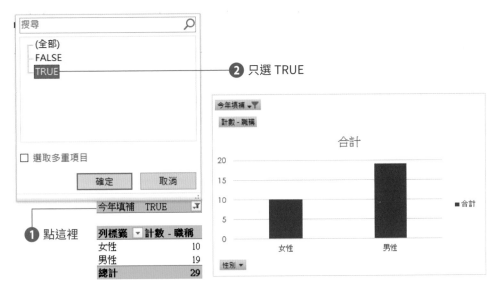

圖 3.20 只顯示今年填補為 TRUE 的性別筆數。

建立性別環圈圖

樞紐分析圖至此呈現的都還是預設的直條圖，但我們想要的視覺元素是環圈圖，因此還要再做調整：

1. 請對任一長條按滑鼠右鍵，選擇『變更數列圖表類型』開啟『變更圖表類型』交談窗，選擇『圓形圖』，再選擇最右邊的『環圈圖』：

圖 3.21 將預設的直條圖改選擇環圈圖。

2. 按『確定』鈕回到樞紐分析圖，然後點視窗上方『樞紐分析圖分析』
   功能頁次，展開位於最右側的『欄位按鈕』下拉選單，選擇『全部
   隱藏』將不需要的東西隱藏起來。

3. 再點一下樞紐分析圖，在視窗上方的『設計』功能頁次，打開『新
   增圖表項目』下拉選單，將滑鼠移動到『資料標籤』上，選『其他
   資料標籤選項』打開『資料標籤格式』工作窗格 (見圖 3.22)。

4. 將『標籤選項』下的『百分比』勾選起來改用佔比呈現，其餘選項一律取消勾選。然後點一下位於『資料標籤格式』下方的『文字選項』，將『色彩』選為白色(或其他能凸顯文字的顏色)：

圖 3.22 設定環圈圖以百分比顯示，且文字用白色。

5. 將圖表標題名稱改為『性別』，並用滑鼠拖曳的方式將其移到環圈圖的右上角，並將圖例位置調整一下，即可得到今年填滿職缺的性別環圈圖：

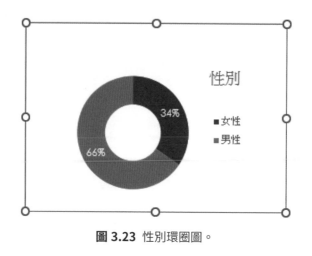

圖 3.23 性別環圈圖。

用同樣的方法建立種族環圈圖

接下來,請各位讀者用與製作性別環圈圖相同的步驟建立種族環圈圖。唯一不同之處在製作環圈圖的第 4 步 (見第 3-18 頁),要拖到『座標軸 (類別)』區塊下的欄位不是『性別』,而是『種族』。然後可得到樞紐分析圖:

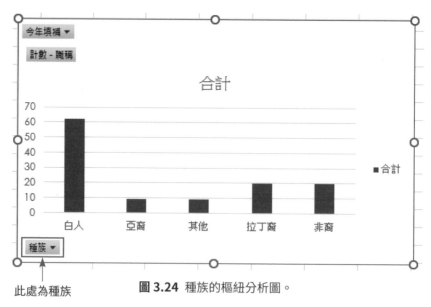

此處為種族   **圖 3.24** 種族的樞紐分析圖。

經過上面步驟之後，即可做出種族環圈圖：

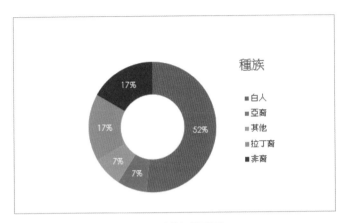

圖 **3.25** 種族環圈圖。

如果想更改環圈圖中的顏色，可以連點兩下滑鼠左鍵開啟『資料數列格式』工作窗格，選擇『填滿與線條』的小油漆桶圖示，即可更改環圈中每一段資料的色彩。

為了搭配『性別』環圈圖的用色，我們讓『種族』環圈圖的最大兩個區域的顏色與『性別』環圈圖一致。然後將其上下排列，圖 3.26 就是完成後的兩張環圈圖：

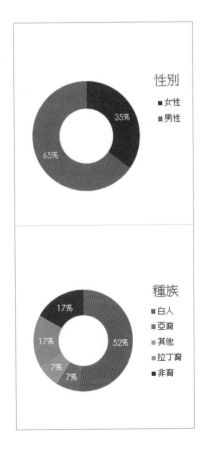

圖 **3.26** 聘僱多樣性的兩張環圈圖。

3.4.4　五年間 90 天內離職人數的折線圖

為了瞭解各職位在 90 天內出現職缺的情況，我們要用到**員工清單**工作表，並將資料建成『tbl 員工』表格。

找出 90 天內就離職的是哪些人

『tbl 員工』表格的原始資料只包括『員工編號』、『入職日期』、『離職日期』與『離職理由』四個欄位。請在『離職理由』右方加入『90 天以內』的新欄位，並在第一個儲存格 (F2) 輸入以下公式，按 Enter 鍵，則下方欄位都會自動複製此公式：

```
=NOT(OR(ISBLANK([@離職日期]),[@離職日期]-[@入職日期]>90))
```

編註：公式解讀

此公式做以下判斷：

- ISBLANK ([@離職日期])：如果本列的『離職日期』欄位是空白的，則傳回 TRUE。

- [@ 離職日期]-[@ 入職日期]>90：若入職超過 90 天之後才離職，則為 TRUE。

- OR (…, …)：其中兩個判斷式任何一個為 TRUE，則為 TRUE。

- NOT (……)：將 OR 判斷式的 TRUE、FALSE 對調。表示將 "欄位空白或大於 90 天才離職" 的 TRUE 反轉為 FALSE，而 "欄位非空白且小於 90 天就離職" 的 FALSE 反轉為 TRUE。

建立 90 天離職數的樞紐分析圖

現在來建立離職數的樞紐分析圖。請點『tbl 員工』表格的任一位置，按視窗上方『插入』功能頁次中的『樞紐分析圖』，開啟『建立樞紐分析圖』交談窗。選擇『已經存在的工作表』並點一下『位置』文字方塊，再點開**儀表板**工作表並在空白處點一個儲存格，按 Enter 鍵回到『建立樞紐分析圖』交談窗：

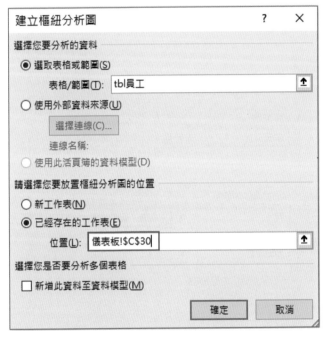

圖 3.27 離職數的樞紐分析圖會放在**儀表板**工作表的位置

然後按『確定』鈕，在**儀表板**工作表右側會打開『樞紐分析圖欄位』工作窗格。請將『90 天以內』欄位移到『篩選』區塊，『離職日期』拖曳到『座標軸（類別）』區塊，『員工編號』則拉到『值』區塊底下，請見圖 3.28。注意！由於『離職日期』的資料格式為『日期』，將其拉到『座標軸（類別）』區塊以後，功能窗格中會自動出現『年』和『季』兩個項目，這是正常的：

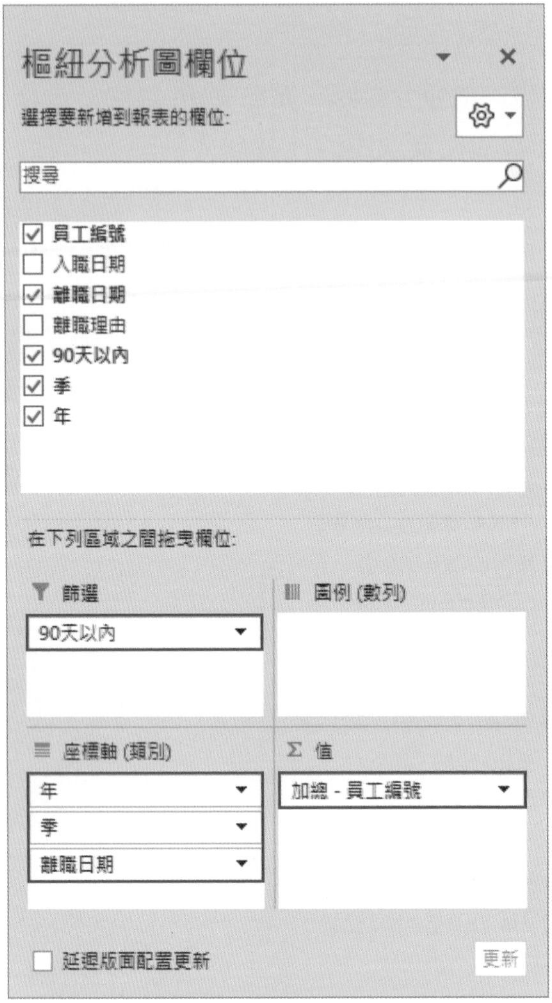

圖 3.28 製作 90 天離職數的樞紐分析圖。

現在，請點開圖表最左上角的『90 天以內』下拉選單，選擇『TRUE』，這樣樞紐分析圖就只會顯示欄位值為 TRUE 的資料。請注意！由於『員工編號』是數值資料，故 Excel 會根據預設將此欄資料加總，但我們要將其改為計數。請對樞紐分析『表』中『員工編號』欄位下的任一值點一下滑鼠右鍵，將滑鼠移到『摘要值方式』上，然後選擇『項目個數』，將原本員工編號加總改為員工編號個數，請參考圖 3.29：

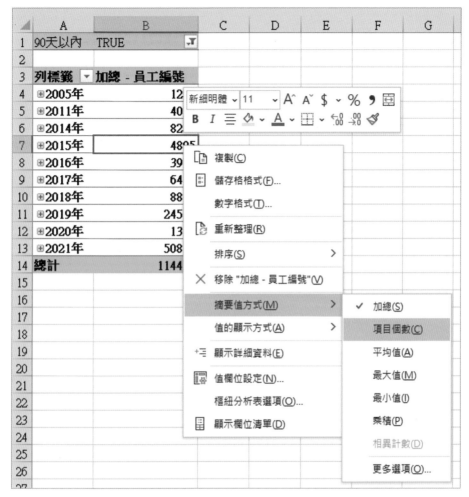

圖 3.29 更改 Excel 聚合『員工編號』資料的方式為個數。

接著，點開樞紐分析『圖』左下角的『年』下拉選單，然後把 2017 年以前的年份全部取消勾選（即：僅顯示從 2017~2021 年的資料）。其餘格式設定請按下面的步驟操作：

1. 點一下樞紐分析圖任一位置，按視窗上方『樞紐分析圖分析』功能頁次，展開最右邊的『欄位按鈕』下拉選單，選擇『全部隱藏』即可將不需要的東西隱藏起來。

2. 對圖表點一下滑鼠右鍵，選擇『變更圖表類型』以開啟同名的交談窗，點選『折線圖』，採用第一個折線圖即可，然後按『確定』鈕。

3. 按 Delete 鍵將圖表右側的合計圖例刪除。

4. 再把圖表標題改為『90 天離職數』。

然後就完成此圖了：

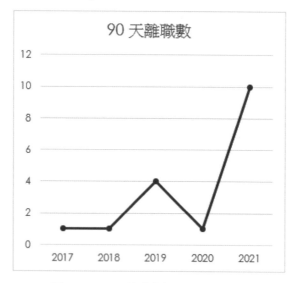

圖 3.30 90 天離職數折線圖的結果。

注意！雖然用直條或橫條圖來呈現該筆資料也行，但使用折線圖能讓此圖在視覺上與招聘成本的直條圖有所區隔。

3.4.5 不同理由自願離職人數的橫條圖

現在要來看看今年各種離職理由的人數，選擇用橫條圖來呈現。我們要利用**員工清單**工作表『tbl 員工』表格的『離職理由』欄位來建立樞紐分析圖。

以 2021 年自願離職數做篩選

請點一下『tbl 員工』表格的任一位置，按視窗上方的『插入』功能頁次，點『樞紐分析圖』開啟『建立樞紐分析圖』交談窗，選擇『已經存在的工作表』並點一下『位置』文字方塊，打開**儀表板**工作表，在適當空白處點一個儲存格，按 Enter 鍵回到『建立樞紐分析圖』交談窗，再按『確定』鈕。然後在**儀表板**工作表右側會出現『樞紐分析圖欄位』工作窗格。

因為此處只需顯示最近一年的資料，故需要產生一個『年』的篩選器，請依以下指示操作：

1. 首先，用滑鼠將『離職日期』欄位拖曳到『座標軸 (類別)』區塊中。和前面一樣，該區塊會自動產生三個項目：『年』、『季』與『離職日期』(前兩者由 Excel 自行生成)。

2. 請用滑鼠將『年』從『座標軸 (類別)』區塊拖曳到『篩選』區塊。

3. 最後，用滑鼠把『季』和『離職日期』拖放回欄位區塊中 (或者將兩者的核取方塊取消勾選)。特別注意！如果你直接把『離職日期』拖放到『篩選』區塊底下，Excel 並不會自動產生『年』選項。

4. 接下來，把『離職理由』欄位移到『座標軸 (類別)』區塊，將『員工編號』移到『值』區塊。完成以後，請對樞紐分析『表』的『員工編號』欄位下的任一個值按滑鼠右鍵，選擇『摘要值方式』，然後點『項目個數』，這樣一來 Excel 就不會將員工編號加總，而是去計算編號的個數：

年	(全部)
列標籤	**計數 - 員工編號**
不滿意工作內容	48
升遷問題	11
居住地變更	38
非自願	70
時間安排	21
退休	36
健康因素	17
薪資問題	77
(空白)	1233
總計	**1551**

圖 3.31 離職理由的樞紐分析表。

點開樞紐分析『圖』左上角的『年』篩選器，選擇『2021』年，我們只想顯示該年份的資料。再來，點開左下角的『離職理由』下拉選單，將『非自願』選項取消勾選。圖 3.32 顯示出針對『年』和『離職理由』進行篩選後的結果：

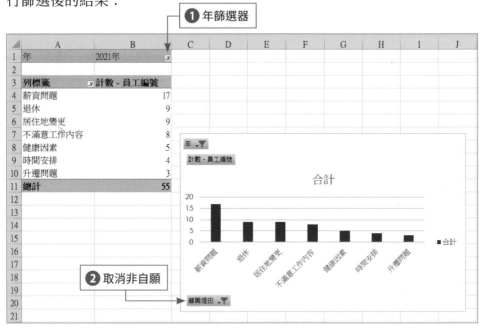

圖 3.32 篩選過後的自願離職長條圖。

現在，對圖表點擊滑鼠右鍵，選『變更圖表類型』打開同名交談窗，然後選『橫條圖』底下的『群組橫條圖』，按『確定』鈕後可得：

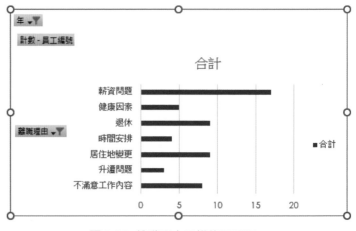

圖 3.33 離職理由用橫條圖呈現。

點開視窗上方的『樞紐分析圖分析』功能頁次，打開『欄位按鈕』下拉選單，選『全部隱藏』。點一下圖表中的『合計』圖例，按 ⌈Delete⌋ 鍵刪除。

依照相同離職理由人數多寡排序

下一步是依照離職理由的人數多寡來排序（由少到多）。請點開樞紐分析『表』左側的『列標籤』下拉選單，然後選擇『更多排序選項』以打開『排序（離職理由）』交談窗。在『排序選項』的地方，請選取『遞減（Z 到 A）方式』，並將下拉選單改為『計數 – 員工編號』，如圖 3.34 所示：

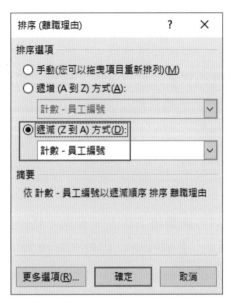

圖 3.34 以員工編號的計數結果來排序樞紐分析圖。

然後按『確定』鈕回到樞紐分析圖，就會看到以人數少到多重新排列離職理由。再將圖表標題改為『自願離職理由』就完成了，結果如圖 3.35 所示：

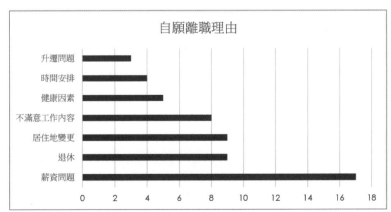

圖 3.35 完成的自願離職橫條圖。

3.4.6 職缺的平均填補天數

現在要製作儀表板上的最後一個視覺元素,也就是職缺的填補天數,我們需在『tbl 職缺』表格中加入『天數』的新欄位。請在此欄位第一個儲存格 (I2) 輸入以下公式 (下方欄位會自動複製此公式):

```
=[@填補日期]-[@釋出日期]
```

此公式是計算各職缺『釋出日期』到『填補日期』經過幾天。我們想觀察每年的職缺平均需要多少天數能補上,因此接下來要用天數與年份來製作一張樞紐分析圖。

請打開**職缺**工作表,並點『tbl 職缺』表格的任一位置,在視窗上方的『插入』功能頁次按『樞紐分析圖』,然後在『建立樞紐分析圖』交談窗選擇『已經存在的工作表』,點一下『位置』文字方塊打開**儀表板**工作表,點一個有空位的儲存格,按『確定』鈕,就會在**儀表板**工作表右側打開『樞紐分析圖欄位』工作窗格,如圖 3.36。

請將『填補日期』拖曳到『座標軸 (類別)』區塊中,『天數』欄位移動到『值』區塊下:

圖 3.36 設定水平軸呈現年份,天數做為垂直軸

> **注意！** 如果在工作窗格中找不到『天數』欄位，這是因為我們之前已經用『tbl 職缺』表格建過樞紐分析表了（『性別』與『種族』環圈圖，那時還沒有『天數』欄位），而目前正在建的樞紐分析表使用到與之前相同的快取資料。要解決此問題，請對樞紐分析表的位置點一下滑鼠右鍵，然後選『重新整理』，這樣『天數』欄位就會出現了。

接下來，對樞紐分析**表**中的『天數』欄位內任一值點滑鼠右鍵，選擇『摘要值方式』後點『平均值』，如此一來，Excel 就不會將天數加總，而是去計算天數的平均值：

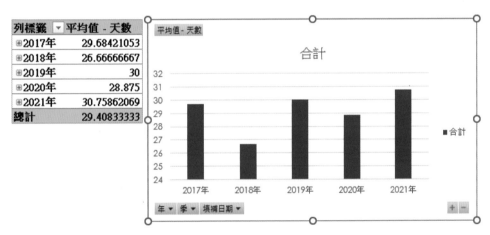

圖 3.37 每年職缺填補平均天數的樞紐分析圖表。

然後請依下列步驟完成後續的格式設定：

1. 點一下樞紐分析圖，按視窗上方的『樞紐分析圖分析』功能頁次，展開『欄位按鈕』下拉選單，選『全部隱藏』。

2. 按 Delete 鍵將樞紐分析圖右側的合計圖例刪除。

3. 對樞紐分析圖點右鍵，選『變更圖表類型』的『折線圖』，並選擇由左至右第 4 個『含有資料標記的折線圖』（會在折線轉折處加上小紅球），然後按『確定』鈕。

4. 將圖表標題改為『職缺平均填補天數』。

5. 對垂直座標軸點兩下滑鼠左鍵，打開『座標軸格式』工作窗格，將最小值設為 0.0：

成果如圖 3.39 所示：

圖 3.38 將垂直軸的平均天數改為從 0 開始。

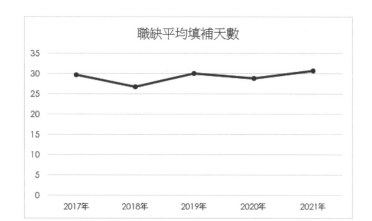

圖 3.39 完成的職缺平均填補天數折線圖。

3.5 第四步：調整儀表板的版面

由於我們將『聘僱多樣性』的圖表拆成了兩張環圈圖，因此本例最後的儀表板版面會和一開始規劃的版面 (見圖 3.2) 有些差異。原本的單張『聘僱多樣性』圖表放置在儀表板右上角，但現在我們要把『性別』環圈圖放在右上角、『種族』環圈圖放右下角，亦即『聘僱多樣性』將佔據儀表板最右側的兩個位置。

現在在**儀表板**工作表上共有隨意放置的七張圖表，如果要安排版面位置，最直覺的方法就是直接拉動、縮放與對齊每張圖表。不過，這樣有點太麻煩了，我們想要利用 Excel VBA 巨集來讓這幾張圖表自動調整大小與對齊。

3.5.1　為每張圖表命名

因為要在程式中控制各圖表的大小與位置，就需要先為每張圖表取個名字。首先，點一下『招聘成本』直條圖，然後將『名稱方塊』中的圖表名改為『RecCost』，後面在程式中就用此名稱代表，記得要按 Enter 鍵才會改名：

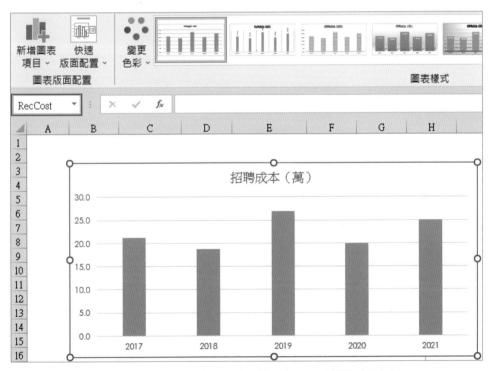

圖 3.40『名稱方塊』位於欄位 A 的上方、公式編輯列的左側。

同樣請依照上述方法，將各圖表都給予一個名稱，記得每個改名後都要按 Enter 鍵：

- 『每位招聘者成本』的直條圖改名為『PerApp』。
- 『90 天離職數』折線圖改名為『QuitRate』。
- 『自願離職』橫條圖改名為『VolSep』。
- 『職缺平均填補天數』折線圖改名為『Vacancy』。
- 『聘僱多樣性 - 性別』環圈圖改名為『Gender』。
- 『聘僱多樣性 - 種族』環圈圖改名為『Race』。

我們選擇『招聘成本 (即 RecCost)』直條圖做為整張儀表板的參照基準，也就是先調整好這一張圖表的尺寸與擺放位置，其它幾張圖表就以它為基準排在相對位置。此處將『招聘成本』直條圖的高度設為 6.24 公分、寬度 10.21 公分：

圖 3.41 按『招聘成本』直條圖，在右側的『圖表區格式』窗格可設定大小。

然後將位置拉到靠近**儀表板**工作表的左上角，做為儀表板的基準。

3.5.2 用 VBA 自動控制其它圖表的尺寸與位置

接著，按 Alt + F11 鍵打開 Visual Basic Editor（VBE），此編輯器可撰寫巨集程式碼。按 Ctrl + R 鍵顯示『專案』視窗，從中找到『VBAProject（HumanResource.xlsm）』專案，對其點一下滑鼠右鍵，在『插入』中選『模組』，建出一個模組用來寫程式，如圖 3.42 所示：

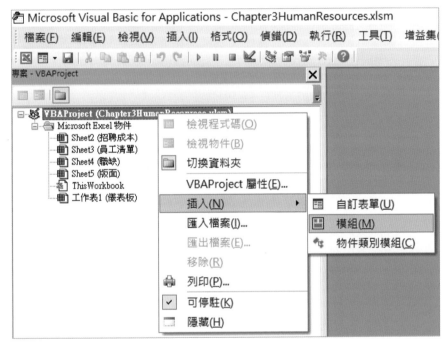

圖 3.42 在專案中插入一個程式模組。

輸入 VBA 程式碼

以上操作會打開一個程式碼編輯視窗，請輸入以下的程式碼（也可以直接開啟範例檔 HumanResources-已完成.xlsm，按視窗上方『開發人員』中的『Visual Basic』，然後在『專案 - VBAProject』中點開『模組』並雙按『Module1』，即可看到程式碼）：

```vba
Sub MoveCharts()
    With ActiveSheet

        .Shapes("PerApp").Top = .Shapes("RecCost").Top
        .Shapes("PerApp").Height = .Shapes("RecCost").Height
        .Shapes("PerApp").Width = .Shapes("RecCost").Width
        .Shapes("PerApp").Left = .Shapes("RecCost").Left _
            + .Shapes("RecCost").Width

        .Shapes("QuitRate").Top = .Shapes("RecCost").Top _
            + .Shapes("RecCost").Height
        .Shapes("QuitRate").Left = .Shapes("RecCost").Left
        .Shapes("QuitRate").Width = .Shapes("RecCost").Width * 2 / 3

        .Shapes("VolSep").Top = .Shapes("QuitRate").Top
        .Shapes("VolSep").Height = .Shapes("QuitRate").Height
        .Shapes("VolSep").Width = .Shapes("QuitRate").Width
        .Shapes("VolSep").Left = .Shapes("QuitRate").Left _
            + .Shapes("QuitRate").Width

        .Shapes("Vacancy").Top = .Shapes("VolSep").Top
        .Shapes("Vacancy").Height = .Shapes("VolSep").Height
        .Shapes("Vacancy").Width = .Shapes("VolSep").Width
        .Shapes("Vacancy").Left = .Shapes("VolSep").Left _
            + .Shapes("VolSep").Width

        .Shapes("Gender").Top = .Shapes("PerApp").Top
        .Shapes("Gender").Height = .Shapes("PerApp").Height
        .Shapes("Gender").Width = .Shapes("PerApp").Width / 2
        .Shapes("Gender").Left = .Shapes("PerApp").Left _
            + .Shapes("PerApp").Width

        .Shapes("Race").Top = .Shapes("Vacancy").Top
        .Shapes("Race").Height = .Shapes("Vacancy").Height
        .Shapes("Race").Width = .Shapes("Gender").Width
        .Shapes("Race").Left = .Shapes("Vacancy").Left _
            + .Shapes("Vacancy").Width
    End With

End Sub
```

程式碼說明 － 建立巨集

一開始用 Sub 建立名稱為 MoveCharts 的巨集，在此巨集中對當前作用中的工作表 ActiveSheet 物件做操作：

```
Sub MoveCharts()
    With ActiveSheet
```

在 MoveCharts 巨集的最後加入下面一行做為結束：

```
End Sub
```

程式碼說明 － 安排每位招聘者成本直條圖位置

儀表板工作表上的每個圖表都是一個 Shapes 物件，我們可以利用 Shapes 物件的各屬性：Top（物件頂端）、Height（物件高度）、Width（物件寬度）以及 Left（物件左邊位置），與另一個圖表物件的屬性關連起來，如此便能確保所有視覺元素在排列上整齊劃一。

我們要將『每位招聘者成本（即 PerApp）』直條圖放在『招聘成本（即 RecCost）』直條圖的右邊，因此 PerApp 的 Top、Height、Width 都設定與 RecCost 一樣，而 PerApp 左邊位置則是 RecCost 的 Left 加上 RecCost 的 Width：

```
        .Shapes("PerApp").Top = .Shapes("RecCost").Top
        .Shapes("PerApp").Height = .Shapes("RecCost").Height
        .Shapes("PerApp").Width = .Shapes("RecCost").Width
        .Shapes("PerApp").Left = .Shapes("RecCost").Left _
            + .Shapes("RecCost").Width
```

其它幾張圖表同樣只要利用 Shapes 物件的幾個屬性就能如法炮製，安排好所有圖表的大小與相對位置。

執行 MoveCharts 巨集

完成後便可將 Visual Basic for Applications 視窗整個關閉，回到**儀表板**工作表中。請按 Alt + F8 鍵顯示『巨集』交談窗，點一下剛剛建立的 MoveCharts 巨集，然後按『執行』鈕就會執行這個巨集：

圖 3.43 執行 MoveCharts 巨集。

執行 MoveCharts 巨集之後，即可看到儀表板工作表中的七張圖表自動排得整整齊齊了。利用 VBA 的好處有：

1. 如果某張圖表重做或移動了位置，只需再執行此巨集，就會重新自動歸位。

2. 如果調整了『招聘成本』直條圖的大小或位置，此巨集可以將所有圖表以『招聘成本』為基準，重新調整每張圖表的大小與位置。

隱藏外露的樞紐分析表

因為我們在做資料視覺化時是以圖為主，因此習慣上會將樞紐分析『**圖**』覆蓋在樞紐分析『**表**』上。假如發現有某幾個樞紐分析表露了出來，只需用滑鼠將樞紐分析表所在的欄位座標（英文字母）選起來，按滑鼠右鍵選『**隱藏**』，即可將樞紐分析表隱藏起來了，例如圖 3.44 有一張樞紐分析表露在外面，就可將 D、E 欄位選取再將其隱藏：

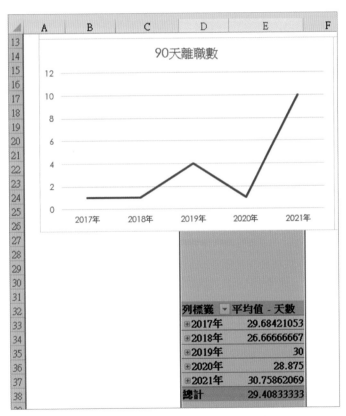

圖 3.44 將外露的樞鈕分析表隱藏起來。

請一一將外露的樞紐分析表用相同方法隱藏起來。

重新執行 MoveCharts 巨集

我們發現：圖表的寬度會因為某些欄位被隱藏而改變。此時，只要先調整好基準（即『招聘成本』直條圖）的大小與位置，然後再執行一次 MoveCharts 巨集就行了。

本章努力了很久，終於完成人力資源部門 KPIs 的儀表板，請見圖 3.45：

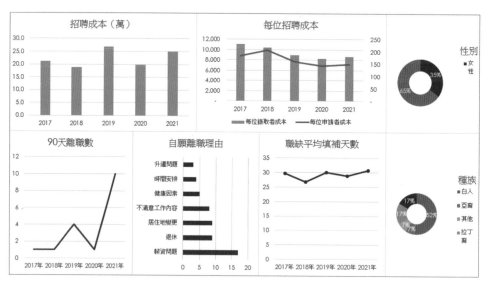

圖 3.45 最終的人力資源部門 KPIs 儀表板。

我們建的巨集會和圖表存放在同一個 Excel 活頁簿檔案中。因此存檔時的檔案格式要選擇存成『Excel 啟用巨集的活頁簿 (.xlsm)』，這樣才不會遺失巨集內容。

儀表板案例研究 03：
企業營運的財務指標

本章內容

- 建立視覺元素：瀑布圖、計量圖、組合折線圖
- 瞭解財務資訊儀表板需要呈現的指標
- 利用 Excel VBA 自動調整大小不一的圖表版面位置

財務資料是企業的命脈，幾乎所有儀表板或多或少都會包括相關指標。由於營運狀況直接影響財務數據，故我們可以透過財務數據來評估企業的表現。話雖如此，找出正確評量和分析這些資料的方法並不容易，這一切都得從監控財務狀況開始，而儀表板正是可同時呈現各種財務指標的好工具。

4.1 案例分析：呈現財務資訊指標

公司要求建立一張財務資訊儀表板以供財務與會計部門使用。他們不僅想看到本年度(本例是 2020 年的營業數據)，還想知道過去五年 (2016~2020) 資料呈現的趨勢。下圖就是本案例要完成的財務儀表板 (轉 90 度角)：

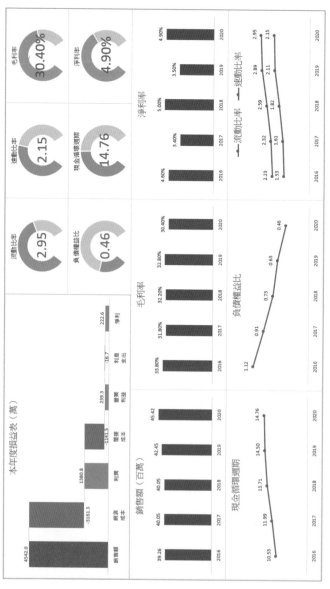

圖 4.1 財務資訊指標儀表板。

NOTE 此案例需要的資料在補充資源
Chapter04 / Financial Information.xlsx。

4.2 第一步：計畫與版面規劃

財務部門提出一些能反映公司財務健全程度的指標，下面是這些指標的簡單描述：

- **流動比率 (current ratio)**：流動資產 (current assets) 除以流動負債 (current liabilities)。此比率有助於瞭解公司在未來一年內是否有償還債務的能力。

- **速動比率 (quick ratio)**：現金與應收帳款 (receivables) 除以流動負債。此比率能顯示公司在短期內償還債務的能力。

- **負債權益比 (debt-to-equity)**：此指標傳統算式為：總負債除以股東權益總和 (total equity)。不過在公司內部報告時，財務部門會將總負債改為計息債務 (interest-bearing debt)。

- **現金循環週期 (cash conversion cycle)**：存貨周轉天數 (days sales of inventory) 加上應收帳款周轉天數 (days sales outstanding) 減去應付帳款周轉天數 (days payables outstanding)。此指標呈現企業將存貨轉換為現金所需的時間。

- **毛利率 (gross margin percent)**：銷售收入減掉銷售成本，然後再除以銷售收入。

- **淨利率 (net margin percent)**：淨利潤 (即毛利率扣掉營運成本等各項成本) 除以銷售收入。

財務部門希望儀表板上能呈現出：圖表化的損益表、上述各財務指標本年度的數值與過去五年的趨勢、以及從 2016 到 2020 年的銷售額變化。於是你規劃出如圖 4.2 的儀表板版面配置，並提供給相關人員檢視，看是否符合需求：

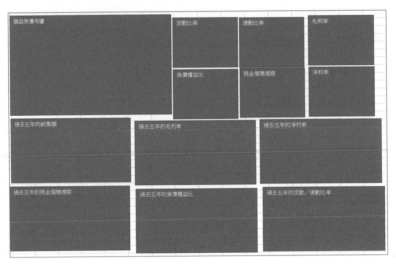

圖 4.2 財務儀表板的初始版面安排。

4.3 第二步：資料搜集

在本例中，我們得到了如圖 4.3 的資產負債表 (balance sheet) 與損益表 (income statement) 資料 (見範例檔的**資料**工作表)：

	A	B	C	D	E	F	G
1	資產負債表	2015	2016	2017	2018	2019	2020
2	現金	683,994	1,453,502	1,443,111	1,897,996	2,418,683	2,546,219
3	應收帳款	3,068,493	3,105,048	3,174,708	3,170,586	3,272,631	3,289,239
4	存貨	1,523,461	1,464,310	1,448,988	1,512,308	1,493,221	1,547,914
5	其他現有資產	621,453	618,731	610,613	635,064	620,823	628,673
6	固定資產	3,648,732	3,620,934	3,947,334	4,156,194	4,109,664	4,448,519
7	其他長期資產	50,243	55,427	62,434	57,433	68,333	75,461
8	應付帳款	(2,836,512)	(2,738,809)	(2,663,304)	(2,560,968)	(2,507,282)	(2,544,193)
9	應付費用	(200,148)	(236,059)	(212,684)	(224,868)	(191,848)	(174,914)
10	負債	(3,861,487)	(3,886,332)	(3,728,124)	(3,639,605)	(3,596,656)	(3,105,572)
11	普通股	(100,000)	(100,000)	(100,000)	(100,000)	(100,000)	(100,000)
12	資本公積	(1,547,889)	(1,547,889)	(1,547,889)	(1,547,889)	(1,547,889)	(1,547,889)
13	保留盈餘	(1,050,340)	(1,808,863)	(2,435,187)	(3,356,251)	(4,039,680)	(5,063,457)
14				-	-	-	-
15	損益表						
16	銷售額		39,261,030	40,046,251	40,046,251	42,449,026	45,420,458
17	銷貨成本		(25,990,802)	(27,311,543)	(27,151,358)	(28,525,745)	(31,612,639)
18	利潤		13,270,228	12,734,708	12,894,893	13,923,281	13,807,819
19	間接成本		(11,268,350)	(11,204,624)	(10,702,229)	(12,245,144)	(11,415,137)
20	營業利益		2,001,878	1,530,084	2,192,664	1,678,137	2,392,682
21	利息支出		(195,871)	(168,511)	(190,351)	(192,421)	(167,080)
22	淨利		1,806,007	1,361,573	2,002,313	1,485,716	2,225,602
23	預算收入		-	41,224,000	42,049,000	42,049,000	44,571,000

圖 4.3 資產負債表與損益表。注意！表中有小括號的數字代表負數。

在製作圖表之前，我們得先算出前面提過的各項財務指標，包括『負債權益比』、『存貨周轉天數』、『流動比率』等等。請從儲存格 A25 開始依序打上表 4.1 中的九個指標名稱，至於計算公式的部分則從 C25 開始輸入：

表 4.1 財務指標與公式

指標名稱	公式
負債權益比	=C10/SUM(C11:C13)
存貨周轉天數	=AVERAGE(B4:C4)/-C17*365
應收帳款周轉天數	=AVERAGE(B3:C3)/C16*365
應付帳款周轉天數	=-AVERAGE(B8:C8)/C17*365
現金循環週期	=C26+C27-C28
流動比率	=-SUM(C2:C5)/SUM(C8:C9)
速動比率	=-SUM(C2:C3)/SUM(C8:C9)
毛利率	=C18/C16
淨利率	=C22/C16

然後用滑鼠選取 C25:C34 將公式複製到右邊各欄位：

25	負債權益比		1.124272728	0.913067501	0.72731878	0.632371405	0.462734599
26	存貨週轉天數		20.98	19.47	19.90	19.23	17.56
27	應收帳款週轉天數		28.70	28.62	28.92	27.70	26.37
28	應付帳款週轉天數		39.15	36.10	35.12	32.43	29.16
29	現金循環週期		10.53	11.99	13.71	14.50	14.76
30	流動比率		2.23	2.32	2.59	2.89	2.95
31	速動比率		1.53	1.61	1.82	2.11	2.15
32							
33	毛利率		33.80%	31.80%	32.20%	32.80%	30.40%
34	淨利率		4.60%	3.40%	5.00%	3.50%	4.90%

圖 4.4 財務指標以及套用公式得到的資料。

4.4 第三步：建立視覺元素

請建一個**儀表板**工作表，然後按下面各節的操作將財務指標轉變成視覺圖表。

4.4.1 總結損益表資訊的瀑布圖

我們希望損益表的圖表不僅僅顯示銷售額以及最後的淨利這兩個數字而已，還要能呈現出從銷售額到淨利之間增減的計算過程（也就是連銷貨成本、間接成本、利息支出等都要能看到），此時用長條圖就不太適合，改畫瀑布圖（waterfall chart）會是更好的選擇。

我們要製作的是 2020 年損益表的圖表，因此先用滑鼠將損益表中的項目（A16:A22）框選起來，接著按住 ⌈Ctrl⌋ 鍵不放，再框選 G16:G22 的資料，然後點開視窗上方的『插入』功能頁次，在『建議圖表』中選擇『瀑布圖』，即可建立如圖 4.5 的初始圖表：

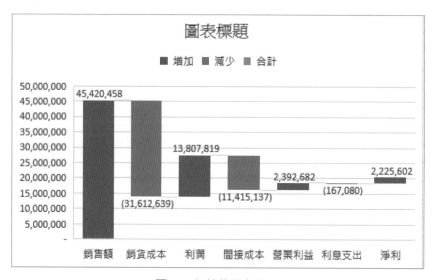

圖 4.5 初始的瀑布圖。

該瀑布圖中的藍色長條代表正值，金額在長條上方；橙色長條代表負值，金額在長條下方。

點此圖表按 Ctrl ＋ X 鍵將其剪下，然後點開**儀表板**工作表按 Ctrl ＋ V 鍵貼上。接下來，請依照下面的步驟調整圖表格式：

1. 將圖表標題改為『本年度損益表(萬)』。

2. 點選圖例，按 Delete 鍵刪除。

3. 瀑布圖中每個直條上已經有金額了，因此點一下垂直軸，按 Delete 鍵刪除金額座標。

4. 因為利潤等於銷售額減銷貨成本，因此利潤的長條要能呈現兩者相減的視覺效果。請先點一下『利潤』長條，此時所有長條都會被選取，然後原地再點一下(注意！不要快速連點兩下)，就只有『利潤』長條被選起來，其它幾個長條圖會變灰色。然後按滑鼠右鍵選擇『資料點格式』，在『資料點格式』工作窗格中將『設為總計』打勾(圖 4.6)，如此就會成為『銷售額』與『銷貨成本』的總計，且變成灰色(圖 4.7)：

圖 **4.6** 『利潤』直條設為總計。

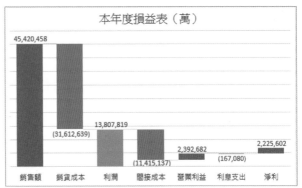

圖 **4.7** 『利潤』直條變成灰色，後面幾個長條也會跟著變動位置。

5. 請對『營業利益』和『淨利』長條重複上述步驟，將『設為總計』勾選起來，結果如圖 4.8：

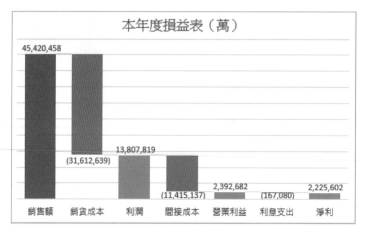

圖 4.8 各長條呈現出由左而右、由上而下的瀑布圖。

6. 點一下圖表背景的橫格線，按 ⌊Delete⌋ 鍵刪除，背景會變成全白。

7. 現在要將直條上的金額改為以萬為單位。對圖表中的任一數字連點兩下滑鼠左鍵，此時圖表上每個直條的數字都會被選取，然後在右邊『資料標籤格式』工作窗格的『標籤選項』子頁次展開『數值』選項，因為我們想以萬為單位，因此將『格式代碼』方塊改為『0!.0,』，再按右邊的『新增』鈕，直條上的數字就會以萬為單位顯示：

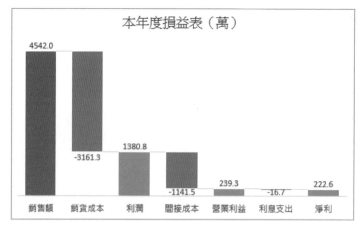

圖 4.9 長條的數字以萬為單位且無橫格線。

> **編註！** 以千或百萬為單位的格式代碼
>
> | 格式 | 格式代碼 |
> | --- | --- |
> | 以千為單位 | #, |
> | 以千為單位加上千分位符號 | #,###, |
> | 以百萬為單位 | 0.0,, |

8. 如果長條下方的名稱過長 (尤其是用英文時)，例如覺得『銷貨成本』太長，想分成兩行顯示，則可直接到**資料**工作表的儲存格 A17，將游標移動到『銷貨』和『成本』之間，按下 Alt ＋ Enter 鍵，然後再按一次 Enter 鍵即可分成兩行，此時**儀表板**工作表瀑布圖中的『銷貨成本』名稱也會自動分成兩行。依同樣方法可將『間接成本』、『營業利益』、『利息支出』等幾個名稱都分成兩行，結果如圖 4.10：

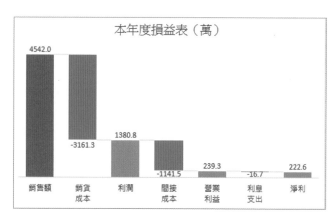

圖 4.10 完成的本年度損益表瀑布圖。

4.4.2 資產負債表指標的計量圖

這個項目一共包括四張大小相同的圖表，分別顯示流動比率、速動比率、負債權益比、以及現金循環週期。由於這些比率都是簡單的數字，故必須思考如何呈現比較有視覺效果。我們打算在數字背後加入類似計量器的圖表(請見圖 4.1 右上角)。請注意！Excel 中並沒有『計量器』圖表類型，該元素是由環圈圖修改而來。

在工作開始之前，請先和財務部門討論每種指標的合理上限值是多少，我們得到的回覆如下：流動比率和速動比率的上限設為 4、負債權益比為 2、現金循環週期則為 30。

準備比率指標需要的資料表

我們要在**資料**工作表儲存格 A36:G40 位置建立四個新的欄位：流動比率、速動比率、負債權益比、現金循環週期，與四個列標題：數值、空白、最小值、最大值，如下所示：

35					
36		流動比率	速動比率	負債權益比	現金循環週期
37	數值	2.95	2.15	0.46	14.76
38	空白	1.05	1.85	1.54	15.24
39	最小值	1.00	1.00	0.50	7.50
40	最大值	4.00	4.00	2.00	30.00

圖 4.11 為產生計量圖而準備的資料表。

- **數值**：此處的四個比率值前面都算出來了，依序輸入『=G30』、『=G31』、『=G25』、『=G29』。
- **空白**：請先在儲存格 B38 輸入公式『=B40-B37』，然後將此儲存格往右一直複製到 E38，Excel 會自動修正 C38 到 E38 公式中參照的儲存格。
- **最大值**：依序輸入財務部門提供的四個指標上限值。
- **最小值**：請在 B39 中輸入『=B40/0.8-B40』(也就是最小值從最大值的 25% 開始)，再將此公式複製給 C39 到 E39。

| 編註： | 這四列資料用在哪裡？ |

我們直接看計量圖來說明
更清楚：

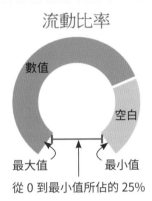

圖 4.12 四個計量器需要的資料
所代表的意思。

製作流動比率指標的環圈圖

為製作流動比率的計量圖，首先要產生一個環圈圖，請用滑鼠框選
A37:B39，點開視窗上方的『插入』功能頁次，打開『插入圓形圖或環
圈圖』下拉選單，選擇『環圈圖』。如此便能建立如下圖表：

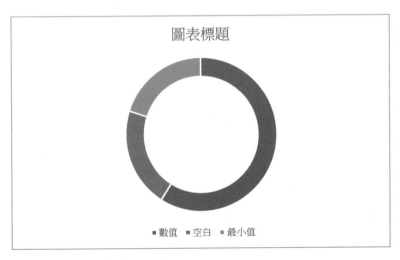

圖 4.13 初始的流動比率環圈圖。
環圈共分為 3 段，個別長度分別對應到數值、空白、最小值的佔比。

對上圖按 Ctrl + X 鍵將其剪下，然後在**儀表板**工作表按 Ctrl + V 鍵貼上。請對圖表連點兩下滑鼠左鍵，開啟『圖表區格式』工作窗格，打開『大小與屬性』子頁次，將圖表尺寸調整為高度 3.73cm、寬度 5.4cm。

接下來，請依照以下步驟設定圖表格式：

1. 點一下圖表上的圖例，按 Delete 鍵刪除。

2. 把圖表標題改為『流動比率』，並在視窗上方的『常用』功能頁次，將『字型大小』改小為 10.5。

3. 對圖表中環圈的任一位置點一下滑鼠右鍵，並選擇『資料數列格式』以打開同名的工作窗格。將『第一扇區起始角度』改成 216，表示『數值』由順時針 216 度開始，並將『環圈內徑大小』改為 57，內徑越小則環圈越厚：

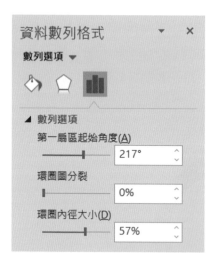
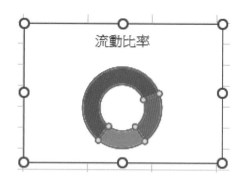

圖 4.14 調整數值的起始角度與環圈粗細。

4. 此時圖表中的環圈看起來很小。請點此圖表，打開視窗上方的『格式』功能頁次，在最左邊的『圖表區』下拉選單中選擇『繪圖區』。

如此一來，環圈的周圍便會出現調整把手。此時可拉動調整把手在圖表範圍內盡可能拉大：

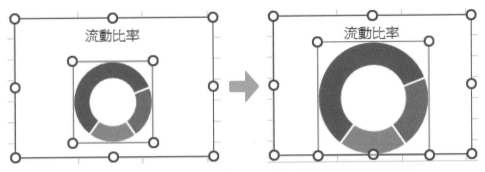

圖 4.15 拉動把手調整繪圖區的大小，以增加環圈在圖表區中的面積。

將環圈圖調整為計量器的外觀

1. 對環圈中藍色『數值』區段點滑鼠左鍵，然後再點一次左鍵(注意！不要快速連點兩下)，則可單獨選取『數值』區段。接著，點開視窗上方的『格式』功能頁次，在『圖案填滿』下拉選單中選擇『藍色，輔色 1，較淺 40%』(滑鼠在某色塊上靜止幾秒鐘後，便會顯示該顏色標籤的名稱)。

2. 接著點一下環圈中對應『空白』的區段(橙色)，在『圖案填滿』下拉選單中選擇『白色，背景 1，較深 15%』。

3. 最後點一下環圈中對應『最小值』的區段，在『圖案填滿』下拉選單中選擇『無填滿』。右圖即為到目前為止的環圈圖樣貌：

圖 4.16 此時環圈圖已經變成想要的計量圖了。

4. 選取『數值』區段，在視窗上方的『圖表設計』功能頁次最左邊『新增圖表項目』下拉選單中選擇『資料標籤』，按『其他資料標籤』選項打開『資料標籤格式』工作窗格，此時可看到圖表中出現 2.95，這就是『流動比率』的數值。然後在『標籤選項』子頁次中取消『顯示指引線』核取方塊。

5. 點一下此資料標籤 (即 2.95)，到視窗上方的『常用』功能頁次將其『字型大小』改為 24。此時因為資料標籤範圍太小，原本的 2.95 可能會看不見，請將資料標籤拉大，就會顯示出 2.95，並將其移動到環圈圖的正中央，最後將『字型色彩』改為深藍色，就完成流動比率的計量圖：

圖 4.17 流動比率的計量圖。

製作其它三張計量圖

接下來要製作『速動比率』、『負債權益比』、『現金循環週期』這三張計量圖，可以利用已經建好的『流動比率』計量圖來修改。請先點一下『流動比率』計量圖，按 Ctrl + C 鍵將其複製。然後，在**儀表板**工作表中找三個空白儲存格分別按 Ctrl + V 鍵貼上，如此就產生三張複製圖表。

接著將三張複製圖表的標題分別改成『速動比率』、『負債權益比』和『現金循環週期』，以方便我們辨識。然後將這四個計量圖移動到原先**版面**工作表安排的位置 (目前還不用仔細對齊，之後在 4.5 節會用 VBA 程式來自動調整)。

因為每張計量圖參照到的資料不同，故接下來就要個別設定。請對『速動比率』計量圖點滑鼠左鍵，此時上方公式列顯示的是『流動比例』參照的數列資料來源 (在**資料**工作表中)：

```
=SERIES(,資料!$A$37:$A$39,資料!$B$37:$B$39,1)
```

請將上述公式的資料來源 B37:B39 改為 C37:C39 (只要將 B 改為 C 即可)，這樣『速動比率』計量圖才會參照到正確的數列資料；前面的 A37:A39 則是項目名稱故維持不變：

```
=SERIES(,資料!$A$37:$A$39,資料!$C$37:$C$39,1)
```

要注意的是，更改公式會重置和數列有關的格式設定，也就是環圈的每一段顏色會變回 Excel 預設的顏色，故請依照前面的步驟調整環圈各區段的顏色，並將資料標籤拉大，如此就可完成『速動比率』計量圖。

用同樣的方法將『負債權益比』計量圖公式中的兩個 B 改成 D；『現金循環週期』計量圖公式中的兩個 B 改成 E，並分別調整各區段顏色與資料標籤大小。最終的四張計量圖如圖 4.18 所示：

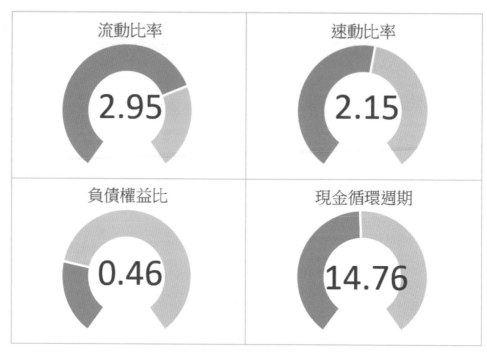

圖 4.18 來自資產負債表的四張計量圖。

4.4.3 本年度利潤率（屬於損益表）的直條圖

對於儀表板版面右上角安排的另外兩個小圖表：毛利率與淨利率，我們打算採取和前面相同的做法，也做成兩個計量圖。但為了與前面四張計量圖有所區別，此處會設定不同的圖表顏色。

準備本年度利潤率需要的資料表

要製作毛利率與淨利率的計量圖，我們要在**資料**工作表的『現金循環週期』欄位右邊再加入兩個『毛利率』和『淨利率』的新欄位，此兩欄下方的值如下填入：

毛利率欄位的四個項目

- **最大值**：在儲存格 F40 填入 40%。由 C33:G33 的值估計毛利率不會超過 40%。
- **數值**：在儲存格 F37 輸入公式『=G33』，這是 2020 年的毛利率。
- **空白**：在儲存格 F38 輸入公式『=F40-F37』。要用百分比格式顯示。
- **最小值**：在儲存格 F39 輸入公式『=F40/0.8-F40』。要用百分比格式顯示。

淨利率欄位的四個項目

- **最大值**：在儲存格 G40 填入 7%。由 C34:G34 的值估計淨利率不會超過 7%。
- **數值**：在儲存格 G37 輸入公式『=G34』，這是 2020 年的淨利率。
- **空白**：在儲存格 F38 輸入公式『=G40-G37』。要用百分比格式顯示。
- **最小值**：在儲存格 F39 輸入公式『=G40/0.8-G40』。要用百分比格式顯示。

新建立的毛利率與淨利率資料表如下：

35 36	流動比率	速動比率	負債權益比	現金循環週期	毛利率	淨利率
37 數值	2.95	2.15	0.46	14.76	30.40%	4.90%
38 空白	1.05	1.85	1.54	15.24	9.60%	2.10%
39 最小值	1.00	1.00	0.50	7.50	10.00%	1.75%
40 最大值	4.00	4.00	2.00	30.00	40.00%	7.00%

圖 4.19 新增毛利率與淨利率欄位的資料表。

製作毛利率與淨利率計量圖

在**儀表板**工作表中，由前面已經製作好的四張計量圖中任選一張，按 Ctrl + C 鍵複製後，在右邊找兩個空白儲存格分別按 Ctrl + V 鍵貼上，便能產生兩張新的計量圖。將它們的標題分別改成『毛利率』和『淨利率』。

請點選『毛利率』圖表的環圈，並將公式列 SERIES 函數改為：

```
=SERIES(,資料!$A$37:$A$39,資料!$F$37:$F$39,1)
```

也就是將參照的資料來源改為**資料**工作表中的 F37:F39。同樣的道理，將『淨利率』環圈圖公式參照的資料來源改為 G37:G39。

接著要調整各區段的顏色。我們打算將這兩張計量圖的數值區段改用『橙色，輔色 2，較淺 40%』來顯示，其它區段的色彩則和之前一樣。最後，將顯示數值的資料標籤拉大，這樣就完成了。

我們將這六張計量器圖表依照版面的規劃放在一起，就如圖 4.20 所示：

圖 4.20 六張計量圖的組合。

4.4.4 過去五年損益趨勢指標的直條圖

接下來的三張圖表要呈現『銷售額』、『毛利率』與『淨利率』這三項損益指標在過去五年中的趨勢。

製作過去五年銷售額直條圖

為了呈現五年 (2016~2020) 的銷售額趨勢，請先選取資料工作表中的儲存格 C1:G1，然後按住 Ctrl 鍵不放，再選取 C16:G16 的銷售額資料。完成後請點開視窗上方的『插入』功能頁次，按『建議圖表』開啟『插入圖表』交談窗，選擇『群組直條圖』，按『確定』鈕。然後將此新建立的圖表按 Ctrl + X 鍵剪下，在**儀表板**工作表的空白儲存格按 Ctrl + V 鍵貼上：

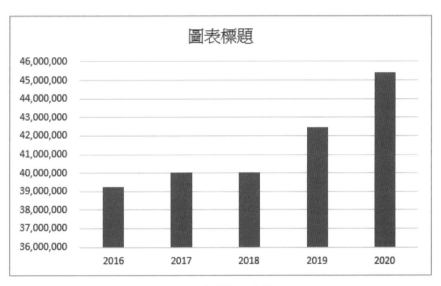

圖 4.21 五年銷售量直條圖。

完成後請依下列步驟調整圖表的格式：

1. 圖表標題改為『銷售額 (百萬)』。

2. 對垂直座標軸連點兩下滑鼠左鍵開啟『座標軸格式』工作窗格，把『最小值』改為 0，然後關閉工作窗格，並按 Delete 鍵將垂直軸座標刪除。

3. 點一下圖表背景的橫格線，按 Delete 鍵刪除。

4. 點一下圖表中的任一長條，點開視窗上方的『格式』功能頁次，在『圖案填滿』下拉選單調整長條的顏色。由於此處的資料對應損益表，而之前製作計量圖時，與損益表有關的毛利率和淨利率都採用橙色系，因此這裡的長條也用橙色系，選擇『橙色，輔色 2，較深 25%』。

5. 點一下圖表，點開視窗上方的『圖表設計』功能頁次，在最左邊『新增圖表項目』下拉選單的『資料標籤』中選擇『終點外側』，如此就能讓原本銷售額數值出現在長條的上方：

圖 4.22 將銷售額放在長條頂端外側。

6. 接下來，我們要將銷售額的顯示單位改為百萬。請對銷售額資料標籤（就是長條上方的數字）連點兩下左鍵，打開『資料標籤格式』工作窗格，展開『數值』選項，打開『類別』下拉選單並選擇『自訂』，在『格式代碼』文字方塊中輸入『0.00,,』將銷售額改為以百萬為單位，再按右側『新增』鈕。如此就完成了過去五年銷售額直條圖：

圖 4.23 完成的過去五年銷售額直條圖，並以百萬為單位。

製作過去五年毛利率、淨利率直條圖

接下來可以用複製的方法來建立過去五年毛利率與淨利率的直條圖。請選取銷售額圖表，複製出另外兩張新圖表。然後將它們的圖表標題分別改為『毛利率』與『淨利率』。

請注意！在**資料**工作表上，毛利率數據位於第 33 列的 C33:G33，淨利率數據則在第 34 列的 C34:G34。為了讓圖表參照到正確的資料，請對『毛利率』圖表中的任一直條點滑鼠左鍵，然後將公式列中的公式修改成下面這樣：

```
=SERIES(,資料!$C$1:$G$1,資料!$C$33:$G$33,1)
```

同樣請對『淨利率』圖表中的任一直條點滑鼠左鍵，然後將公式列中的公式修改成下面這樣：

```
=SERIES(,資料!$C$1:$G$1,資料!$C$34:$G$34,1)
```

因為參照到的數列資料改變，直條的顏色會被重置為預設的藍色，請再次依照前述方法調整其顏色為『橙色，輔色 2，較深 25%』。此時會發現原本直條頂端的數值消失了，請按視窗上方『圖表設計』功能頁次，打開最左邊『新增圖表項目』中的『資料標籤』，選擇『終點外側』，資料標籤就又會出現在直條頂端了：

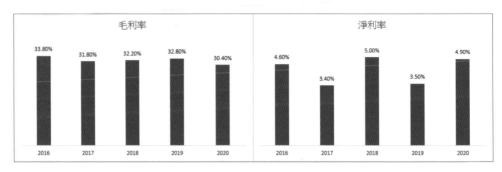

圖 4.24 過去五年毛利率與淨利率直條圖。

注意！如果資料標籤的格式不是用百分比呈現，請對任一資料標籤連點兩下左鍵，開啟『資料標籤格式』工作窗格，展開『數值』選項，將『類別』下拉選單中的『自訂』改為『百分比』即可。

然後我們將這三張損益指標圖表並排擺放在一起：

圖 4.25 完成的三張過去五年的損益指標圖表。

由這三張圖表就可以清楚看出：過去五年的銷售額、毛利率與淨利率究竟是持平穩定、還是有上升或下跌的趨勢。

4.4.5 過去五年資產負債指標的折線圖

接下來要製作與資產負債表相關的四個指標在過去五年的圖表，這四個指標就是現金循環週期、負債權益比、流動比率與速動比率。為了與損益表三個指標的直條圖（見圖 4.25）呈現方式有所區隔，故此處使用折線圖。

先建出五年折線圖需要的模版

這次我們想將已經做好的五年銷售額直條圖修改成折線圖來當作模版圖表。請在**儀表板**工作表點選銷售額直條圖，按 Ctrl ＋ C 鍵複製，在下方空白儲存格按 Ctrl ＋ V 鍵貼上一張新圖表。接著對新圖表按滑鼠右鍵，選擇『變更圖表類型』開啟同名交談窗，點選『折線圖』，再選左邊算來第四個『含有資料標記的折線圖』，然後按『確定』鈕，就更改為五年折線圖了（見圖 4.26）。

不過，我們發現資料標籤的數值會遮檔折線，因此要將其改放在資料點的上方。請先按一下圖表，點開視窗上方『圖表設計』功能頁次最左邊的『新增圖表項目』下拉選單，選擇『資料標籤』中的『上』，就完成五年折線圖的模版了（見圖 4.27）：

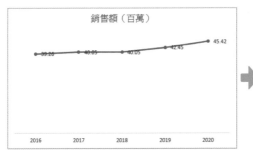

圖 4.26 顯示數值的資料標籤預設會放在資料點的右邊。

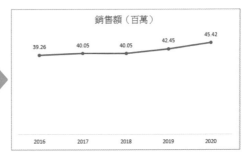

圖 4.27 將資料標籤改放到資料點的上方。

完成上述步驟後,利用此模版再複製出兩張新圖表,得到三張一模一樣的折線圖。此時折線圖樣版參照到的資料仍然是銷售額,故下面要來修改參照資料來源。

製作五年現金循環週期圖、負債權益比圖

我們先將其中兩張新圖表的標題分別改為『現金循環週期』和『負債權益比』,然後修改它們參照到的資料數列位置。請分別在這兩張圖表的折線點一下左鍵,在上方的公式列會看到 SERIES 函數參照到**資料**工作表對應的儲存格位置,請分別如下修改:

五年 (2016~2020) 現金循環週期的資料是放在 C29:G29,因此公式請改為:

```
=SERIES(,資料!$C$1:$G$1,資料!$C$29:$G$29,1)
```

五年 (2016~2020) 負債權益比的資料是放在 C25:G25,因此公式請改為:

```
=SERIES(,資料!$C$1:$G$1,資料!$C$25:$G$25,1)
```

> **編註!** 如果在改完 SERIES 函數公式之後,發現資料標籤內的數字變成 0.0 或者不滿意格式,都可以點一下資料標籤,然後在右邊工作窗格按『標籤選項』子頁次,點開『數值』中的『類別』下拉選單選擇『數值』,資料標籤就會顯示出原本的數值。

如此就完成了這兩張圖表:

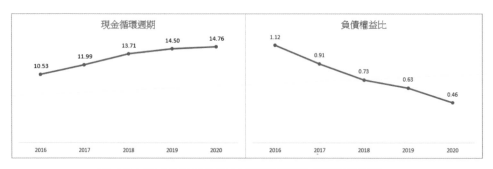

圖 4.28 完成的五年的現金循環週期與負債權益比圖表。

製作五年流動比率、速動比率的組合折線圖

我們打算將五年流動比率與速動比率放在同一張圖表以便於比對。還記得圖例每次都被刪除嗎？這次我們不僅要保留圖例，還要將其做為圖表標題。請依下面步驟操作：

1. 將第三張圖表的圖表標題按 [Delete] 鍵刪除。

2. 在折線上按滑鼠左鍵，將上方的 SERIES 函數公式改為下面這樣 (因為流動比率在**資料**工作表中的儲存格位置是 C30:G30)：

```
=SERIES(,資料!$C$1:$G$1,資料!$C$30:$G$30,1)
```

修改後的圖中只有過去五年的流動比率：

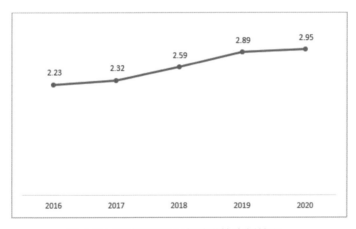

圖 4.29 目前還只是五年流動比率折線圖。

若想修改資料標籤中數值的小數位數，可連點兩下圖表中的資料標籤以開啟『資料標籤格式』工作窗格，在『數值』下的『類別』下拉選單選擇『數值』，並將底下的『小數位數』改為想要顯示的小數位數即可 (Excel 預設是顯示 2 位小數位數)。

接下來，要在流動比率圖表中加入速動比率的資料。請依下列步驟進行：

1. 先用滑鼠框選**資料**工作表中存放速動比率數據的 C31:G31 儲存格，按 [Ctrl] ＋ [C] 鍵將其複製。

2. 接著，點一下流動比率折線圖，在視窗上方『常用』功能頁次最左邊的『貼上』下拉選單，按『選擇性貼上』打開同名稱的交談窗，確認『新的數列資料』和『列』已被核取 (圖 4.30)，按下『確定』鈕就可將速動比率的資料貼進圖表 (也可以先點一下圖表，然後直接按 [Ctrl] ＋ [V] 鍵貼上)：

圖4.30 選擇性貼上交談窗。

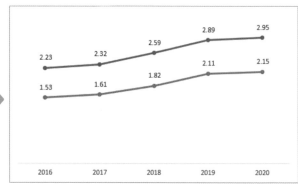

圖4.31 流動比率與速動比率同時出現在圖表中。

現在來調整兩條折線的顏色，我們打算讓流動比率折線用深藍色呈現，速動比率折線用深綠色呈現：

1. 先點選流動比率折線，此時折線上的資料點會被選取，在『格式』功能頁次中的『圖案填滿』下拉選單選擇『藍色，輔色 1，較深 25%』，這樣改變資料點的顏色，接著在『圖案外框』下拉選單選擇相同的藍色，即可改變折線線段的顏色。

2. 點選速動比率折線，在『圖案填滿』以及『圖案外框』下拉選單都選擇『綠色，輔色 6，較深 25%』。

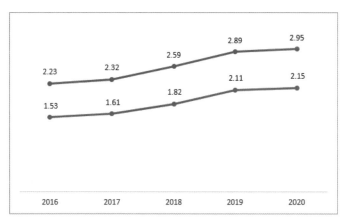

圖 4.32 調整兩條折線的顏色。

目前圖表中的藍色與綠色折線看不出各代表什麼意思，所以要再為此圖表加入圖例。請點此圖表，在視窗上方的『圖表設計』功能頁次最左邊『新增圖表項目』下拉選單中的『圖例』選擇『上』。圖表上方就會新增兩條折線的圖例，預設名稱為『數列 1』和『數列 2』：

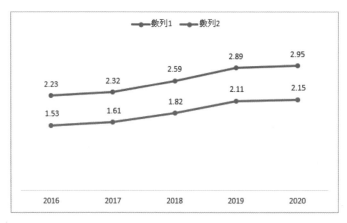

圖 4.33 圖表出現兩條折線的圖例，顏色分別取自兩條折線。

現在要將藍色圖例改為流動比率，綠色圖例改為速動比率。請依下列步驟進行：

1. 對圖表點一下滑鼠右鍵，然後選擇『選取資料』打開『選取資料來源』交談窗。

2. 對『圖例項目(數列)』區塊中的『數列1』點一下左鍵，按上方的『編輯』鈕打開『編輯數列』交談窗，在『數列名稱』文字方塊中填入『＝資料!$A$30』(或者直接點**資料**工作表中的儲存格A30)：

圖 4.34 指定圖例名稱要參照的位置。

3. 按『確定』鈕即可將『數列1』改為『流動比率』了。請用同樣方法編輯『數列2』的名稱，此處的『數列名稱』文字方塊記得改成『＝資料!$A$31』。兩個數列名稱都修改完成後，按『確定』鈕結束『選取資料來源』交談窗。

4. 最後將圖例的文字放大到14。如此就完成了五年流動比率、速動比率的組合折線圖：

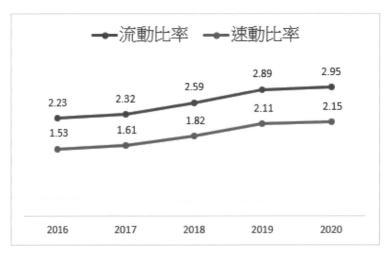

圖 4.35 五年流動比率、速動比率的組合折線圖。

現在來看一下 4.4.4 與 4.4.5 兩個小節製作出來能呈現五年財務指標趨勢的六張圖表：

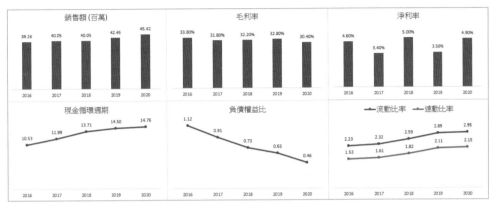

圖 4.36 顯示過去五年財務指標的六張趨勢圖。

4.5 第四步：調整儀表板的版面

本章總共製作出 13 張圖表，因為視覺元素眾多，尤其是六個計量圖的尺寸又很小，如果要一一調整大小，又必須確保資料標籤保持在環圈圖的正中央，實在太花功夫，不如利用 VBA 程式依照設定的尺寸比例來自動調整版面吧。

我們會將流動比率計量圖做為整張儀表板的錨點位置，分別去調整其它12 張圖表的相對位置。以後要改變儀表板的版面時，只要先調整流動比率計量圖、再執行本節中的 VBA 程式即可。

4.5.1 為每張圖表命名

在撰寫 VBA 程式以前,我們得先為這 13 張圖表命名。請一一點選圖表,按下方指示修改『名稱方塊』中的圖表名稱 (如果忘記了,可複習 3.5.1 小節),這些名稱都會用在我們要撰寫的 VBA 程式中:

- 『本年度損益瀑布圖』的名稱設為『Water』。
- 『流動比率計量器圖』的名稱設為『CurrentGauge』。
- 『速動比率計量器圖』的名稱設為『QuickGauge』。
- 『負債權益比計量器圖』的名稱設為『DtoEGauge』。
- 『現金循環週期計量器圖』的名稱設為『CCCGauge』。
- 『毛利率計量器圖』的名稱設為『GrossGauge』。
- 『淨利率計量器圖』的名稱設為『NetGauge』。
- 『銷售額直條圖』的名稱設為『RevTrend』。
- 『毛利率直條圖』的名稱設為『GrossTrend』。
- 『淨利率直條圖』的名稱設為『NetTrend』。
- 『現金循環週期折線圖』的名稱設為『CCCTrend』。
- 『負債權益比折線圖』的名稱設為『DtoETrend』。
- 『流動／速動折線圖』的名稱設為『CurrentTrend』。

4.5.2 用 VBA 自動控制各圖表的尺寸與位置

接下來,按 Alt + F11 打開 Visual Basic Editor (VBE),再按 Ctrl + R 開啟『專案』視窗,從中找出『VBAProject (Financial Information. xlsx)』專案,對其點一下滑鼠右鍵,在『插入』中點『模組』:

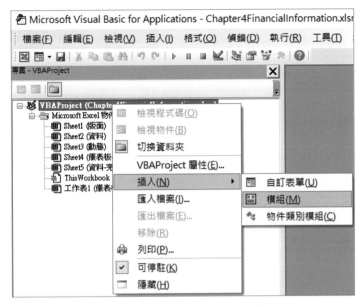

圖 4.37 開啟 VBA 程式碼編輯視窗。

輸入 VBA 程式碼

在開啟的程式碼編輯視窗中輸入以下程式碼 (也可以從 Financial Information-已完成.xlsm 檔案中的 VBA 模組複製過來)：

```vba
Sub MoveCharts()

    With ActiveSheet

        '排列儀表板第一層的三張計量圖
        MoveSingleChart chtDest:=.Shapes("QuickGauge"), _
            chtSource:=.Shapes("CurrentGauge"), _
            LeftAdd:=.Shapes("CurrentGauge").Width, TopAdd:=0, _
            WidthFactor:=1, HeightFactor:=1

        MoveSingleChart chtDest:=.Shapes("GrossGauge"), _
            chtSource:=.Shapes("QuickGauge"), _
            LeftAdd:=.Shapes("QuickGauge").Width, TopAdd:=0, _
            WidthFactor:=1, HeightFactor:=1
```

→ 接下頁

```
'排列儀表板第二層的三張計量圖
MoveSingleChart chtDest:=.Shapes("DtoEGauge"), _
    chtSource:=.Shapes("CurrentGauge"), _
    LeftAdd:=0, TopAdd:=.Shapes("CurrentGauge").Height, _
    WidthFactor:=1, HeightFactor:=1

MoveSingleChart chtDest:=.Shapes("CCCGauge"), _
    chtSource:=.Shapes("DtoEGauge"), _
    LeftAdd:=.Shapes("DtoEGauge").Width, TopAdd:=0, _
    WidthFactor:=1, HeightFactor:=1

MoveSingleChart chtDest:=.Shapes("NetGauge"), _
    chtSource:=.Shapes("CCCGauge"), _
    LeftAdd:=.Shapes("CCCGauge").Width, TopAdd:=0, _
    WidthFactor:=1, HeightFactor:=1

'瀑布圖的位置放在計量圖的左邊
.Shapes("Water").Width = .Shapes("CurrentGauge").Width * 3
MoveSingleChart chtDest:=.Shapes("Water"), _
    chtSource:=.Shapes("CurrentGauge"), _
    LeftAdd:=.Shapes("Water").Width * -1, TopAdd:=0, _
    WidthFactor:=3, HeightFactor:=2

'排列儀表板第三層的三張直條圖，高度為瀑布圖的75%
MoveSingleChart chtDest:=.Shapes("RevTrend"), _
    chtSource:=.Shapes("Water"), _
    LeftAdd:=0, TopAdd:=.Shapes("Water").Height, _
    WidthFactor:=2 / 3, HeightFactor:=0.75

MoveSingleChart chtDest:=.Shapes("GrossTrend"), _
    chtSource:=.Shapes("RevTrend"), _
    LeftAdd:=.Shapes("RevTrend").Width, TopAdd:=0, _
    WidthFactor:=1, HeightFactor:=1

MoveSingleChart chtDest:=.Shapes("NetTrend"), _
    chtSource:=.Shapes("GrossTrend"), _
    LeftAdd:=.Shapes("GrossTrend").Width, TopAdd:=0, _
    WidthFactor:=1, HeightFactor:=1
```

→ 接下頁

```
        '排列儀表板第四層的三張折線圖，尺寸與第三層相同
        MoveSingleChart chtDest:=.Shapes("CCCTrend"), _
            chtSource:=.Shapes("RevTrend"), _
            LeftAdd:=0, TopAdd:=.Shapes("RevTrend").Height, _
            WidthFactor:=1, HeightFactor:=1

        MoveSingleChart chtDest:=.Shapes("DtoETrend"), _
            chtSource:=.Shapes("CCCTrend"), _
            LeftAdd:=.Shapes("CCCTrend").Width, TopAdd:=0, _
            WidthFactor:=1, HeightFactor:=1

        MoveSingleChart chtDest:=.Shapes("CurrentTrend"), _
            chtSource:=.Shapes("DtoETrend"), _
            LeftAdd:=.Shapes("DtoETrend").Width, TopAdd:=0, _
            WidthFactor:=1, HeightFactor:=1

    End With
End Sub

Sub MoveSingleChart(chtDest As Shape, chtSource As Shape, _
    LeftAdd As Double, _
    TopAdd As Double, _
    WidthFactor As Double, _
    HeightFactor As Double)

    chtDest.Top = chtSource.Top + TopAdd
    chtDest.Width = chtSource.Width * WidthFactor
    chtDest.Left = chtSource.Left + LeftAdd
    chtDest.Height = chtSource.Height * HeightFactor

End Sub
```

上面一長串程式碼中包括兩個子程序 (以 Sub 開頭)：MoveCharts 與
MoveSingleChart，以下分別說明。

程式碼說明 – MoveSingleChart 子程序

在 3.5.2 節我們說過，**儀表板**工作表上的每個圖表都是一個 Shapes 物件，我們可以將 Shapes 物件的各屬性與另一個 Shapes 物件的屬性關連起來，這些屬性包括：Top（物件頂端）、Height（物件高度）、Width（物件寬度）以及 Left（物件左邊位置）。

我們先來看 MoveSingleChart 子程序，其功能就是建立 chtDest 物件（代表欲調整位置大小的圖表）與 chtSource 物件（代表做為錨點的圖表）之間各屬性的相對關係，白話來說就是 chtDest 的位置與大小要以 chtSource 為基準來調整。

首先，我們看到這個子程序的引數共有 6 個，前面兩個是欲調整位置大小的 chtDest 物件與做為錨點的 chtSource 物件。後面 4 個引數請參考下面說明：

```
Sub MoveSingleChart(chtDest As Shape, chtSource As Shape, _
     LeftAdd As Double, _        ◄── 左邊要增加多少
     TopAdd As Double, _         ◄── 頂端要增加多少
     WidthFactor As Double, _    ◄── 調整寬度比例
     HeightFactor As Double)     ◄── 調整高度比例
```

接著分別指定 chtDest 物件各屬性相對於 chtSource 物件的位置與比例：

```
'chtDest 圖表的頂端相對於 chtSource 圖表頂端增加多少
chtDest.Top = chtSource.Top + TopAdd

'chtDest 圖表的寬度相對於 chtSource 圖表寬度的比例多少
chtDest.Width = chtSource.Width * WidthFactor

'chtDest 圖表的左邊位置相當於 chtSource 圖表左邊位置增加多少
chtDest.Left = chtSource.Left + LeftAdd
```

→ 接下頁

```
'chtDest 圖表的高度相當於 chtSource 圖表高度的比例多少
chtDest.Height = chtSource.Height * HeightFactor
```

程式碼說明 ─ MoveCharts 子程序

MoveCharts 子程序一開始會先以一張圖表做為錨點(本例是用流動比率計量圖)做為下一張圖表(速動比率計量圖)的基準：

```
'用 QuickGauge (速動比率計量圖) 產生 chtDest 物件
MoveSingleChart chtDest:=.Shapes("QuickGauge"), _

    '用 CurrentGauge (流動比率計量圖) 產生 chtSource 物件
    chtSource:=.Shapes("CurrentGauge"), _

    '設定 chtDest 的左邊要貼在 chtSource 的右邊
    '設定高度增加 0，寬度比例為 1，高度比例為 1
    LeftAdd:=.Shapes("CurrentGauge").Width, TopAdd:=0, _
    WidthFactor:=1, HeightFactor:=1
```

然後將設定好的參數代入 MoveSingleChart 子程序中，如此就能將速動比率計量圖調整為與流動比率計量圖相同尺寸，而且貼齊在流動比率計量圖右邊。

下面再以調整瀑布圖擺放位置與大小的程式為例說明一次，其它依此類推：

```
'瀑布圖的寬度設為流動比率計量圖的 3 倍
.Shapes("Water").Width = .Shapes("CurrentGauge").Width * 3

    '產生瀑布圖的物件 chDest
    MoveSingleChart chtDest:=.Shapes("Water"), _

        '產生流動比率計量圖物件 chtSource
        chtSource:=.Shapes("CurrentGauge"), _
```

→ 接下頁

```
'瀑布圖是在流動比率計量圖的左邊，因此要乘以 -1
'高度增加 0，寬度比例為 3 倍，高度比例則設為 2 倍
LeftAdd:=.Shapes("Water").Width * -1, TopAdd:=0, _
WidthFactor:=3, HeightFactor:=2
```

執行 VBA 程式

編輯完 VBA 程式後，請關閉 VBE 並回到 Excel 介面。按 Ctrl + F8 鍵開啟『巨集』交談窗，點一下 MoveCharts 巨集名稱，然後按『執行』，就會自動將整張儀表板排得整整齊齊了，這就是本章完成的儀表板：

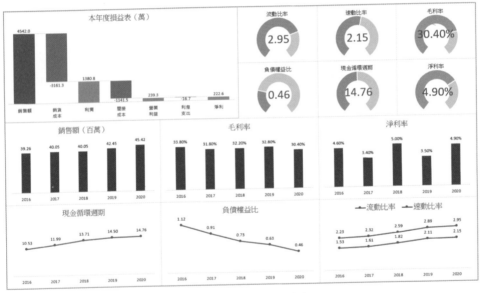

圖 4.38 財務資訊指標儀表板。

假如想調整儀表板的尺寸或位置，只要先以手動方式調整流動計量圖的尺寸和位置，接著再執行一次 MoveCharts 巨集，其它圖表的尺寸和位置就會跟著調整了。

儀表板資料前處理 - Power Query、Power Pivot 與資料模型

本章內容

- 使用 Power BI 工具：Power Query、Power Pivot 匯入與連結資料
- 利用資料模型(data model)建立關聯式資料集。
- Power Query 在匯入資料前預做轉換處理

本章將介紹如何把資料區分出不同的資料層，在製作及更新儀表板時會更加省事。重頭戲是利用微軟 Power BI 商業智慧工具中的 Power Query 與 Power Pivot，將文字檔、另一個 Excel 檔、Access、SQL Server 等外部資料匯入 Excel。此外，我們還會說明如何實作 Excel 的資料模型(data model)、並建立資料集之間的關聯性。最後會練習使用 Power Query 在匯入資料之前先對資料做轉換。

5.1 將資料分層

如果我們取得的資料比較複雜，且更新頻率各異，那麼在建立儀表板前可以考慮先將原始資料分隔出幾個**資料層**（data layers）。最常見的做法是建立三個層，分別是：**來源層**（source data layer）、**處理層**（staging and analysis layer）、**呈現層**（presentation layer）。圖 5.1 是個簡單的例子，三個層分別存放在不同的工作表上：

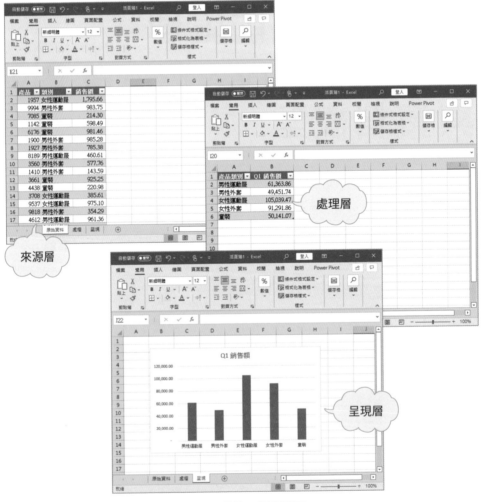

圖 5.1 區分為三個資料層。

■ **來源層**：存放原始 (或整理過的) 資料，包括由外部來源匯入的資料。
■ **處理層**：將來源層的資料經過公式分析與處理，並規劃欄位佈局。
■ **呈現層**：將處理層的資料以視覺化呈現為圖表。

透過資料分層的作法，在我們需要局部修改儀表板時，可以不用整個大幅更動。舉例來說，假如在來源層插入新欄位或填入新資料，我們只需調整處理層中參照到來源層的公式即可，只要處理層的佈局維持不變，那麼就不需要重做呈現層。同樣地，也可以在保持來源層不變的情況下，藉由調整處理層的佈局來得到呈現層的新圖表。

5.1.1 來源層 (source data layer)

來源層是所有專案的起點。來源層的資料或許並非最原始的資料，但其必為儀表板視覺元素的基礎。在面對原始資料時，我們在意的事情包括：資料的格式、從何而來、更新頻率為何、以及其中有多少資訊已被總結為統計量 (例如僅取得各品項的加總值，卻缺少個別品項單價)。

我們取得的原始資料格式可能不同，有些本身已在 Excel 工作表中排列成欄與列的表格狀，這樣的原始資料通常可立即進入處理階段。其它常見格式還有文字檔、XML 檔、網頁或來自資料庫等，在用 Excel 處理這些資料以前，得先調整成適當的格式才行。

原始資料的取得方式也有很多種，例如：從 E-mail、透過內部網路分享、從 FTP 伺服器、或者從伺服器下載等。若資料是來自資料庫，則一般可用查詢 (query) 方式得到。但若資料庫管理者並未對你開放權限，此時就得請有權限者代為取得所需資料。無論取得原始資料並匯入 Excel 的方式為何，此過程通常都很繁瑣，故應盡量將其自動化！

儀表板多久需要更新一次，通常要看原始資料的更新頻率而定。但請記得！一張儀表板用到的資料可能來自多個來源，因此儀表板的更新頻率應視更新頻率『最慢』的資料來源而定。此外，有些資料搜集是有週期性的，例如 POS 系統的數據雖然可以即時取得，但以每日固定時間結算會是比較好的做法。

原則上，我們希望能取得未經處理過的原始資料，但以下兩種狀況例外：

■ 第一種例外是當原始資料量過於龐大時。例如某儀器每五秒就回傳一次測量值，那麼很快就會累積大量的資料，在這種情況下就必須找到一個平衡點，既能保留原始數據的彈性、又不至於耗費太多的儲存資源。此時，適當地將資料轉換為統計量是可接受的選擇。

■ 第二種例外和資料格式的複雜程度相關。最理想的情況是資料已被整理成直行 (column) 與橫列 (row) 的格式（每一直行代表一個欄位，每一橫列則為一筆記錄），且資料中非結構化的部分與重覆記錄皆已刪除。以上所述的處理稱為資料正規化 (data normalization)。經過該步驟以後，只要參照欄與列的位置就能取得所需的資料。相反地，未經正規化的資料就需要再花一番功夫整理了。

> **編註！** 在統計學或機器學習中所稱的資料正規化是指將資料依比例縮放到 0~1 之間的數值，而此處是指資料的處理方法。

圖 5.2 的資料已是欄與列的格式，可以直接用 Excel 公式或樞紐分析對其操作。反之，圖 5.3 中的資料就得先用公式或資料轉換技巧調整為欄與列的格式才行：

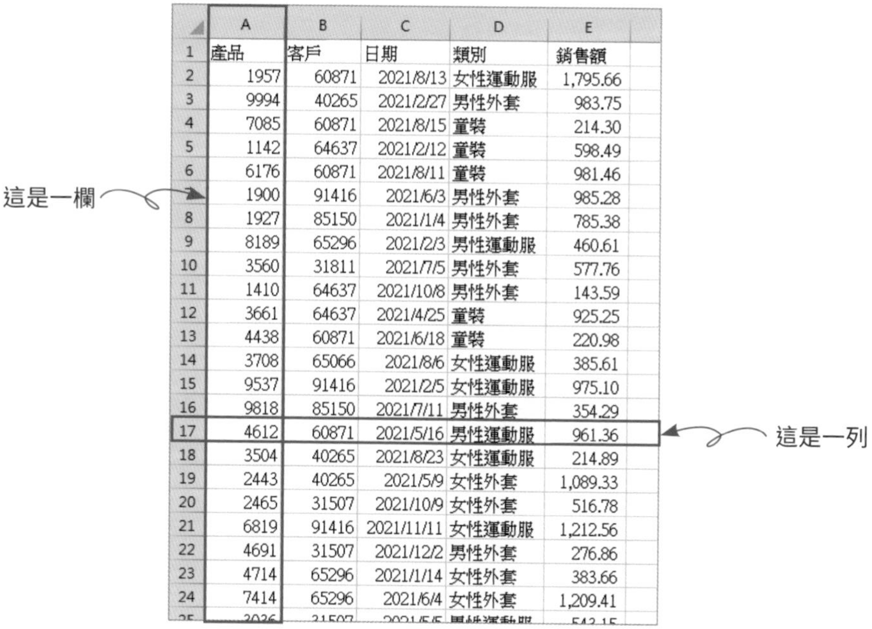

	A	B	C	D	E
1	產品	客戶	日期	類別	銷售額
2	1957	60871	2021/8/13	女性運動服	1,795.66
3	9994	40265	2021/2/27	男性外套	983.75
4	7085	60871	2021/8/15	童裝	214.30
5	1142	64637	2021/2/12	童裝	598.49
6	6176	60871	2021/8/11	童裝	981.46
7	1900	91416	2021/6/3	男性外套	985.28
8	1927	85150	2021/1/4	男性外套	785.38
9	8189	65296	2021/2/3	男性運動服	460.61
10	3560	31811	2021/7/5	男性外套	577.76
11	1410	64637	2021/10/8	男性外套	143.59
12	3661	64637	2021/4/25	童裝	925.25
13	4438	60871	2021/6/18	童裝	220.98
14	3708	65066	2021/8/6	女性運動服	385.61
15	9537	91416	2021/2/5	女性運動服	975.10
16	9818	85150	2021/7/11	男性外套	354.29
17	4612	60871	2021/5/16	男性運動服	961.36
18	3504	40265	2021/8/23	女性運動服	214.89
19	2443	40265	2021/5/9	女性外套	1,089.33
20	2465	31507	2021/10/9	女性外套	516.78
21	6819	91416	2021/11/11	女性運動服	1,212.56
22	4691	31507	2021/12/2	男性外套	276.86
23	4714	65296	2021/1/14	女性外套	383.66
24	7414	65296	2021/6/4	女性外套	1,209.41
25	2026	31507	2021/5/5	男性運動服	543.15

這是一欄 → (指向 A 欄)

這是一列 → (指向第 17 列)

圖 5.2 可以直接使用的欄與列資料。

	A	B	C	D	E	F	G	H	I
1	客戶		產品類別		產品		日期	編號	銷售額
2									
3	31507								
4									
5			童裝						
6									
7				1452		2021/8/15		248	$369.94
8									
9									
10				1548		2021/5/21		56	$563.17
11									
12				3547		2021/5/18		426	$476.59
13									
14									
15				4575		2021/12/27		328	$229.43
16									
17				9459		2021/8/28		314	$363.82
18									
19									
20			男性運動服						
21									
22				1146		2021/10/6		264	$287.09
23									

圖 5.3 格式複雜的資料。

5.1.2 處理層 (staging and analysis layer)

我們會在這一層將來源層的原始資料處理成適合用來製作圖表的格式。一般而言，原始資料雖然在使用上彈性較高，但卻不適合直接用來繪製圖表。而處理層的目的，正是允許我們以不同方式對資料進行處理與分析，以因應不同的視覺元素需要。處理層可以包括一或數個工作表，多數複雜儀表板的處理層會包括多個工作表。

處理層的資料通常都會經過 Excel 函數運算，或透過樞紐分析從原始資料中得到統計資訊。相信讀者在實作第 2~4 章時已很熟練。

5.1.3 呈現層 (presentation layer)

利用處理層產生的視覺元素、以及任何可互動的控制項目 (如果有的話) 可以放在另一張工作表上，此工作表稱為呈現層。

如果想將處理層的資料和呈現層的圖表放在同一張工作表上，最好能將圖表遮檔住資料 (例如第 3 章製作的樞紐分析圖與表)，或是將處理層資料所佔的那幾個欄位隱藏起來。

在正式發佈儀表板給使用者時，呈現層的圖表不一定會用 Excel 檔，也可能需要轉換成其它檔案格式，例如 PowerPoint、PDF 檔，或者直接放在 E-mail 中，此時要考慮的就不只是存放視覺元素的 Excel 工作表，還需顧及發佈用的檔案格式。

5.2 外部 Excel 檔及文字檔的匯入與連結

如果取得的原始資料是外部文字檔或 Excel 檔，那麼第一步便是將它們匯入 Excel 活頁簿，而這需要用到 Power Query 與 Power Pivot 功能。

5.2.1 商業智慧工具：Power Query 與 Power Pivot

微軟公司在數年前將 Business Intelligence (BI, 商業智慧) 工具帶入大眾視野，稱為 Microsoft Power BI。該工具除了有獨立的應用程式之外，也被納入新版的 Excel 中。

> **編註！** 本書中的操作已在 Excel 2019、2021 上測試過。但如果讀者使用舊版 Excel，雖然也可從微軟官網下載 Power BI 增益集，操作上與本書描述差異頗大。

Power Query 是一套對資料進行抽取 (Extract)、轉換 (Transform)、載入 (Load) 的引擎 (以上三個程序通稱為 ETL)，且已內建於新版的 Excel 中，取代舊版 Excel 的匯入精靈功能。與舊版相比，Power Query 除了能抽取、載入資料以外，還提供了更強的資料轉換能力。本書接下來的內容都會用到 Power Query。

Power Pivot 則是新版 Excel 內建的增益集，能讓我們在 Excel 上建立資料關聯性。藉由此工具可以完成諸如：定義資料階層、使用 DAX 語言撰寫更進階的公式、為資料定義 KPIs 等工作。不過，本書僅會介紹 Power Pivot 的部分功能，讀者若想深入瞭解，還請另行參考專書。

5.2.2 匯入與連結文字檔

文字檔一般分為兩種，分別是：**定界檔案** (delimited) 和**定寬檔案** (fixed width)。定界檔案的每一列以換行符號區分，一列中的不同欄位資料則以分隔符號 (通常是逗號或 Tab) 區隔。定寬檔案每一列的字元數皆是固定的、每列中相同欄位的字元數也是固定的；假如某列某欄位中的資料字元數不夠，則缺少的部分需以空格補齊，如此才能確保每一列中相同欄位的資料起點都相同。圖 5.4 分別以定界和定寬方式呈現相同的資料：

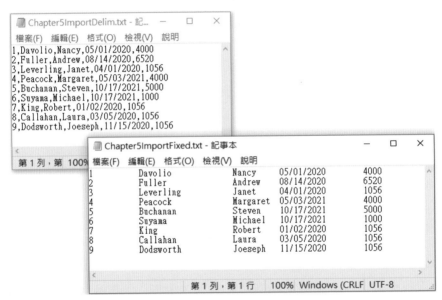

圖 5.4 上圖是定界檔案，下圖是定寬檔案。

這兩種格式各有優缺點。定寬檔案的缺點是包含大量多餘的空格，而定界檔案的缺點是萬一資料本身就包含用來分隔不同欄位的特殊字符，則程式在區分不同欄位時有可能會混淆。一般而言，當定界檔案的資料本身就包含分隔符號時，請用雙引號將其括起來；若資料本身原本就有用到雙引號，就請於雙引號外再套一層雙引號。經過上述處理後，絕大多數的程式都能正確開啟定界文字檔。

> **NOTE** 定界與定寬檔案在補充資源中的 ImportDelim.txt 和 ImportFixed.txt。關於資料本身就包含分隔符號與雙引號的範例請參考 ImportDelim2.txt。

用 Power Query 匯入文字檔

Power Query 已經內建在新版 Excel 中，要匯入定寬文字檔，請依以下步驟進行：

1. 先打開一個空白的 Excel 工作表。

2. 在視窗上方的『資料』功能頁次最左邊的『取得資料』下拉選單，選擇『從檔案』中的『從文字／CSV』選項。

3. 找到名為 ImportFixed.txt 的定寬文字檔，並按下『匯入』鈕，Excel 會以交談窗說明如何解讀該檔案（見圖 5.5）。由於是定寬文字檔，照理來說，Excel 應該要以『-- 固定寬度 --』區隔不同欄位，但本例卻自動選擇了『-- 自訂 --』、且分隔符號處顯示空白。話雖如此，只要檔案解讀正確就沒問題；經實測後發現：在『分隔符號』下拉選單中不論選擇『-- 自訂 --』或『-- 固定寬度 --』的結果相同：

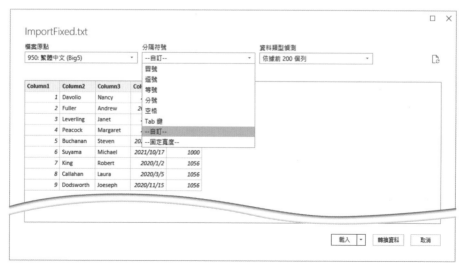

圖 5.5 可在此自行選擇分隔不同欄位資料的方式。

4. 按下『載入』鈕就可將資料匯入工作表，此時『查詢與連線』工作
   窗格會自動開啟，見圖 5.6：

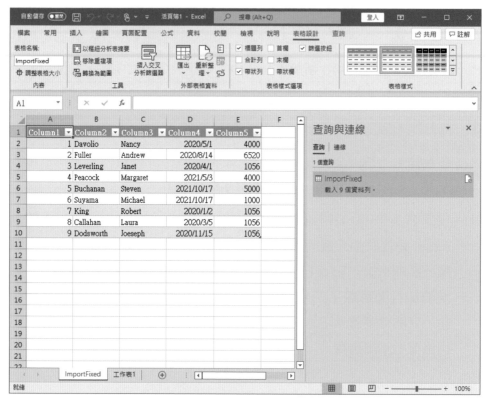

圖 5.6 文字檔經過轉換並載入到 Excel 工作表。

請注意！用此方式匯入的資料會自動套用為 Excel 表格，在該表格右下角
可看見**調整控點**。

開啟定界檔案的程序和前面的步驟一模一樣 (見圖 5.7)，這一次 Power
Query 正確指出本例的分隔符號為逗號：

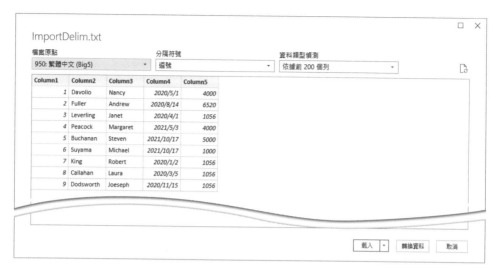

圖 5.7 交談窗顯示分隔符號為『逗號』。

Power Query 之於傳統匯入精靈的優勢

許多人在 Excel 舊版本中匯入資料時習慣使用匯入精靈 (本書不會介紹)。與之相比，Power Query 有兩項明顯的優勢：

■ 在匯入的過程中，Power Query 提供的資料轉換選項較多，這一點在本章稍後會討論。

■ 透過 Power Query 匯入資料時會自動產生和來源檔案相連結的表格，也就是當來源檔案的內容改變，只要點 Excel 表格的任一位置，打開視窗上方『查詢』功能頁次，再按『重新整理』即可更新表格內的資料。

相反地，如果使用匯入精靈，則 Excel 中的資料會失去和來源檔案的連結；換言之，若來源檔案資料更新或異動，就必須重新匯入。顯然 Power Query 能讓儀表板的更新程序更加簡單。

在圖 5.7 交談窗的右下角有三個按鈕，其中『載入』按鈕是一個下拉選單，其中有『載入』和『載入至』兩個選項；前者可直接以 Excel 表格的形式將資料匯入工作表中 (此為預設)，後者則會開啟如圖 5.8『匯入資料』交談窗：

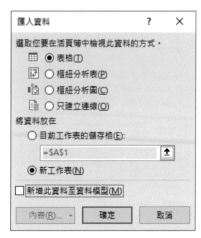

圖 5.8 『匯入資料』交談窗。

位於『選取您要在活頁簿中檢視此資料的方式』區塊中的第一個選項即預設的『表格』，其功能和直接按『載入』鈕是一樣的。倘若你未來打算對此資料進行樞紐分析，可考慮將其載入成『樞紐分析表』或『樞紐分析圖』。至於第四個選項『只建立連線』則是先不載入數據，只是將此 Excel 檔案與原始檔案連結起來。最後，交談窗下方還有個『新增此資料至資料模型』的核取方塊，此功能留到 5.3 節再說明。

5.2.3　匯入與連結另一個 Excel 檔的資料

我們也能用 Power Query 匯入其它 Excel 檔中的資料，過程與文字檔非常類似。透過匯入功能 (而非將另一個 Excel 檔工作表的資料複製貼上)，就可以讓另一個來源 Excel 檔和當前的 Excel 檔建立連結。如此一來，若來源檔案有異動，只需藉由『重新整理』功能便可連動更新。圖 5.9 顯示出某銷售交易記錄 Excel 檔的一部分：

	A	B	C	D	E	F
1	交易編號	交易日期	銷售人員	品項編號	數量	金額
2	10274	2020/6/18	2	P7672	39	1,092.00
3	18945	2020/11/23	8	P8311	75	3,675.00
4	12709	2020/11/24	7	P4268	4	148.00
5	18186	2020/2/19	1	P7783	90	1,080.00
6	11947	2020/9/3	5	P2534	95	3,040.00
7	19077	2020/12/28	2	P8906	25	1,175.00
8	16016	2020/2/4	4	P8116	10	470.00
9	12386	2020/4/19	9	P8419	84	1,764.00
10	18643	2020/2/23	1	P9271	69	1,518.00
11	15081	2020/5/8	4	P3936	73	2,044.00
12	12638	2020/1/6	3	P9016	87	1,914.00
13	19910	2020/8/22	6	P9156	24	936.00
14	11413	2020/8/1	8	P5772	14	350.00
15	10225	2020/8/28	9	P8903	14	504.00
16	13048	2020/1/13	2	P3853	27	972.00
17	19216	2020/4/15	7	P6526	3	72.00
18	19561	2020/10/7	9	P4351	77	1,309.00
19	18876	2020/9/2	6	P5189	44	924.00
20	17801	2020/2/13	7	P3969	68	748.00

圖 5.9 儲存成 Excel 檔的銷售交易記錄資料。

> **NOTE** 本節範例檔案在補充資源的 Chapter05 / SalesTransactions.xlsx、
> SalesPersons.txt 以及 SalesByLastName.xlsx。

請新建一個空白的 Excel 活頁簿，我們要將 SalesTransactoins.xlsx 檔案中的『tbl 銷售』表格匯入目前工作的 Excel 檔。請點開視窗上方『資料』功能頁次的『取得資料』，將滑鼠移至『從檔案』，按下第一項『從活頁簿』。接下來選取想要匯入的檔案，並按『匯入』鈕開啟 Power Query 的『導覽器』交談窗，如圖 5.10：

圖 5.10 Power Query 的導覽器交談窗。

此處會列出此外部 Excel 檔案中所有能匯入的項目。以本例的活頁簿而言，其中共有一張『tbl 銷售』表格、兩張工作表(工作表 1、工作表 2)以及一個名為『佣金率』的具名範圍 (named range)。注意不同類型的項目會以不同的小圖示表示，方便使用者辨別。當點選任一可匯入項目時，導覽器右側就會出現資料預覽畫面供我們察看。

> **注意！** 具名範圍的功能是為選取的儲存格範圍取一個名稱，例如此處的佣金率『= 工作表 2!$A$1:$B$10』就是為工作表 2 中的 A1:B10 定義的名字。要定義新的具名範圍可以先選取儲存格範圍，按視窗上方『公式』功能頁次的『定義名稱』再取個名字即可。如果要看目前有幾個具名範圍，則按『名稱管理員』。

此處請選擇『tbl 銷售』表格，然後按『載入』鈕將資料匯入工作中的活頁簿。圖 5.11 顯示出匯入後的資料、以及相應的『查詢與連線』工作窗格。

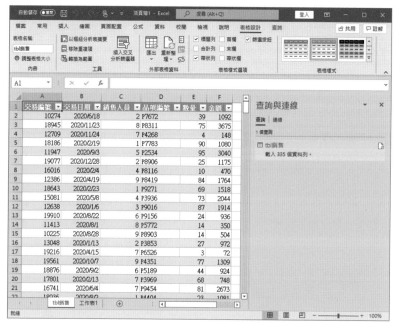

圖 5.11 匯入後的 Excel 資料以及『查詢與連線』工作窗格。

5.3 如同關聯式資料庫的 Excel 資料模型

在 Excel 工作表中將一筆筆資料存放成欄與列的格式，我們稱之為**資料集** (data set)。Excel 的**資料模型** (data model) 可以讓我們將多個**資料集**整合起來，藉由具有關聯性的欄位建立彼此之間的關聯，類似於關聯式資料庫 (relational database) 的概念。編註：我們可視為 Excel 活頁簿內的關聯式資料庫，一個活頁簿中可以有一個資料模型。

例如在『銷售交易記錄』和『銷售人員基本資料』這兩份資料集中皆有相同的『銷售人員』欄位，如此一來就可透過此欄位將兩個資料集中的資料關聯起來：

交易編號	交易日期	銷售人員
1001	2020/6/18	2
1002	2020/11/23	8
1003	2020/11/24	7
1004	2020/2/19	1
1005	2020/9/3	5
1006	2020/12/28	2
1007	2020/2/4	4
1008	2020/4/19	9

銷售交易記錄資料集

銷售人員	姓氏	名字
1	Davolio	Nancy
2	Fuller	Andrew
3	Leverling	Janet
4	Peacock	Margaret
5	Buchanan	Steven
6	Suyama	Michael
7	King	Robert
8	Callahan	Laura
9	Dodsworth	Joeseph

銷售人員基本資料資料集

圖 5.12 藉由銷售人員欄位的關聯，可知道交易編號 1001
的銷售人員姓名是 Andrew Fuller。

我們可用以下 4 種方法將不同來源的資料集匯入資料模型：

■ 在匯入資料並打開圖 5.10 的導覽器後，同樣選擇『tbl 銷售』表格，然後從『載入』下拉選單中選擇『載入至』選項開啟『匯入資料』交談窗，並將『新增此資料至資料模型』核取方塊勾起來：

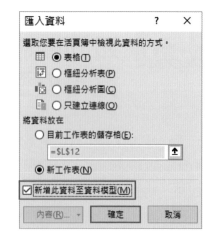

圖 5.13 『匯入資料』交談窗。

然後按『確定』鈕匯入 (將文字檔載入資料模型也是一樣的操作)。

- 當一次匯入多個資料集時，Excel 會自動將它們加進資料模型中。
- 對於已匯入工作表的資料，我們能將此工作表納入資料模型。請點一下工作表，在視窗上方的『查詢』功能頁次按『載入至』，然後就與第一種方法相同。不過，應該會看到下面的警示窗：

圖 5.14 將已匯入資料載入資料模型時，Excel 會提出警示訊息。

按『確定』鈕，Excel 會重新用來源檔案中的內容替換當前的資料。

- 第 4 種方法要啟動 Power Pivot 後才能使用，稍後介紹。

要確定某個資料集已在資料模型中，請先在『查詢與連線』工作窗格中找到該資料集，將滑鼠移到其上並靜待一秒以喚出如圖 5.15 的詳細內容，其中載入狀態應顯示**已載入工作表與資料模型**：

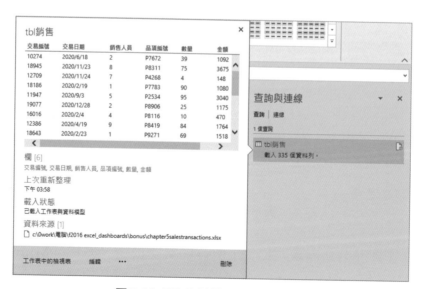

圖 5.15 匯入資料模型中的資料集。

5.3.1 啟用 Power Pivot 增益集

資料模型中一般至少會有兩個或以上個資料集,這樣才有建關聯的意義。在此我們會用到新版 Excel 內建的 Power Pivot 增益集 (add-in),請依下列步驟將其加入功能頁次:

1. 請點開視窗上方『檔案』功能頁次,按最左下角的『選項』開啟『Excel 選項』交談窗。打開『增益集』子頁次,在中間下方位置找到『管理:』,在其右邊下拉選單中選擇『COM 增益集』:

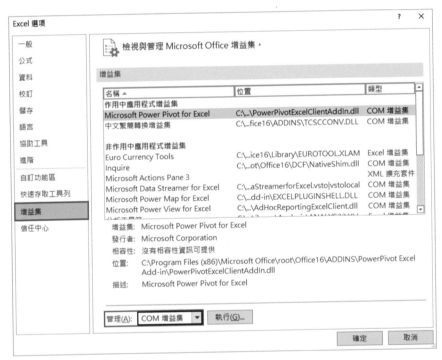

圖 5.16 要選擇增益集。

按『執行』鈕開啟『COM 增益集』交談窗,請把『Microsoft Power Pivot for Excel』的核取方塊打勾,如圖 5.17 所示:

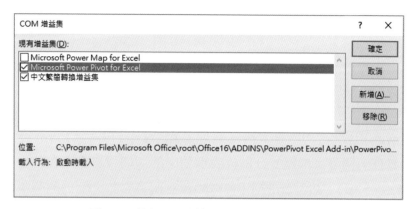

圖 5.17 執行 Excel 的 Power Pivot 增益集。

按下『確定』鈕，在視窗上方即可看到多了一個『Power Pivot』功能頁次。請點該功能頁次，其中有一個『加入至資料模型』選項，這是將資料集加入資料模型的第 4 種方法，只有在啟動 Power Pivot 增益集後才能使用。

5.3.2 查看與管理資料模型

若要查看資料模型的內容，請點『Power Pivot』功能頁次最左邊的『管理』，開啟 Power Pivot 的管理介面，如圖 5.18，在這裡可以看到資料模型中有哪些資料集 (目前只有一個『tbl 銷售』資料集)：

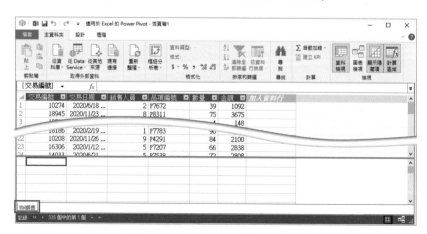

圖 5.18 Power Pivot 管理介面。

將新資料加入資料模型

接下來示範如何在資料模型中加入另一個資料集。請先將 Power Pivot 介面關閉回到 Excel 中。然後，用相同的方法將文字檔 SalesPersons.txt 匯入 (記得選擇『載入至』，並勾選『新增此資料至資料模型』)。現在，返回『Power Pivot』功能頁次按『管理』重新打開 Power Pivot 介面，能看見下方有兩個分頁標籤，分別代表模型中的兩個資料集。在某些情況下 (見 5.4、5.5 節)，Power Pivot 會自動建立兩資料集之間的關聯；但以本例來說，一個資料集來自 Excel、另一個則來自文字檔，因此 Power Pivot 不會自動去找兩者的關聯，必須手動操作才行。

建立資料集的關聯性

請打開 Power Pivot 介面的『設計』功能頁次，選擇『建立關聯性』開啟同名交談窗。展開畫面上的兩個下拉選單，分別選擇『tbl 銷售』與『SalesPersons』這兩個資料集，並用滑鼠將兩張表格中的『銷售人員』欄位點選起來，如圖 5.19：

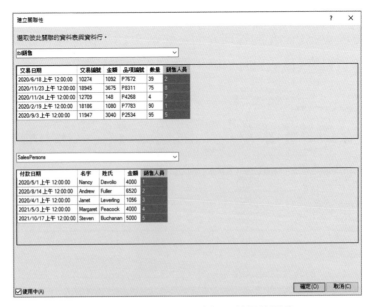

圖 5.19 在 Power Pivot 中選取共通的欄位。

這是讓 Power Pivot 知道這兩個資料集的『銷售人員』欄位是共通的。最後按下『確定』鈕就建立起兩個資料集的關聯了。

接下來，請看 Power Pivot 介面上的『主資料夾』功能頁次，點選最右側之『檢視』區域內的『圖表檢視』選項就能看到關聯圖，且兩個資料集之間有線段相連。請試著將滑鼠游標移到此線段上，會看到方塊中的『銷售人員』欄位 (即兩資料集中關聯的欄位) 被標記出來，如圖 5.20 所示：

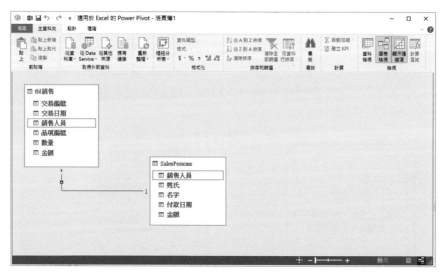

圖 5.20 用『圖表檢視』查看資料集間的關聯圖，可以用滑鼠拉動位置。

> **注意！** 『圖表檢視』與『資料檢視』這兩種檢視方式，前者是看到資料集有哪些欄位以及關聯圖，後者是將資料集以分頁標籤型式呈現。

仔細觀察上圖中代表『關聯性』的線段，會發現在靠近『tbl 銷售』方塊的一端有個小星號，而接近『SalsesPersons』資料集的一端則有個數字『1』；這表示 Power Pivot 辨識出此關聯性是『1 對多』的關係，即：『SalesPersons』資料集中的每一筆資料可以對應到『tbl 銷售』中的多筆記錄。

利用資料模型建立樞紐分析表

既然資料集的關聯性已建立，我們便能根據此資料模型創建一張樞紐分析表。請將 Power Pivot 介面關閉回到 Excel 中。按下視窗上方『插入』功能頁次，將最左側的『樞紐分析表』下拉選單展開，點一下『從資料模型』打開『來自資料模型的樞紐分析表』交談窗（圖 5.21），並選擇『新增工作表』：

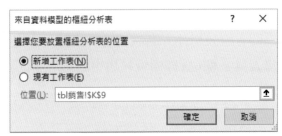

圖 5.21 用資料模型來建立樞紐分析表。

按『確定』鈕之後就會開啟如圖 5.22 的『樞紐分析表欄位』工作窗格：

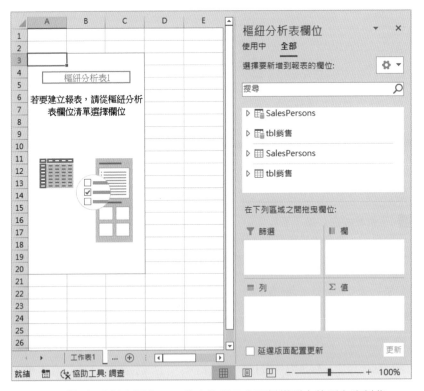

圖 5.22 『樞紐分析表欄位』工作窗格顯示出資料模型中的所有資料集。

編註！ 圖 5.22 中出現四個資料集，分別用兩種不同的圖示區別：表示已加入資料模型並已建立關聯的資料集，表示單獨的資料集。

資料集名稱的左側有個小三角箭頭圖示 ▷ ，用滑鼠點一下可展開看到該資料集內的各個欄位名稱。

接下來，請將『SalesPersons』資料集 (已加入資料模型) 中的『姓氏』欄拉曳到工作窗格的『列』區塊中，再把『tbl 銷售』的『金額』欄位拉到『值』區塊內計算總和，產生的樞紐分析表如圖 5.23 所示：

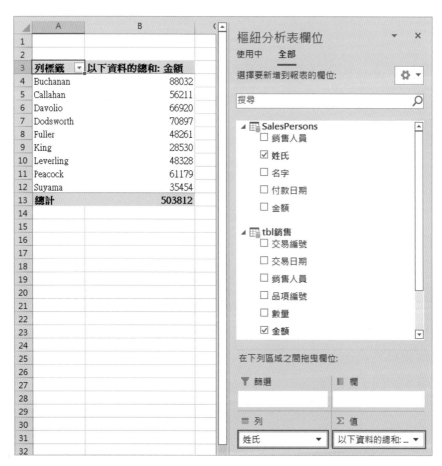

圖 5.23 根據姓氏將相同銷售人員的金額加總，繪製成樞紐分析表。

由於『SalesPersons』資料集已透過『銷售人員』欄位與『tbl 銷售』資料集關聯，故 Excel 可以透過『SalesPersons』的『姓氏』欄位查詢『tbl 銷售』中的『金額』資料，再對其進行加總。如果您在工作窗格中拉曳的是單獨資料表的欄位，Excel 會詢問是否要建立關聯。

5.4 匯入與連結 Access 資料庫

除了 5.2 節從文字檔與外部 Excel 檔匯入資料之外，利用 Power Query 與 Power Pivot 還能從 Access 資料庫中匯入資料。

> **NOTE** 本節 Access 範例檔案是補充資源的 Chapter05 / Northwind.accdb。

5.4.1 匯入與連結 Access 單一資料表 – 使用 Power Query

要從 Access 資料庫中匯入數據，請先建立一個新的 Excel 活頁簿，點開視窗上方『資料』功能頁次的『取得資料』下拉選單，選擇『從資料庫』下的『從 Microsoft Access 資料庫』選項。

請選擇要匯入的檔案 (以 Northwind.accdb 為例)，接著按『匯入』鈕，就會開啟 Power Query 導覽器，左邊會列出 Northwind 資料庫中所有可匯入的資料表 (table) 與查詢 (query)，點選任何一項都會在右邊顯示其中的內容，如圖 5.24 所示：

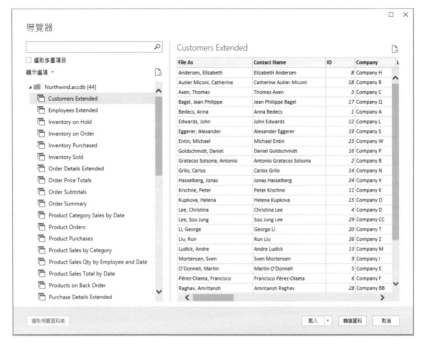

圖 5.24 用 Power Query 從 Access 資料庫匯入資料。

以下我們試著選取『Orders』資料表，並按下『載入』鈕：

	A	B	C	D	E	F	G
1	Order ID	Employee ID	Customer ID	Order Date	Shipped Date	Shipper ID	Ship Name
2	30	9	27	2006/1/15 00:00	2006/1/22 00:00	2	Karen Toh
3	31	3	4	2006/1/20 00:00	2006/1/22 00:00	1	Christina Lee
4	32	4	12	2006/1/22 00:00	2006/1/22 00:00	2	John Edwards
5	33	6	8	2006/1/30 00:00	2006/1/31 00:00	3	Elizabeth Andersen
6	34	9	4	2006/2/6 00:00	2006/2/7 00:00	3	Christina Lee
7	35	3	29	2006/2/10 00:00	2006/2/12 00:00	2	Soo Jung Lee
8	36	4	3	2006/2/23 00:00	2006/2/25 00:00	2	Thomas Axen
9	37	8	6	2006/3/6 00:00	2006/3/9 00:00	2	Francisco Pérez-Olaeta
10	38	9	28	2006/3/10 00:00	2006/3/12 00:00	3	Amritansh Raghav
11	39	3	8	2006/3/22 00:00	2006/3/24 00:00	3	Elizabeth Andersen
12	40	4	10	2006/3/24 00:00	2006/3/24 00:00	2	Roland Wacker
13	41	1	7	2006/3/24 00:00			Ming-Yang Xie
14	42	1	10	2006/3/24 00:00	2006/4/7 00:00	1	Roland Wacker
15	43	1	11	2006/3/24 00:00		3	Peter Krschne
16	44	1	1	2006/3/24 00:00			Anna Bedecs
17	45	1	28	2006/4/7 00:00	2006/4/7 00:00	3	Amritansh Raghav
18	46	7	9	2006/4/5 00:00	2006/4/5 00:00	1	Sven Mortensen
19	47	6	6	2006/4/8 00:00	2006/4/8 00:00	2	Francisco Pérez-Olaeta
20	48	4	8	2006/4/5 00:00	2006/4/5 00:00	2	Elizabeth Andersen
21	50	9	25	2006/4/5 00:00	2006/4/5 00:00	1	John Rodman

圖 5.25 從 Northwind 資料庫中載入『Orders』資料表。

在 Excel 活頁簿中會自動產生一個與來源同名的 **Orders** 工作表，並將其中的資料自動設為 Excel 表格。若來源資料有異動時，只要按一下『查詢』功能頁次下的『重新整理』就能自動更新表格中的內容。

Power Query 也可以一次匯入多個 Access 資料表或查詢，將圖 5.24 左上方『選取多重項目』核取方塊打勾就可以同時匯入多個項目，此時 Excel 會自動將項目加入資料模型中，但不會像匯入單一項目時自動產生同名的工作頁，要打開 Power Pivot 的管理介面才會看到。

> **編註！** 用 Power Query 匯入多個資料表時，先前在 Access 資料庫中建立的關聯不會被保留，因此需要重新建關聯。但若改用 Power Pivot 來匯入就可以保留原本的關聯。

5.4.2 匯入與連結多個 Access 資料表 – 使用 Power Pivot

如果我們想保留原本 Access 資料庫中已建立的關聯，可以使用 Power Pivot。請另開一個新的空白活頁簿，按視窗上方『Power Pivot』功能頁次最左邊的『管理』開啟 Power Pivot 管理視窗，此時視窗內容應該是空的。

請打開『主資料夾』，按下『從資料庫』下拉選單中的『從 Access』叫出『匯入資料表精靈』，選擇我們要匯入的 Northwind.accdb 資料庫，即啟動 Power Pivot 的『資料表匯入精靈』：

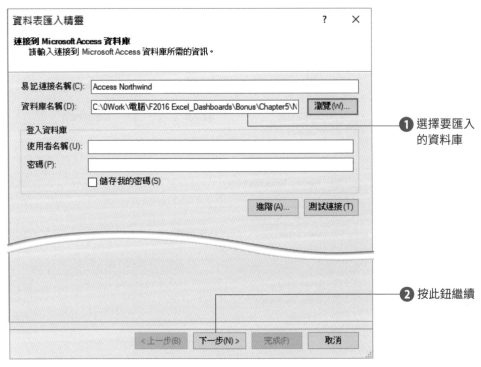

圖 5.26 從 Power Pivot 管理視窗匯入 Access 資料庫。

❶ 選擇要匯入的資料庫

❷ 按此鈕繼續

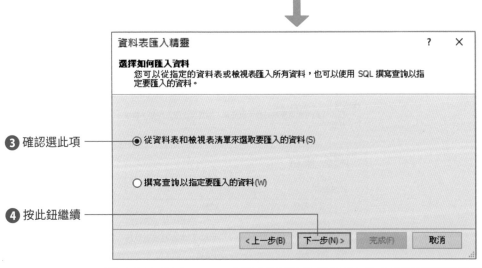

❸ 確認選此項

❹ 按此鈕繼續

圖 5.27 可以選 Access 中現成的資料表或下 SQL 指令查詢出想要的資料。

圖 5.28 直接選擇想要匯入 Excel 的 Access 資料表。

5 選擇匯入這兩個在 Access 資料庫中已建立關聯的資料表

6 按此鈕即可匯入

圖 5.29 匯入完成。

7 按此鈕結束精靈

然後 Power Pivot 管理視窗中就會出現這兩張資料表：

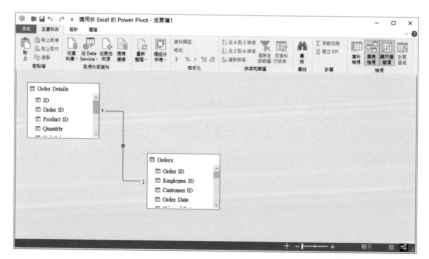

圖 5.30 Power Pivot 中可看到匯入的資料集。

匯入到 Excel 的這兩個資料集會自動加入資料模型中，下面來檢查它們是否仍保留原本的關聯。請按視窗上方的『圖表檢視』，即可看到兩者間的關聯被保留下來了：

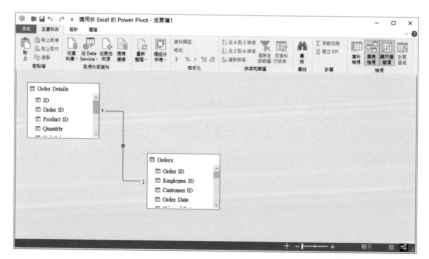

圖 5.31 兩個資料集是透過『Order ID』欄位建立 1 對多的關聯。

現在請關閉 Power Pivot 回到 Excel 視窗，此時是完全看不到資料模型的。若要查看，可以按『資料』功能頁次的『查詢與連線』鈕，在右邊的『查詢與連線』工作窗格就能找到資料模型了。其實就算看不見也沒關係，我們還是可以利用它們建立樞紐分析圖表，詳見下一節。

5.4.3 用資料模型建立樞紐分析表

請在『插入』功能頁次最左邊『樞紐分析表』下拉選單中選擇『從資料模型』，開啟『來自資料模型的樞紐分析表』交談窗：

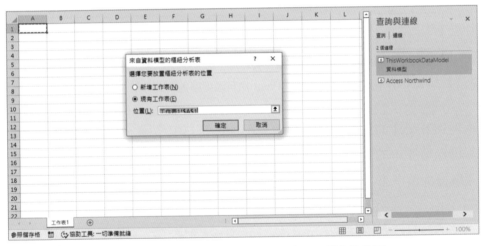

圖 5.32 選擇要存放樞紐分析表的工作表以及儲存格位置。

由於一個 Excel 活頁簿中只有一個資料模型，故不必選擇資料模型，只需指定存放樞紐分析表的工作表以及儲存格即可 (預設是放在目前工作表最左上角的儲存格)。按下『確定』鈕，左邊就會出現『樞紐分析表欄位』工作窗格：

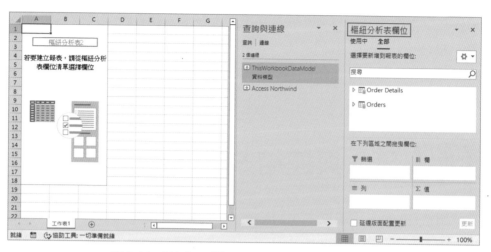

圖 5.33 右邊出現『樞紐分析表欄位』工作窗格。

假設我們想察看每日所有訂單的銷售總量，請將『Orders』資料集中的『Order Date』欄位拉曳到『列』，並將『Order Details』資料集中的『Quantity』欄位拉曳到『值』，因為這兩個資料集已透過『Order ID』欄位在資料模型中建立起關聯，所以 Excel 能自動將各日期的訂單分別加總，如圖 5.34 左邊的樞紐分析表所示：

圖 5.34 根據資料模型中的關聯產生的樞紐分析表。

只要在選擇匯入 Access 資料表時按下資料匯入精靈的『選取相關資料表』鈕（見圖 5.28），我們就能一次載入在 Access 中原本就相關聯的所有資料表。開啟 Power Pivot 的圖表檢視後會發現，原本的關聯性被完整保留了下來。

5.5 匯入與連結 SQL Server

另一個常見的匯入資料來源為 Microsoft SQL Server，每個組織或單位使用的版本有所不同，在此用 SQL Server Express 免費版本來介紹匯入方法，如此可以在本機上進行測試。使用的資料庫是微軟公司為 SQL Server 提供的 AdventureWorks2019 範例資料庫備份檔（.bak）。另外還需要安裝一個 SSMS（SQL Server Management Studio）管理工具，用來將下載的 Adventureworks2019 資料庫備份檔還原到 SQL Server。它們的下載網址為：

- **SQL Server 2019 Express**：www.microsoft.com/zh-tw/sql-server/sql-server-downloads（檔名是 SQL2019-SSEI-Expr.exe）
- **AdventureWorks2019 資料庫備份檔**：docs.microsoft.com/zh-tw/sql/samples/adventureworks-install-configure（檔名是 AdventureWorks2019.bak）
- **SSMS**：docs.microsoft.com/zh-tw/sql/ssms/download-sql-server-management-studio-ssms（下載檔名是 SSMS-Setup-ENU.exe）

5.5.1 安裝測試環境與還原範例資料庫

請執行下載的 SQL2019-SSEI-Expr.exe 檔，透過安裝精靈的幫助很快就可以安裝起來了，此時 SQL Server 中還沒有範例資料庫。請將

AdventureWorks2019.bak 複製到安裝 SQL Server 的備份檔資料夾中，其路徑需視讀者安裝 SQL Server 的位置而定，本例是在 "C:\Program Files\Microsoft SQL Server\MSSQL15.SQLEXPRESS01\MSSQL\ Backup"。接下來請安裝 SSMS-Setup-ENU.exe 檔。

下一步，Windows『開始』功能表找到『Microsoft SQL Server Tools 18』，執行其中的『Microsoft SQL Server Management Studio 18』開啟 SSMS 視窗：

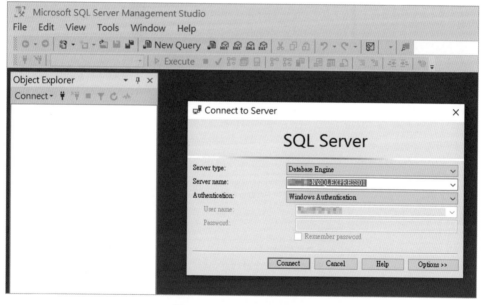

圖 5.35 SSMS 管理視窗。

管理視窗中會顯示目前本機上執行中的 S Q L S e r v e r 名稱 (SQLEXPRESS01)，按下『Connect』鍵就與 SQLEXPRESS01 Server 連線了。然後在『Databases』上按滑鼠右鍵，執行『Restore database』 將下載的備份資料檔還原進來：

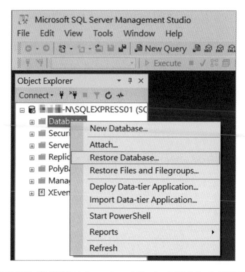

圖 5.36 準備將 AdventureWorks2019.bak 還原。

就會出現 Restore Database 交談窗：

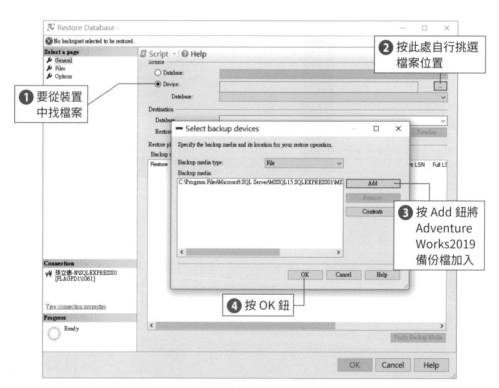

圖 5.37 找到備份資料檔所在位置。

如此一來，就將 AdventureWorks2019 備份檔還原到 SQL Server 中的資料庫了：

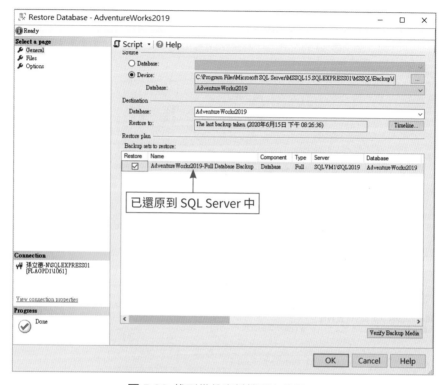

圖 5.38 找到備份資料檔所在位置。

到此，SQL Server 的範例資料庫準備工作已完成。如果讀者要連接公司的 SQL Server，請洽詢 MIS 取得權限。

5.5.2 從 Excel 匯入 SQL Server 的資料

接下來就要從 Excel 利用 Power Query 或 Power Pivot 連接上 SQL Server，並匯入想要的資料。請記得！如果不要保留 SQL Server 中各資料表的關聯，使用 Power Query 即可，但若需要保留關聯則請用 Power Pivot，此處以 Power Pivot 為例進行說明。

請開一個 Excel 空白活頁簿，點開『Power Pivot』功能頁次最左邊的
『管理』以開啟 Power Pivot 視窗。然後在『從資料庫』下拉選單中選擇
『從 SQL Server』：

圖 5.39 要從 SQL Server 匯入資料。

以上操作可打開『資料表匯入精靈』：

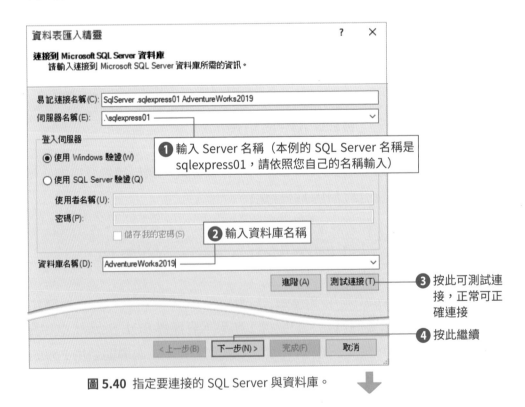

圖 5.40 指定要連接的 SQL Server 與資料庫。

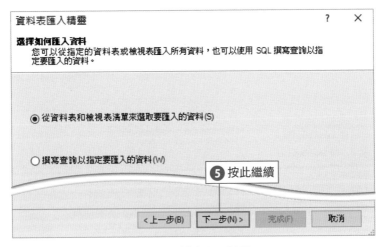

圖 5.41 資料表匯入精靈。

圖 5.42 可從 AdventureWorks2019 資料庫中挑選要匯入的資料表。

我們勾選了『SalesOrderDetail』與『SalesOrderHeader』這兩個資料表，然後按『完成』鈕將它們匯入 Excel 的資料模型中。我們回到 Power Pivot 管理視窗中，按下『圖表檢視』，可看到其原本的關聯仍然存在：

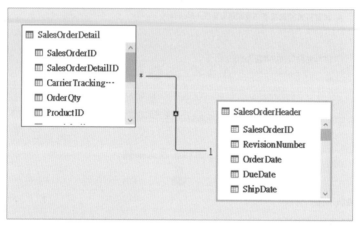

圖 5.43 兩個資料集是透過『SalesOrderID』欄位建立關聯。

到此為止，我們已介紹從文字檔、另一個 Excel 檔、Access 與 SQL Server 匯入資料到 Excel。實際上，Excel 能匯入的資料還有很多種，包括：Salesforce、Azure、Microsoft Exchange 與 MySQL 等等。一般來說，雖然連結不同資料來源的步驟會有些許出入，但只要成功連結，載入的程序都是相同的。

5.6 Power Query 編輯器的轉換功能

前面已說明如何用 Power Query 和 Power Pivot 將外部資料匯入。本節則要強調除了直接匯入資料、並自動建立關聯性以外，Power Query 還允許在匯入完成以前，先對資料進行處理和轉換，例如某些資料有錯誤、某些欄位不需要匯入、要改變原欄位的資料格式等等，都可以在匯入時一併處理，而不用等到匯入後。

Power Query 使用 M 公式語言 (M formula language) 轉換資料。若想完整學會該語言，得閱讀專門的書籍才行，但本書會教你一些基本知識，讓各位能略知一二。此外，由於 Power Query 可以根據功能區的操作自動產生程式碼，因此對於大多數的處理來說，使用者其實不必撰寫 M 語言。

想瞭解 Power Query 如何轉換資料，請開啟一個新的空白活頁簿，並依下列步驟進行：

1. 打開『資料』功能頁次最左邊的『取得資料』，選擇『從資料庫』中的『從 Microsoft Access 資料庫』。

2. 選擇要匯入的檔案 (本節一樣以 Northwind.accdb 為例)，然後按『匯入』鈕開啟導覽器。

3. 將導覽器左上角的『選取多重項目』核取方塊勾起來。

4. 勾選『Orders』和『Order Details』兩張 Access 資料表。

5. 按下導覽器右下位置的『轉換資料』按鈕，會開啟 Power Query 編輯器視窗，如圖 5.44：

圖 5.44 Power Query 編輯器

此編輯器的左邊列出所有的查詢項目，這一點和『查詢與連線』工作窗格一致。若你點選了其中某個項目，則編輯器的主區域便會顯示其中的資料。位於右邊的『查詢設定』工作窗格則顯示 Power Query 對資料進行的轉換步驟。

在『套用的步驟』下方可看出 Power Query 已對資料進行了兩個步驟的轉換。第一步：來源，是在匯入 Access 資料庫檔案時建立的；第二步：導覽，是在透過導覽器載入特定項目時做的。

現在，請打開 Power Query 視窗上方的『檢視表』功能頁次，在左邊選取 Order Details，並按下『進階編輯器』。即可查看 Power Query 於背景生成的 M 程式碼，見圖 5.45：

圖 5.45 進階編輯器。

M 語言的語法看起來有點複雜，萬幸的是 Power Query 會自行生成程式碼，所以即便不懂 M 語言，也能享受 Power Query 所帶來的好處。不過，就算是在不瞭解語言細節的情況下，應該也能看出程式中的 **let** 就是在做『Order Details』資料表轉換，分別對應已執行的來源與導覽兩個轉換步驟，而程式中的 **in** 則是指定『Order Details』資料表。

Power Query 編輯器的功能區提供許多用來轉換資料的工具，下面就來介紹其中一些功能。

5.6.1　匯入前管理資料表的行與列

當選擇載入 Access 中的『Orders』資料表時，Power Query 會自動匯入該資料表中所有的資料行。但假如我們不想要其中的『Employee ID』資料行，或是想將某些資料列的內容剔除掉，則可透過 Power Query 在匯入時達成目的，而不用等到匯入 Excel 後再刪除。

移除不需要匯入的資料行（欄位）

方法如下：在 Power Query 編輯器用滑鼠點一下左側的『Orders』查詢項目，再點『Employee ID』資料行，然後在『常用』功能頁次按『移除資料行』，如圖 5.46 所示。這樣就可以將特定資料行刪除了，且該操作會顯示在編輯器右側的『查詢設定』工作窗格：

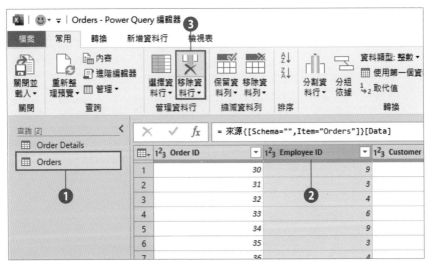

圖 5.46 移除查詢項目中的資料行（欄位）。

我們已對查詢項目進行了三個步驟。每一次按下『重新整理』，Power Query 都會重新執行此三步驟，以更新其中的內容。各位會發現，除了『來源』以外，『查詢設定』工作窗格下的每個步驟前面都有一個叉叉符號 ⊠（在滑鼠移至步驟上時 ⊠ 會顯現）；如果認為某步驟做錯了，只要按下 ⊠，就可還原該操作。

移除重覆、有問題的資料列

除了資料行（欄位）以外，我們也能將查詢項目中的資料列移除，此功能較常使用在文字檔或未做過正規處理的資料庫檔案上。請再次打開『常用』功能頁次，展開『縮減資料列』中的『移除資料列』下拉選單，如圖 5.47 所示：

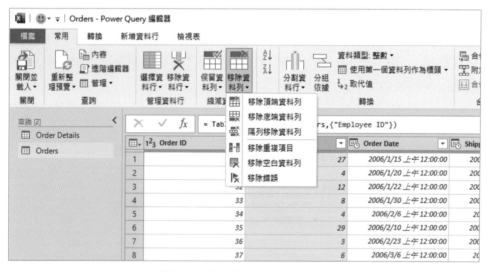

圖 5.47 移除查詢項目中的列。

『移除資料列』下拉選單中包含以下幾項工具：

■ **移除頂端資料列**：如果資料中存在你不想要的標頭，可用此工具去除。
■ **移除底端資料列**：如果資料中存在你不想要的底部註腳，可用此工具去除。

- ▪ **隔列移除資料列：**假如每筆記錄都佔了兩列，而你只想保留其中一列時，可用此工具。
- ▪ **移除重複項目：**根據目前所選的行 (欄位) 來移除重複資料。注意！如果只選擇一個行，則即使某列資料在其它行具有不同值，該列也會被刪除。若你只想去除每一行都相同的資料列，請選取所有資料行 (按住 Shift 鍵，然後用滑鼠點選每一行)。
- ▪ **移除空白資料列：**若目前所選資料行的值為空白，則將該列移除 (和之前一樣，即使其它行有值，該資料列還是會被去掉)。
- ▪ **移除錯誤：**倘若前面的轉換步驟導致資料中產生了錯誤列 (見圖 5.51)，可藉由此工具將其移除。

除此之外，也可以用『篩選』功能移除不想要的列。仔細觀察 Power Query 編輯器，會發現每一欄最上方都有代表下拉選單的向下箭頭，可在此進行排序與篩選。舉例而言，圖 5.48 示範了如何將『Orders』查詢項目中，『Order Date』非一月的記錄過濾掉：

圖 5.48 只保留『Order Date』屬於一月的記錄 (展開下拉選單後，
將滑鼠移動到『日期／時間篩選』→『月』→ 最後點『一月』)。

特別一提，『查詢設定』工作窗格中某些項目的最右邊會出現一個小齒輪圖示 ⚙ ，這代表我們可以編輯該步驟。點擊小齒輪後，Power Query 開啟的交談窗會依步驟的不同而有所差異。例如：若你點一下前面篩選『Order Date』步驟的小齒輪，則會打開如圖 5.49 的交談窗：

圖 5.49 點擊某步驟的小齒輪圖示可編輯該步驟（注意！不是所有步驟都有）。

5.6.2 針對資料行（欄位）的轉換

Power Query 編輯器的『轉換』功能頁次提供能針對資料行（欄位）進行操作的各種工具；其中某些能套用到所有類型的數據上，另一些則僅適用於數值和日期。當完成所有轉換步驟後，可以切回『常用』功能頁次，並點選功能區最左邊的『關閉並載入』按鈕，將轉換後的資料匯進Excel。

轉換資料類型

選取某一資料行後，『資料類型』工具會顯示 Power Query 指定給該行的資料類型為何，我們可以透過該工具來改變資料類型。舉例而言，假如某行資料一開始的類型為數值，但我們希望 Excel 將其視為文字，那麼就可以展開『資料類型：...』(『...』是所選資料行目前的資料類型) 下拉選單，並選擇『文字』。另一種常見的類型轉換是日期與時間轉換，圖 5.50 是將『Shipped Date』原本的資料類型『日期／時間』改為『日期』的轉換結果：

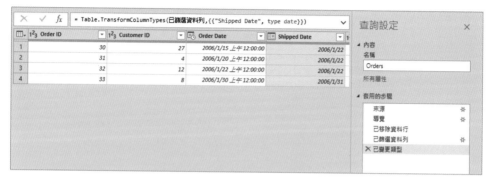

圖 5.50 將『Shipped Date』的資料類型從『日期／時間』改為『日期』。

請小心！Power Query 並不會阻止不合理的資料類型轉換。例如將『Ship Name』(代表顧客姓名) 中的文字資料硬改為整數，就會發現其中的值變成了代表錯誤的『Error』，見圖 5.51：

	1²₃ Ship Name	▼	Aᴮ_C Ship Address	▼
1	Error		789 27th Street	
2	Error		123 4th Street	
3	Error		123 12th Street	
4	Error		123 8th Street	

圖 5.51 使用不適當的資料類型會導致資料變成錯誤。

若我們連續針對多個資料行進行資料類型轉換，則在『查詢設定』工作窗格中，這些操作會被匯集成單一項目 (名稱為『已變更類型』)。也就是說，假如某一步轉換出錯了 (例如：不小心將『Ship Name』的資料類型轉成整數)，我們只能將『已變更類型』整個刪除，進而導致前面所做的資料類型轉換全部被還原。

若你不希望上述事情發生，可以改以修改公式列中的程式碼來刪除某一次的操作；請見圖 5.52，我們已將公式列中不正確的程式碼給選起來了，只要按下 Delete 鍵、再按 Enter 鍵便可將此步驟刪掉，同時保留其它的轉換。不過請注意！不要刪到公式中和錯誤無關的部分，否則又會引發另外的錯誤；有鑑於此，將所有步驟刪除並重新來過一次有時還比較容易。

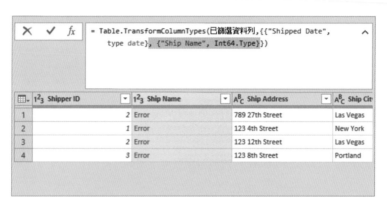

圖 5.52 透過公式列來編輯資料轉換步驟。

在『轉換』功能頁次中還有『取代值』工具(位於『資料類型』工具的右邊)，可以搜尋某資料行中的特定資料，並取代之。請按一下『取代值』按鈕打開同名交談窗，在『要尋找的值』欄位輸入要找的舊值，在『取代為』欄位輸入新值。在圖 5.52 的例子中，我們利用『取代值』交談窗搜尋字串『Street』，然後將其取代為縮寫『St』：

圖 5.53 取代值交談窗。

轉換數值

Power Query 編輯器中有許多功能只能套用到值為數字的資料行中。其中最簡單的一個是位於『轉換』功能頁次『數字資料行』區域的『標準』下拉選單。我們可以透過其中的功能對數字資料行進行基本的數學操作（如：加、減、乘、除等）。圖 5.54 是對『Shipping Fee』資料行中的數值乘以 10 的結果：

圖 5.54 對『Shipping Fee』資料行中的資料乘上 10。

另外一個常用的數值轉換功能是『進位』下拉選單，其下包含三個選項：

- **向上四捨五入**：向上取到最近的整數。
- **向下四捨五入**：向下取到最近的整數。
- **捨入**：按下此選項會開啟同名的交談窗，可以自行在『小數位數』欄位裡輸入想取到小數點以下第幾位。此外，也能在上述欄位中輸入負數，代表想進位到最近的十位、百位、千位等整數；舉個例子，輸入『–3』表示我們希望數值進位成最近的千位整數。

圖 5.55 顯示出對『Order Details』查詢項目中的『Unit Price』資料行套用『向上四捨五入』的結果：

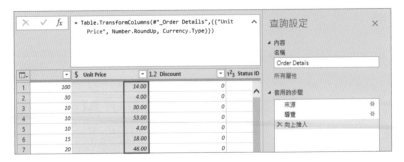

圖 5.55 向上四捨五入取到最近的整數。

『統計資料』下拉選單允許我們對資料行中的數據進行統計操作,如:加總、取最小值、取最大值等。舉例而言,圖 5.56 是對『Order Details』查詢項目的『Quantity』資料行套用『平均』工具的結果;可以看到套用完成後,畫面上僅剩一個平均值數字,且 Excel 只會顯示該數字:

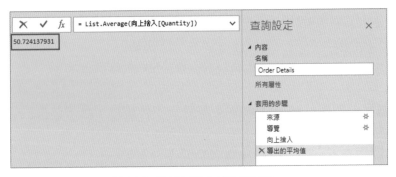

圖 5.56 統計工具會傳回統計量。

分割資料行

『常用』功能頁次的『分割資料行』下拉選單中包含多個選項,能依不同原則將某資料行分割成兩個或以上的資料行。這些選項如下:

■ **依分割符號**:按下後會跳出『依分隔符號分割資料行』交談窗,可以選擇、或自行輸入一個字元,並以此為分割標準,如圖 5.57 所示。此外,還能決定要以最左邊、最右邊、還是每個分隔符號來分割資料行:

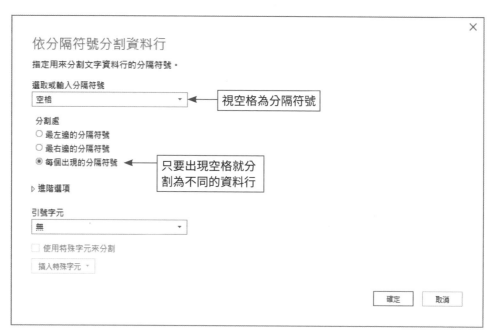

圖 5.57 依分隔符號來分割資料行。

- **依字元數**：可開啟『依字元數分割資料行』交談窗。只要在『字元數』欄位輸入數字，就能依此將資料行分割。你還可以選擇要從左邊數 (選『最左邊一次』) 還是從右邊數 (選『最右邊一次』)、亦或是『一再重複』將資料分割成多行。

- **依位置**：開啟『依位置分割資料行』交談窗，可以在『位置』欄位中輸入一串以逗號分隔、順序由小到大的整數，代表要分割成不同行的位置。需留意的是，第一個整數一定要是 0，否則第一個整數之後的所有數字都會被忽略。舉例而言，如果輸入『0,4,7』，則 Excel 會將原本資料行分割成三個，其中第一行包含前三個字元、第二行包含第四到第六個字元、最後一行則包含第七到最末的字元，依此類推。

- **依小寫到大寫**：每當發生『一個小寫字元後面跟著一個大寫字元』時，便分割資料行。注意！對 Power Query 來說，『空白』既不是小寫、也不是大寫。

- **依大寫到小寫**：每當發生『一個大寫字元後面跟著一個小寫字元』時，便分割資料行。

- **依數字到非數字**：每當發生『一個數字後面跟著一個非數字字元』時，便分割資料行。注意！『空白』會被當成非數字看待。

- **依非數字到數字**：每當發生『一個非數字後面跟著一個數字字元』時，便分割資料行。

圖 5.58 是對『Orders』查詢項目的『Ship Address』資料行執行『依數字到非數字』分割的結果，所產生的三個資料行分別表示：『門牌號碼』、『幾段』以及剩餘的字元(譯註: 這裡只是示範『分割資料行』功能如何使用而已，其所產生的結果其實並不正確 — 第三行裡的『th』應該歸到第二行才對)：

圖 5.58 依數字到非數字規則分割資料行。

除了上面介紹的方法，也可以使用『新增資料行』功能頁次下的『來自範例的資料行』工具完成分割。此做法的好處是，原本的資料行不會被改變。舉個例子，若要在『Orders』裡插入一個新資料行，其內容是『Shipping Address』欄位中代表道路『第幾段』的數字，你可以用滑鼠

點一下『Shipping Address』欄將其選起，展開『新增資料行』功能頁
次的『來自範例的資料行』下拉選單，選擇『來自選取項目』。經過上面
的操作後，Power Query 會添加一個新資料行，如圖 5.59 所示：

圖 5.59 新增資料行，其中的內容來自範例（以本例而言，即『Shipping Address』欄位
中的數值）。

我們可以在新增資料行的第一列中輸入範例，告訴 Power Query 該如何
分割資料。就本例而言，請在『資料行 1』的第一列輸入『27』，然後按
下 Ctrl ＋ Enter 鍵。從圖 5.60 可看出，Power Query 會自動猜測接下來
三列的內容 (結果可能要等幾秒鐘才會出來)：

圖 5.60 Power Query 會自動依照使用者所給的範例推測下面幾列的內容。

在某些例子中，你可能要輸入不只一個範例，才能讓 Power Query 產生正確的分割結果 (如同讓它學習)。如果一切沒問題，請按下『確定』鈕，新的資料行會被添加到『Orders』資料集的最後面，如圖 5.61 所示 (新增資料行的預設標題會是『分隔符號之間的文字』)：

圖 5.61 新的資料行會被添加到資料集的最後面。

Power Query 的資料轉換功能還有很多，篇幅有限介紹不完。幸好，微軟網站提供了非常充足的資料和範例，各位可以自行參考 (https://docs.microsoft.com/zh-tw/power-query)。

CHAPTER

06

有效視覺化的大原則

本章內容

- 如何建立有效的視覺元素
- 用顏色傳達意義
- 如何使用文字
- 利用圖表指出重要訊息

本章將討論重點放在構成視覺元素的各項部件上；合理地運用諸如顏色、文字等要素能增進圖表呈現訊息的有效性，反之則會產生無效的圖表。

6.1 如何建立有效的視覺元素

『把資訊傳達給閱讀者』是儀表板與其中各種視覺元素最主要的功能，本節就來介紹一些能幫助建立有效圖表的大原則。

6.1.1 儀表板不要超過一個螢幕的範圍

儀表板若在電腦上呈現，就不應超過一個螢幕的範圍；若是紙本，則不要超過一頁。在電子設備上閱讀時，捲動軸會干擾使用者對資訊的理解，特別是當相關圖表分別位於儀表板的上、下端時。儀表板的目的應是快速展示有脈絡的訊息，而『要求使用者先將某部分資訊記在腦中、再往下拉動捲軸查看另一張相關圖表』明顯與上述目的背道而馳。

> **NOTE** 當然，你有可能會遇到資料太多、無法塞進一頁當中的情況。其中一種很好的解決辦法是：允許使用者點選儀表板上的某個視覺元素，以查看更詳細的訊息。事實上，微軟提供了 Power BI Application 獨立應用程式專門用來實現此功能，有興趣者請參考官網 https://powerbi.microsoft.com/zh-tw/。可以確信隨著該工具越發成熟，與其相關的學習資源也會越來越多。

另外，某些人可能會將圖表或儀表板印出來帶到會議上、或者因為手邊沒電腦而需要閱讀紙本。顯然，多於一頁的紙本文件不能讓人一眼掌握所有資訊，且翻前翻後閱讀也很不方便。

要確保儀表板上所有元素都在一頁紙的範圍內，可以設定『列印範圍』，讓 Excel 只列印儀表板所在的儲存格。假設你手上有某個存放儀表板的 Excel 工作表 (也可以用第 2~4 章的例子)，請先用滑鼠將該儀表板的範圍框起來，接著點『頁面配置』功能頁次，展開『版面設定』底下的『列印範圍』下拉選單，按『設定列印範圍』。完成後，還要調整頁面尺寸：

在『頁面配置』功能區內有個名為『配合調整大小』的區域，分別展開『寬度』與『高度』下拉選單，並將兩者都改為『1 頁』，如圖 6.1 所示：

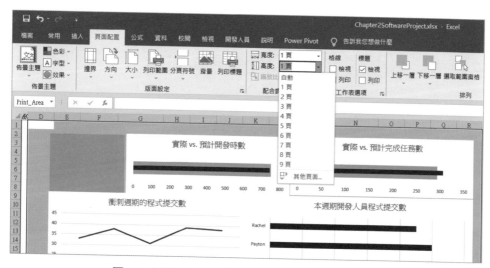

圖 6.1 調整工作表，使其能納入一頁紙的範圍內。

要注意的是！將寬度與高度調整為 1 頁並不能解決所有問題。假如你的儀表板過大，則上述方法可能會讓單一視覺元素 (尤其是文字的部分) 變得太小而難以閱讀。我們建議，不要讓儀表板的『縮放比例』低於 75%。

要查看縮放比例，請找到『頁面配置』功能區中的『縮放比例』(就位於高度的正下方)；若你已將寬度和高度設為 1 頁，那麼此欄應變灰而無法改動，其中所顯示的比例值即代表當前列印大小是原始大小的百分之幾。以圖 6.2 為例，其列印範圍被縮成了原本尺寸的 92%：

圖 6.2『縮放比例』工具會顯示目前列印範圍的比例。

那麼，如果縮放比例小於 75% 該怎麼辦呢？就像一篇優秀的文章需要良好的編排，儀表板也是如此。請看看儀表板上是否存在無關緊要的元素？有沒有可能更換其中某些圖表的類型，使其佔用的空間更小？編輯工作並不簡單，但卻是建立有效儀表板不可或缺的步驟。

6.1.2 儀表板要注重美觀與平衡性

這一點雖然很像是廢話，但還是必須得強調它，好看的圖表更能抓住閱讀者的注意力。前面已經提過，儀表板最主要的功能就是傳達和資料有關的訊息，假如圖表太醜，閱讀者的關注焦點可能都會歪向檢討美觀上，這樣我們真正想說的故事就無法傳遞出去了。

過去曾有段時間，Excel 的預設圖表格式乏善可陳。但萬幸的是，這個問題在新版本中已得到改善了，現在的 Excel 初始圖表與樣版已經相當吸引人，因此替我們省下了許多調整顏色、樣式和文字的時間。

要產生賞心悅目的儀表板，其中一項關鍵在於『平衡性』，這與資料的呈現細節無關，而是取決於資料在整個版面上的分佈密度。

注意！平衡的儀表板不一定要對稱，但其中各區域的『空白／非空白』比例(即上文所說的『密度』)應該要保持一致。要確認儀表板是否平衡，你可以瞇起眼睛、或者從遠一點的地方觀察；如果發現版面中有一部分特別搶眼，那便是平衡性出了問題。圖 6.3 是個極端的案例，左上角元素的密度明顯高於其它區域：

圖 6.3 平衡性有問題的儀表板 — 左上角元素的密度太高了。

6.1.3 在盡可能短的時間內傳達訊息

在成功用漂亮的圖表吸引到觀眾的眼球後，就得在有限的時間內將資訊傳達出去，否則人們很快就會失去耐心。根據經驗法則，假如一張圖表無法在 5 秒鐘內讓人看懂，讀者便會將注意力轉移到其它東西上了。

當然，此處所說的 5 秒鐘可能因人而異。對於那些原本就對圖表主題感興趣的人來說，即使視覺設計再爛，他們也會花時間弄清楚其中的意義。但相反的，假如你的任務是說服那些原本沒抱什麼期待的聽眾，儘量縮短理解時間就很重要了。

無論如何，遵循上述的 5 秒定律將有助於培養出兩個良好的習慣。首先，由於我們得在最短的時間內將資訊傳達出去，因此圖表的設計必須盡可能做到明確、乾淨、簡單。避免元素擠在一塊兒、並合理使用空白的空間，這些都有利於訊息的傳達。以圖 6.4 為例,左圖包含許多擁擠的區塊、右圖則較簡潔。如你所見,右圖更容易閱讀,理解起來也更迅速:

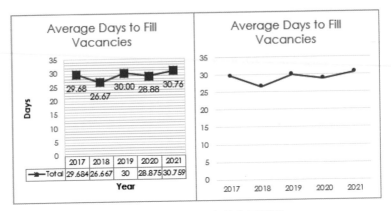

圖 6.4 簡單明了的圖表較容易理解。

5 秒定律給我們的第二項習慣是:儘量簡化你想講的故事。一張包含太多資訊、或呈現過多數據的圖表就像是拼圖一樣,閱讀者得先想一想再拼湊出其背後的意義。一般而言,儀表板上的每一個元素都應該只傳達一項重點;像圖 6.5 中的圖表就承載太多資料了,可能分割成數張不同的圖表會比較恰當:

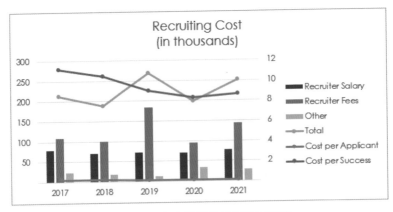

圖 6.5 內含太多資料的圖表難以閱讀。

但也千萬別認為單一圖表絕不能表達大量細節。事實上，很多優良的圖表同時具有多個層次：乍一看，它們能呈現出整體趨勢；而隨著讀者的深入挖掘，會發現圖中某些資料點透露了個別的訊息。請看圖 6.6，此圖呈現的是美國各州及華盛頓特區的收入中位數，一共 51 個資料點。雖然資料點多，但由上至下、從高到低的趨勢很快就進入了閱讀者的腦中。其次，圖中顏色不同的長條也呈現了有趣的模式。最後，假如閱讀者想特別看哪一個州，對應資料點也很容易尋找：

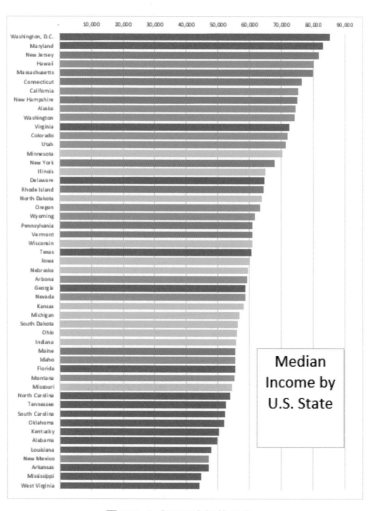

圖 6.6 內含三層資訊的圖表。

6.1.4 確保你的故事與資料趨勢一致

我們要說的故事通常會受到『誰要求你製作儀表板』、『誰會閱讀你的儀表板』、以及『手上可用資料有哪些』的影響。但無論如何,請務必確保每張圖表所呈現的訊息只來自資料本身。

事實上,當你拿到一份資料時,可能會出現三種情形。第一種是:沒有人要求你製作儀表板、也沒人提出任何具體問題。此時,你可以自由產生任何圖表。這些圖表的目的並非向他人展示,而是幫你挖掘這份資料中可能存在的趨勢或異常。在這種情況下,你所得到的故事基本上就會與資料一致,因為圖表直接來自於資料。不過,有時也會發生『在某樣本中發現的趨勢無法套用到母體上』的情形,也就是出現離群值(outlier),此時故事和資料就不一定匹配了。

第二種狀況:如果你在分析資料之前,腦中就已抱有某種假設(例如:下雨天的銷售量好像比平時還要低的樣子),那可要小心了!這時,製作圖表的目標將變成驗證假設 — 假如結果顯示假設為真,則將圖表清理一下後即可加入儀表板中並等待發表。但如果資料和假設並不一致,那你應該果斷拋棄假設,重頭再來。你可以從之前所犯下的錯誤中學習,這有助於產生更適當的新假設。

至於最危險的狀況則是:你對於資料的假設是別人給的,且此人非常強勢、或者不認為自己的想法有錯。如果是這樣,你可以構思一些可能的替代解釋、並盡力將儀表板的受眾引向正途,盡量不要粗暴地直接否定錯誤假設。

6.1.5 選擇正確的圖表類型

不同類型的圖表適合呈現的資訊種類可能不同。在本書接下來的章節中，讀者將遇到各式各樣的圖表，我將一一說明它們可以展示何種訊息。

對於某一種資訊而言，通常會有不只一類的圖表可用。在選擇時，請考慮下列因素：

- **儀表板的留白空間**：不同類型的圖表佔用空間不同。如果你的儀表板已過於擁擠，請選擇佔用空間較少的圖表。
- **平衡性**：前面已提過視覺元素密度的平衡性了。假如你發現儀表板中某元素的密度過高，請試著將其換成能與其它元素平衡的圖表類型。
- **慣例**：不同產業、公司可能習慣用特定類型的圖表來呈現特定資訊。舉例而言，假設『過去五年營業額』一直都是以折線圖表示，突然換成長條圖可能不利於閱讀者掌握訊息。

圖 6.7 以三種不同方式呈現相同的『過去五年營業額』，分別是：圓形圖、折線圖、直條圖。基本上，以隨時間變化的趨勢來說，使用折線圖或直條圖都是可接受的，圓形圖則並不合適：

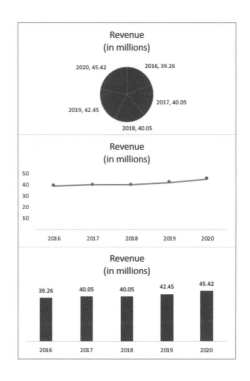

圖 6.7 利用三種不同類型的圖表呈現過去五年的營業額。

股票走勢圖則是『慣例』因素的好例子。一般而言，所有股市圖表外觀皆如同圖 6.8。若任意改動該既定慣例，則閱讀者的注意力反而可能受到干擾：

圖 6.8 經典的股市圖表。

6.2 用顏色傳達意義

顏色對於儀表板和圖表製作的意義重大。瞭解其所扮演的角色，我們才能選擇符合當下情境的色彩組合。在接下來的內容中，我會談一些關於顏色應用的小技巧，以避免讀者落入五彩萬花筒的陷阱之中。

6.2.1 如何使用顏色？

總的來說，在圖表中使用顏色的理由大致可分為三類：

- 用來表示特定資料數值。
- 將讀者的注意力引向特定資料點。
- 將相關資料一起標出來，以展現其中的趨勢。

雖然上述三種狀況的範圍很廣，但其確實能幫助我們思考怎樣的顏色運用
能增加圖表的有效性。

在資料數值變化時改變顏色

最直觀的顏色應用方式為：當數值增加時，將資料點的顏色強度調高。以
圖 6.9 的美國地圖為例，其中各州的顏色代表該州人口密度 — 密度越
高，則顏色越深：

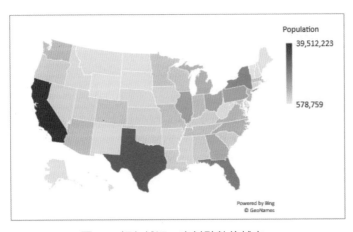

圖 6.9 顏色越深，資料點數值越高。

在這個例子中，我們只用了一個顏色，並以該顏色的深淺來對應資料數值
的高低。但其實，我們的圖也不一定要是單色的；當使用多種色彩時，通
常綠色或黃色代表小的數值、紅色或藍色則代表大的數值。這樣的顏色用
法來自可見光譜 — 紅色和靛藍位於光譜的兩個極端，而黃色、綠色和淺
藍色則處在中間的位置。原則上，在圖中使用多種色彩時，我們會取可見
光譜中段的顏色到某一邊的極端做為色階（即：『從綠色到紅色』或者
『從淺藍色到紫色』），而不會同時包含光譜的兩個極端（ 譯註： 但這也並非
絕對。以氣象局的累積雨量圖為例，其色階由低到高分別為：淺藍、藍、
綠、黃、橘、紅、深紅、紫）。

使用高對比的顏色來凸顯特定資料

顏色的另一項常見用途是強調圖表中某一個或多個資料點。對比鮮明的色彩能有效將閱讀者的目光吸引到重要的地方，進而加速對重要資訊的理解。

對此用途來說，最重要的原則是確保重要資料點的顏色和背景有顯著差異。舉個例子，如果我們的圖表是灰階的，則任何明亮的顏色都能提供很好的對比。此外，若圖表中只有單一顏色，則你可以調淡背景元素的色彩，同時把重要資料點的顏色加深。又或者，互補色有時也能當做強調色彩來使用。

要注意的是！不要對太多資料點套用此技巧，否則效果就出不來了。一般而言，我們只會強調一到兩個資料點。以圖 6.10 的直條圖為例，其中有一個的顏色比其它來得深，因此能快速抓住讀者的眼球：

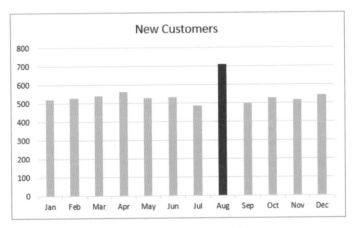

圖 6.10 利用對比凸顯某個資料點。

標記所有相關的資料

顏色還能幫我們把所有相關的資料點群組在一起。這樣做的可能目的有兩個，一是讓圖表更容易理解，二是將潛藏在一堆資料點之中的趨勢呈現出來。

圖 6.11 是某辦公用品店的毛利率橫條圖，其中各資料點代表不同用品的子類別。該圖已依照慣例，將資料點依數值高低排列 (高者在上、低者在下)：

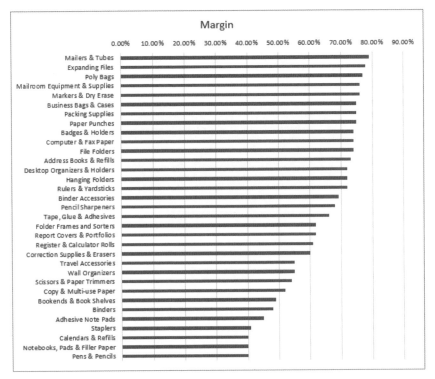

圖 6.11 辦公用品店的毛利率橫條圖，其中的資料依用品子類別區分。

現在，透過將屬於相同大類別的子類別標記成同樣顏色，就可以提供讀者另一層訊息。圖 6.12 中的數據和圖 6.11 一模一樣，只不過有關聯的資料具有相同色彩。因此，除了圖 6.11 已有的資訊外，讀者還能觀察到許多位於橫條圖上端的子類別顏色一致，並由此得知毛利率最高的大類別為何：

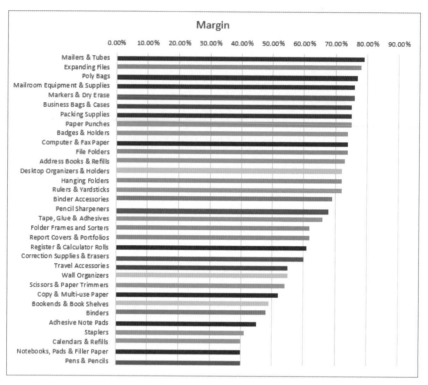

圖 6.12 利用顏色將同個大類別的資料點群組起來。

6.2.2 顏色使用的小技巧

前一小節的內容說明了為圖表上色的理由。接下來，我們要談談有哪些技巧能讓顏色的運用更加有效。

善用留白

圖表中最重要的組成要素是**留白**。對留白的運用通常就是區分好圖表 (外觀吸引人且容易閱讀) 和壞圖表 (外觀擁擠、難以理解) 的關鍵所在。注意！這邊所說的留白是指『在視覺元素之間保留適當的淺色區域』；這裡的『淺色』倒不一定要是白色，任何非常淡的色彩都行 (事實上，極淡的顏色有時能展現意想不到的效果)。

留白有助閱讀者將注意力放在資料上。以背景來說，最好的顏色是白色。請盡量避免使用高飽和度的色彩做為背景色，因為它們會降低資料和背景的對比。當然，『背景為深色、資料點為淺色』的圖對比是沒問題的，但這種上色方式通常華而不實，且閱讀者關注的重點有可能會被搶走。

總而言之，留白扮演的角色絕不僅僅是背景而已。當圖表越擁擠、空白空間越少，閱讀者就越難將注意力放在資料上。因此，請務必將不必要的邊界、座標軸、指引線等元素移除。這裡必須特別說明：上面提到的元素有時還是有用的，故也不能每次都刪掉。重點是：我們應主動評估其必要性，再決定是否保留；千萬不要因為它們是 Excel 預設出現的元素就盲目接受。

用色越簡單越好

在能表達意義的前提下，圖表配色是越簡單越好。請先從單色圖表開始，當有需要時才增添新的顏色。事實上，Excel 自動配的預設色彩通常都不錯，不過和之前一樣，請勿一昧接受初始設定。

假如你的圖表中出現了五、六種不同顏色，那就該想一想是否需要修改圖表結構了。例如：有沒有可能將某些資料點合併？又或者，圖中是否存在冗餘的色彩？

圖表中的**圖例**很容易導致用色過多，這是因為：我們必須以某種方式呈現圖例與資料點的對應性，而這通常是透過顏色來完成。有鑑於此，使用**資料標籤**取代圖例有時能有效幫助我們減少圖表中的色彩。

選擇與資料相呼應的顏色

在選擇顏色時，請考慮該顏色的傳統意義是否與資料一致。舉個例子，請不要使用藍色來表示高溫、紅色表示低溫。各位可能認為這是常識，沒人會這樣做,但倘若你使用 Excel 自動選的顏色 (Excel 並不會考慮數據的脈絡為何),那麼上述狀況就有可能發生。所以,請一定要檢查資料點的顏色是否匹配。

除了上面所說的冷熱,人們通常還會預期:較小的數值顏色較淡,較大的數值顏色較深。因此,對於相同變量 (如:時間長度) 的不同測量值,你可以用相同顏色的不同深淺來表示 (淺對應小、深對應大)。

不過,在此特別提醒!若是不相關變量 (如:不同商品類別) 的數值,請以不同色彩加以區分。否則,閱讀者可能會錯誤地假設這些資料來自同類別或者有關聯。對於相似的兩個類別,你可以選擇較接近的顏色,但兩者還是得有肉眼可見的差異。

確保顏色之間對比夠大

其實,初學者較常犯的錯誤是顏色對比過大,而非過小。但近幾年開始流行使用差異較小的色彩,好讓圖表看起來更乾淨、簡單、以及時尚。然而,這樣的圖表對某些族群的人來說讀起來並不容易。舉個例子,有些人喜歡在白色的背景上使用灰色文字 — 雖然這種設計在行銷上是完全沒問題的 (如:某知名品牌手機的包裝盒就是如此),但請務必確保灰色和白色之間對比夠大,這樣有點年紀的人才不會看不清楚。

聰明利用非資料的元素

一張圖表內總有某些元素不直接代表資料,包括:圖表邊界、繪圖區邊界、座標軸、指引線等等 (譯註: 後面會將它們稱為非資料元素)。如前所述,我們不該看到這些東西就刪掉,但那些留下來的元素必須對圖表有所貢獻才行。

非資料元素可以提供脈絡資訊。例如，包含大量數值的折線圖通常一定要有垂直軸；如果沒有，則閱讀者將無法得知數據的尺度為何，進而造成解讀困難。不過也並非一定如此：我們可以用少許的資料標籤代替整個座標軸，這樣既不會造成誤解，又能保持外觀簡潔。

假如你的儀表板內包含由數張圖構成的面板，則保留每張圖的邊界能讓讀者從視覺上區辨不同圖表，有助於閱讀。將不同圖表的背景調成不同顏色也能達成同樣的效果，但請選擇淺色。總之，當需要在圖表中加入非資料元素時，請切記！它們不應該搶走資料元素的風采。

6.3 如何善用文字元素

圖表中的主要成份當然是圖片。但倘若沒有文字相關元素 (包括字體、字型、圖例、座標軸、與資料標籤等)，讀者就無法瞭解其中的脈絡。所以，一張好圖表應該在對的地方安插適量文字，以此為不同視覺元素賦予意義。

6.3.1 字體

Excel 中使用的預設字體一般來講分辨效果不錯，但不是唯一的選擇。如果想使用另一種字體，請確保其簡單、可讀性高，不會干擾圖表的理解或導致閱讀困難。切勿使用仿手寫、或過於華麗的字體。

有時，你得遵照組織或會議的規定來調整字體。但除非有特殊理由，否則一般不建議將字體混用 (話雖如此，粗體或斜體還是可以使用的)。

> **編註！** 請注意！英文字的斜體是另外設計的字體，而中文字並沒有所謂的斜體字體，而且中文字講求的是結構，勿直接用軟體硬將中文字轉斜。

至於字型大小的部分，一般建議圖表標題和內文之間的大小比例維持『1.5：1』。此處的內文包括座標軸文字、資料標籤、圖例以及其它備註等。事實上，Excel 所用的預設比例就大概接近於此。比起字體，字型大小的混用比較無所謂；當然，不要讓文字忽大忽小到影響閱讀，但稍微增加一、兩種不同尺寸的文字是沒問題的。假如你是想要改變整張圖表的大小，那麼請確保『標題：內文』比例維持在 1.5：1 (除非有另外要求)。

修改字型大小最簡單的方法，就是將圖表中的某段文字用滑鼠點選起來，再透過『常用』功能頁次下的『字型大小』工具選擇尺寸。此外，你也可以對目標文字點滑鼠右鍵，並選擇『字型』選項。如果對圖表中的某元素做出了一系列更動，但發現不合適而想改回預設，請先點選該元素，再按下滑鼠右鍵 (若是想讓整張圖表返回預設，則對整張圖表點滑鼠右鍵即可)，然後點擊選單中的『重設以符合樣式』。

6.3.2 圖例

圖例為圖表中的一小塊獨立區域，功能是說明圖中各部件所代表的意義為何。一般而言，我們會將圖例中的不同項目與它們所指涉的圖表元素設成相同顏色。在某些例子裡，圖例是必不可少的，但若情況允許，你應該盡量避免使用，因為圖例會將資料的說明與資料本身分離，導致讀者必須來回觀看兩個不同位置。

小型的圖例 (如：圖 6.13，其中只包含兩至三個標籤) 通常問題較小，閱讀者可以輕鬆記住圖例裡的資訊，並把大部分注意力留給圖表。然而，當圖例中的標籤數量高達五、六、甚至七個時，閱讀者便需要頻繁切換注意的焦點了：

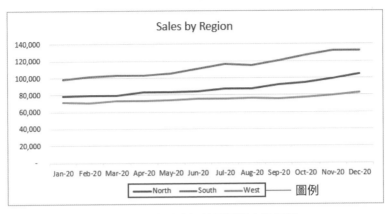

圖 6.13 包含少量資訊的圖例很容易記憶。

事實上,你可以用資料標籤來取代圖例,稍後我會詳細介紹。但假如非加入圖例不可,我們有許多聰明的技巧可用。首先,你可以把圖例移到圖表區域內,以縮小閱讀者注意力移動的距離。不過請注意,並非所有圖表都有足夠的空間容納圖例。此外,圖表內容更新後,原本設定好的圖例位置可能變得不再合適而需要再調整。

另一種選擇是將圖例和圖表標題結合起來;以圖 6.14 為例,我們替標題中的不同項目更換顏色,以此來充當圖例。當然,如果圖表包含多筆資料,那麼此方法就不適用;但假如圖中資料數量不多,這麼做的效果和小型圖例是一樣的。因此,當圖表沒有足夠空間、或者想盡量保持版面簡潔時,不妨考慮此方法。

想要更改標題文字的顏色,請先用滑鼠點一下圖表標題,然後再點一下(不要連續點兩下),滑鼠圖示應該會變成文字游標。現在,可以將目標文字反白,接著利用『常用』功能頁次的『字型色彩』來調整其顏色:

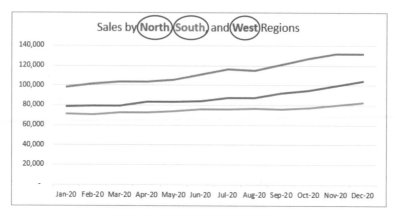

圖 6.14 將圖例併入圖表標題。

6.3.3　座標軸

座標軸也能為圖表中的資料增添脈絡。雖然座標軸的必要性比圖例高，但其並非必要部件。以圖 6.15 的垂直軸為例，因為我們已在三個直條圖上方用資料標籤呈現確切的數值了，因此垂直軸上的數字就顯得多餘：

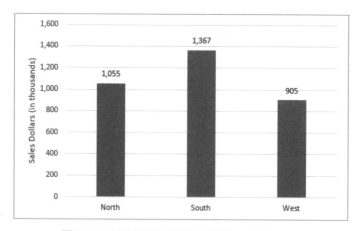

圖 6.15 資料標籤能發揮和圖例相同的作用。

但對於圖 6.14 的例子，其水平軸和垂直軸都是不可少的要素。很明顯，該圖表沒有那麼大的空間容納每個資料點的日期和數值。

注意！請盡可能讓座標軸上的數值格式保持簡單，若數字很大則務必用數字分位符號。表示金額時，要是能將貨幣符號標註在圖表標題、座標軸標題、或者備註中，那就可省略座標軸數值上的貨幣符號，這能有效降低圖表的視覺擁擠程度。請參考資料數值，將座標軸調整至最適當的刻度，舉例而言：若某圖表以百萬元為單位呈現營業額數據，請將小數點以下的數字省略。事實上，你可以讓座標軸只顯示以千或以萬為單位的數字，然後在圖表或座標軸標題的地方註明單位。

6.3.4 資料標籤

透過資料標籤，我們能將某資料點的說明直接擺在對應視覺元素的旁邊，是添加圖表脈絡的最佳工具。話雖如此，資料標籤也並非適用於所有場合，尤其是當資料點很多時。

注意！有時就算不標註所有資料點，我們也能順利傳達關鍵訊息。以圖 6.16 來說，其中只用資料標籤標註了第一和最後一個資料點的數值，而這六個值已經提供讀者所需的全部資訊了，故沒必要將中間的數值一一標出來 (甚至連座標軸也不必加)：

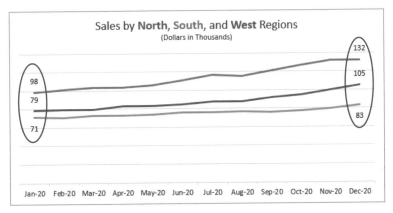

圖 6.16 僅標示第一和最後一個資料點便足以呈現整個脈絡。

資料標籤有一項很好用的功能就是強調特定資料點。如果再搭配座標軸使用，我們能同時呈現重要資料點的數值、以及與之相關的資訊。圖 6.17 中就包含了一筆異常數據，以及對該筆數據的解釋：

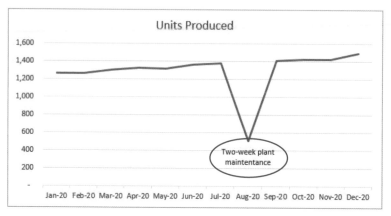

圖 6.17 圖中顯示一個異常資料點，以及與之相關的資料標籤說明。

6.4 利用圖表指出重要訊息

Excel 提供的圖表種類繁多。到了本書的第 3 篇會詳細介紹各種常用的圖表類型。而本節要探討的則是：哪些圖表能用來比較資料、哪些能組合資料、又有哪些可以展示關聯性。

6.4.1 比較資料適用圖表：折線圖、直條圖、橫條圖

以比較不同時間點的資料而言，折線圖、直條圖與橫條圖是最常見的選擇。當時間被當成連續變數時，折線圖是最合適的圖表類型。但假如我們把時間分割成離散的單位 (如：天、月、季、年)，那麼直條圖或橫條圖就能派上用場。

原則上，折線圖能有效呈現出整體趨勢與異常狀況。舉個例子，假如店裡收據上的數字與當日總營業額對不上，可以將其畫成如圖 6.18 的折線圖。可以看出，在下午 1:00 到 3:00 之間有個異常的區間，這顯示該時段中的收據可能沒被計算到。在本例中，圖表的功能並非說故事而已，我們甚至可用來挖掘隱藏於資料中的資訊：

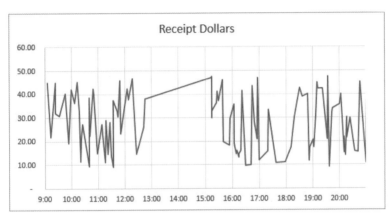

圖 6.18 利用圖表來挖掘資料中的異常。

倘若想將多個類別隨時間變化的資料畫在同一張圖內，那麼直條或橫條圖看起來可能會很亂。所以，當資料類別超過三個時，還是選擇折線圖會比較好。事實上，假如不同類別的資料點有多處重疊，那就算使用折線圖可能也難以看清；此時，創建一個由多張折線圖構成的圖表面板（每張圖對應不同資料類別）會比將全部數據畫在一起更好。

如果我們要看的是資料在非連續變項（例如：不同地區或部門）上的變化情形，則直條或橫條圖是首選。一般來說，直條和橫條圖的差別並不大，你可以交替使用來增加儀表板的多樣性。不過，橫條圖通常能提供較多的空間，以容納較長的資料類別名稱。

6.4.2 組合資料適用圖表：圓形圖、橫條圖、堆疊橫條圖、瀑布圖、樹狀圖

若你想觀察資料中的不同成份，適合的圖表類型有圓形圖、橫條圖、堆疊橫條圖、瀑布圖、以及樹狀結構圖。當變數不多時，圓形圖是最常見的。如果資料變多，那麼可以考慮改用橫條圖。圖 6.19 是包含了太多資料點的圓形圖，圖 6.20 是改以橫條圖呈現相同資料的結果：

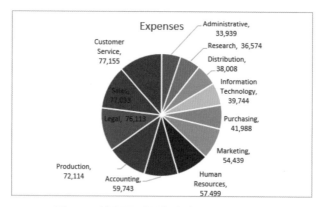

圖 6.19 這張圓形圖包含太多資料點了。

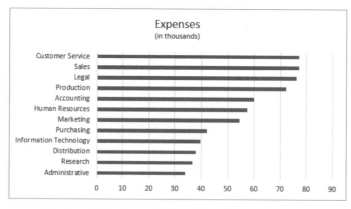

圖 6.20 相比之下，橫條圖能容納的資料點更多。

堆疊橫條圖可呈現更複雜的類別。假如你想顯示的是各筆資料中不同成份所佔的比率，那麼可以選擇百分比堆疊橫條圖，如圖 6.21 所示，其中每

個橫條的長度是相等的 (代表總和都是 100%)。而倘若佔比和實際總和對我們來說都很重要,則如圖 6.22 的堆疊橫條圖就是正確的選項:

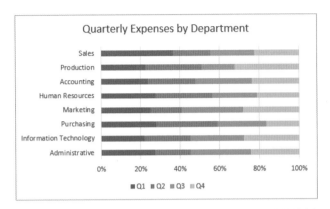

圖 6.21 百分比堆疊橫條圖的重點在於不同成份所佔的比例。

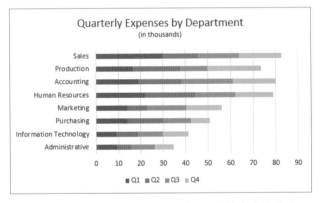

圖 6.22 一般的堆疊橫條圖可同時顯示佔比與實際總和。

要是資料同時包含正數值與負數值的成份,那我們可以選擇瀑布圖,其能有效顯示總和資料的正、負部份。另外,瀑布圖還提供了小計的功能,有需要時可以使用,可參考第 4 章的實作。

最後,樹狀結構圖適用於有階層架構的資料。此類型的圖表可以展示許多資訊,包括整個資料集由哪些大類別構成,而各個大類別底下又分別包含哪些次類別。

6.4.3 關聯性適用圖表：散佈圖、趨勢線、 泡泡圖

散佈圖(又稱 XY 圖)專門用來呈現兩個數值變數之間的關聯性。透過此圖表，我們可以得知兩變數是否相關，亦即某變數的改變是否能用來預測另一變數的變化。圖 6.23 的散佈圖顯示的是『溫度』變項和『銷售數量』之間的關係：

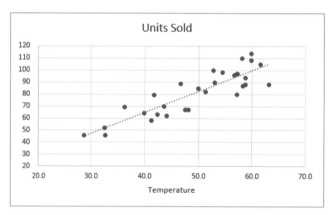

圖 6.23 此散佈圖顯示出兩個變數之間的關聯性（正相關）。

我們經常會在散佈圖中加入趨勢線(請參考圖 6.23 中的虛線)，其能讓閱讀者判斷資料的分散程度有多高，亦即資料點越是集中在趨勢線上，兩變數之間的相關性越顯著。不過對於極端的例子(即：資料高度相關或者完全不相關)，趨勢線就沒有那麼重要了。

我們還可以在散佈圖中加入第三個變數，如此畫成的圖表類型稱為泡泡圖。簡單來說，所謂泡泡圖就是一種特別的散佈圖，其中每個『點』變成了有面積的『圓圈』，且圓圈大小與第三變數的數值大小呈正比。假如第三個變數有類別之分，還能以不同顏色來區分。

非圖表的資料呈現方法

本章內容

- 瞭解自訂數值格式
- 使用圖示增強資料可讀性
- 在儲存格內建立走勢圖

Excel 中的視覺元素指的並不僅僅是圖表，即使單純欄與列的資料，也可以做出許多變化，強化資訊的有效性。其中，使用適當的數值格式至關重要，這決定了讀者是否能輕鬆看懂資料，本章會講解如何自訂數值格式，讀者可以舉一反三用到自己的資料中。此外，Excel 為我們準備許多非圖表視覺元素，本章會介紹如何使用色階、圖示與資料橫條，然後再說明建立資料走勢圖的方法。

7.1 數值格式代碼

Excel 有非常完整的數值格式控制選項，大多數入門書都只是簡單帶過，而本節會詳細說明並示範如何自訂數值格式，其中包括改變文字的顏色、以及加入條件判斷等。

7.1.1 數值格式代碼的四個區段

調整儲存格的數值格式很簡單，用滑鼠框選存放數值(包括數字或文字資料)的儲存格，按右鍵點『儲存格格式』開啟『設定儲存格格式』交談窗，然後在左邊『類別』區塊下選『自訂』，此時右邊就會出現許多內建的數值格式代碼(位於最上面的應為『G / 通用格式』):

圖 7.1 有許多內建數值格式代碼，也可以輸入自訂的格式代碼。

一個數值格式代碼可以有一到四個『區段(sections)』，每個區段由**分號**隔開，並分別控制數值的不同特徵(例如：該數值為正、負、還是零)，接下來，請開啟範例檔中的**格式代碼練習**工作表，其中『原數值』欄位是原始資料，包括正數、負數、0 與文字，而『格式化以後』欄位則是用來練習格式代碼的。

一個區段的數值格式代碼

只有一個區段的數值格式代碼，會將格式套用在所有的數值上。請選取『格式化以後』欄位下的 B2:B5 儲存格，然後在『設定儲存格格式』交談窗的『類型』框中輸入格式代碼『**0.00**』(沒有分段的分號，表示只有一個區段)，其結果如下圖所示，我們可以看到此格式代碼會影響正數、負數與零的格式，但不會影響文字：

圖 7.2『0.00』可作用於所有數字，但不會影響文字資料。

兩個區段的數值格式代碼

對於被分號隔開兩個區段的數值格式代碼，第一區段代表正數和零的格式，第二區段則是負數的格式：

第一區段	第二區段
套用在正數與零	套用在負數

同樣請選取 B2:B5 儲存格，在『類型』框中輸入格式代碼『**0.00;0.00-**』
（兩個區段用分號隔開），第二區段是讓負數的負號放在數字尾端，結果如
圖 7.3 所示：

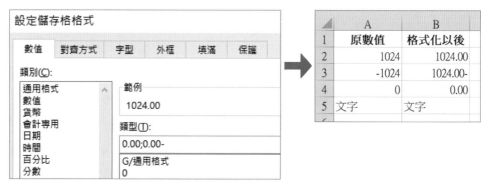

圖 7.3 數值格式代碼的第二區段決定負數的格式。

三個區段的數值格式代碼

在數值格式代碼中加入第三區段，可特別設定數值零的格式：

第一區段	第二區段	第三區段
套用在正數	套用在負數	套用在零

請各位同樣選取 B2:B5 儲存格，試著將數值格式代碼改為『**0.00;0.00-**
;"zero"』（有兩個分號），如此一來，所有的數值 0 都會被第三區段指定
的字串『zero』給取代，如圖 7.4 所示：

圖 7.4 第三區段控制數值零的格式。

四個區段的數值格式代碼

我們發現當數值格式代碼的區段數在三個以下時，文字資料不會被影響，而第四區段的功能便是設定文字資料的格式：

第一區段	第二區段	第三區段	第四區段
套用在正數	套用在負數	套用在零	套用在文字

讓我們把範例代碼改為『0.00; (-0.00); 0; " 說明 "(@)』。此處將第二區段的負號改為放在數字前面，並加上小括號；第三區段的零值設為不要小數點；第四區段的『@』是個佔位字符 (placeholder)，用來代表儲存格中原本的文字，並在其前後加上小括號，前面再接上新字串("說明")，結果如圖 7.5 所示：

圖 7.5 第四區段會影響文字資料。

省略某些區段不指定格式代碼

我們還可以將上述四個區段中的任何一個省略，這相當於告訴 Excel 不要顯示對應的值 (第一區段留空代表不要顯示正數、第二區段留空則是不顯示負數，依此類推)。要注意的是！在此情況下也仍然要將分號打出來，這樣 Excel 才知道你省略了什麼。舉例而言，格式代碼『;-0.00』只有一個分號可知有兩個區段，第一區段是空白表示正數與零都不要顯示，第二區段是在負數前加上負號且有兩位小數。若儲存格中的值為正數或零則顯示空白 (但請注意！這些數值仍然存在)，結果如圖 7.6：

	A	B
1	原數值	格式化以後
2	1024	
3	-1024	-1024.00
4	0	
5	文字	文字
6		

圖 7.6 正數與零都不顯示。

若我們輸入格式代碼『;;;』，表示所有數值、文字都不會顯示。按下各該儲存格，其值仍然會在公式列中顯示出來。

7.1.2 數值格式代碼的特殊字符

自訂的數值格式代碼主要是由特殊字符組成 (例如前一小節的『0』、小數點『.』、以及『@』等等)。這些字符並不代表真實的數值 (例如代碼中的 0 不代表數值 0)，而是另有用途。對於新手而言，要讀懂一串特殊字符並不簡單，只有經過不斷練習才能熟悉。

數字佔位字符

最基本的兩個數字佔位字符為『0』和『#』。前者可代表任意數字，而當與該佔位字符對應的位置上沒有數字時則會顯示 0。舉個例子，若以格式代碼『0000.000』來顯示數值 25.62，結果會變成 0025.620；我們可以看到，25.62 由於千位、百位、以及小數點第三位沒有數字，故補 0 表示之。

『#』也能代表任意數字,但與『0』不同之處是當相應位置上沒有數字時,就不顯示任何東西。以前面的 25.62 為例,格式代碼『####.###』的顯示結果即是 25.62。

現在請看圖 7.7,此範例用的數值格式代碼為『#,##0.00』,意思是:當千位、百位和十位沒有數字時就不要顯示任何東西,而假如千位有數字,則其和百位之間要加上一個逗號,至於個位數和小數點下兩位,如果沒有值就顯示0。請讀者自己輸入幾個數字試試看這個格式代碼的效果。

	A	B
1	原數值	格式化以後
2	25.62	25.62
3	225.62	225.62
4	1225.62	1,225.62
5		

圖 7.7 佔位字符『#』只會顯示存在的數字。

逗號與點字符

在上面的例子裡,我們為千位數與百位數中間加上逗號,其功能一般是將數字以千為單位進行分隔(即:每隔三個數字打一個逗號,如一百萬可寫成 1,000,000)。以上一個例子『#,##0.00』來說,是以『#』做為佔位字符,並且用逗號區隔千位與百位數字。雖然數值格式中只出現了一個逗號,但 Excel 會自動解讀成:每隔三個數字就打上逗號,因此1225225.62 會被顯示為 1,225,225.62。

逗號的另一種常見用法是將千位或百萬位以下的數字省略。舉個例子,若以格式代碼『#,##0,』(注意!最右邊的逗號之後沒有佔位字符)顯示2,560,000,結果會是 2,560,也就是變成以千為單位,即 2,560 千。倘若只想呈現百萬位以上的數字,我們可以在上述代碼後面再加一個逗號:『#,##0,,』,如此一來,23,300,000 的顯示結果將變成 23(會四捨五入),也就是以百萬為單位,即 23 百萬。

小心！當使用類似方法呈現數值時，請務必註明清楚，以免讀者對值的大小產生誤解；一般而言，我們會在文件或圖表某處標註如（千）或（萬），以表明數值的尺度，這我們在第 1 篇製作儀表板時就示範過。

『.』則是另一種用來區隔數值的特殊字符。該字符的一般功能就是把整數和小數分開。需留意的是，如果格式代碼中存在兩個以上的『.』，則只有最左邊的會被當成小數點，其餘的會被當成普通字元顯示。不過，格式代碼中出現多個『.』的狀況非常罕見。

此外，在使用逗號以千或百萬為單位時，『.』分隔的就不是原數值的整數和小數，而是以千或百萬為單位之後的整數與小數。以格式代碼『0.0,,』為例，數值 1,225,225.62 會變成以百萬為單位顯示成 1.2，格式中的『.』區隔的實際上是百萬位和十萬位數。

文字字符

將文字放在雙引號『" "』中間，就能將其納入數值格式代碼中。例如：代碼『0.0,," 百萬 "』可將 1,225,225.62 顯示成 1.2 百萬。利用類似方法，也可以在數值前面加上一段文字；舉個例子，格式代碼『" 盈餘："#,##0; " 虧損："#,##0』會在所有正數前面加上字串"盈餘："、在所有負數前面加上"虧損："。

有些文字字符即使不加雙引號，也能被放在格式代碼中，包括：『＋』、『－』、『$』和小括號。大概是因為這些符號實在太常用了，微軟決定簡化它們的語法，以增進格式代碼的可讀性。事實上，另外有些字符雖然不在正式名單上，但其亦不必加雙引號，例如：格式代碼『#,##0,k』會把 123456 顯示成 123k，這裡的 k 只有一個意思，就是代表『千』，故不需要加雙引號。

現在我們知道：某些字元(如前面提到的 0 或 #)是有特殊涵意的。若我們希望 Excel 把它們當成一般字串看待時，就得加上雙引號，否則可能會導致錯誤的結果。實際測試一下吧！試試看將數值 2021 顯示成 The year 2021，只要將儲存格的格式代碼改為『**"The year "0**』即可辦到。

底線字符

在格式代碼中加入底線『**_**』字符可隔出指定的空白寬度，用來對齊不同格式的數值。此字符最常出現的情境是當我們用小括號來顯示負數的時候，會因為小括號會造成數值對不齊。圖 7.8 所用的數值格式代碼為『**#,##0;(#,##0)**』，其中沒有用到底線字符，此時負數會以小括號表示，並且正負數值的逗號沒有對齊。

	A	B
1	原數值	格式化以後
2	1024	1,024
3	-1024	(1,024)
4		
5		

圖 7.8 在格式中加入諸如小括號之類的字元時，可能造成數值之間無法對齊。

若我們把格式代碼改為『**#,##0_);(#,##0)**』，注意！『**_**』後面的『**)**』表示要在正數的右邊插入一個和『**)**』等寬的空白。如此一來，當需要同時顯示正數和負數時，數值的逗號便會對齊，如圖 7.9 所示：

	A	B
1	原數值	格式化以後
2	1024	1,024
3	-1024	(1,024)
4		

圖 7.9 底線字符可以用來指定空白的寬度。

再舉個例子，假設我們想透過在數字後面加上縮寫『neg』來表達負數(negative)，例如將 –1,024 顯示成 1,024 neg (特別留意，1,024 和 neg 之間有一個空格)，同時又希望正值能和負值對齊，則我們可以把格式代碼改成下面這樣：『**#,##0_ _n_e_g; #,##0" neg"**』，這裡的『**_ _n_e_g**』表示要在正數後面分別加入和一個空格、字母 n、字母 e 和字母 g 等寬的空白，結果如下圖：

	A	B
1	原數值	格式化以後
2	1024	1,024
3	-1024	1,024 neg

圖 7.10 底線字符可創造多個以字元寬度為準的空白。

星號字符

無論星號『*』後面跟著什麼字元(空格也算字元)，Excel 都會用該字元填滿整個儲存格。以格式代碼『*-』來說，這是在告訴 Excel：不管輸入數值為何，都以橫槓『-』填滿整個儲存格。此外，如果將儲存格的寬度拉寬，橫槓的數量也會相應增加；反之，若變窄，則橫槓數量將相應減少。

星號最常見的用途是拿來對齊不同長度數值的貨幣符號。在圖 7.11 可看到格式代碼『**$* #,##0.00_);$* (#,##0.00);$* "-"??_)**』對正數、負數與零的影響。請注意！此處的『*』後面有一個空格，代表要用空格填滿『$』和最左側數字之間的空間，藉此讓貨幣符號得以對齊。而『?』則與『0』類似，差別在當沒有數字時則留空格：

	A	B
1	原數值	格式化以後
2	1024	$ 1,024.00
3	-1024	$ (1,024.00)
4	0	$ -

圖 7.11 使用星號來對齊貨幣符號。

跳脫(escape)特殊字元

某些英文字元在格式代碼中具有特殊意義(如：h 代表小時、e 代表四位數年份、y 代表二位數年份)。倘若我們希望 Excel 直接顯示這些英文字元，而不要轉換成它們的特殊意義，有兩種做法可選擇。第一種是使用雙引號將這些字元括起來(回想一下前面提到的例子『`"The year "0`』)，第二種是在這些字元前面加上一個反斜線『\』。只要 Excel 看到反斜線，就會自動將反斜線之後的那個字元顯示出來，而不理會其特殊意義。

舉個例子，不加雙引號的格式代碼『T\h\e \y\e\a\r 0』之結果和有加雙引號的『"The year "0』一模一樣。由於 T 本來就不是特殊字元，故前面不需加上反斜線。h、e 和 y 是特殊字元，加上反斜線後便跳脫了其特殊意義。至於 a 和 r 也不是特殊字元，但 Excel 會要求一定要加上反斜線，否則無法設定成功。總而言之，如果只想跳脫一、兩個特殊字元，使用反斜線就可以了；但如果想跳脫一整段文字，用雙引號會更適合閱讀。

會計數值格式

各位應該已經瞭解如何自訂數值格式代碼了。接下來，我們可以嘗試解讀 Excel 中內建的格式代碼，並預測顯示結果。這裡以會計數值格式為例，因為其中包含許多前面介紹過的符號。請各位開啟一張空白工作表並選取一個儲存格，按下快捷鍵 [Ctrl] + [1] 鍵打開『設定儲存格格式』交談窗的『數值』頁次。請在『類別』框中先按一下『會計專用』，再按『自訂』，這樣 Excel 就會把內建的『會計專用』格式代碼顯示出來，如圖 7.12 所示：

圖 7.12 先選擇『類別』下的某個預設格式，再按『自訂』，便能看到該格式內建的格式代碼。

我們可以看到上圖的格式代碼『_-$* #,##0.00_-;-$* #,##0.00_-;_-$* "-"??_-;_-@_-』中有三個分號，也就是共有四個區段，分別對應正數、負數、零和文字的格式。除了負數以外，其餘三個區段的開頭皆為『_-』，意思是產生和『-』等寬的空白；換言之，正數和零值的貨幣符號、以及任何文字前面皆會留下一個負號寬度的空白，以便與負數對齊。

緊跟在後的是貨幣符號『$』，由於其不是特殊字元 (沒有特殊意義)，故毋須使用跳脫字元。接下來的星號加空格組合『* 』表示當數值長度不同時，自動調整『$』和第一個數字之間的空格數量，讓貨幣符號能夠對齊。

然後是用來代替數字的『#』和『0』佔位字符，其中還加入了逗號『,』與點『.』。最後，四個區段的結尾都是『_-』，代表會留下一個負號的空白；該空白其實意義不大，只是為了美觀而加。

至於和零值有關的第三區段，其與數字有關的部分『#,##0.00』被『"-"??』取代。在預設代碼裡，Excel 將『-』擺在雙引號中間，但其實這段代碼也能寫成『_-$* \-??_-』、甚至是『_-$* -??_-』，因為『-』本身並不需要逃脫字元。問號『?』是佔位字符。

回想一下，當對應位置沒有數字時，佔位字符『#』什麼都不顯示，『0』會顯示 0，而『?』則會顯示一個空格。換言之，Excel 在上述格式代碼中加入兩個『?』，其用意等於將『-』向左推兩個空格；事實上，該格式代碼的效果如同『_-$* \-_0_0_-』。

此外，在會計中的負數有時不使用負號，而會以小括號來表示，如 -1024 會顯示為 (1024)；此時第一、二區段可改為『_($* #,##0.00_);($* (#,##0.00)』。請自己找幾個預設的格式代碼，試試看該如何解讀。

7.1.3 日期與時間格式代碼

Excel 使用 m、d 和 y 字元分別表示『月』、『日』和『年』，不同組合可用來呈現不同格式的日期，表 7.1 呈現其規則：

表 7.1 顯示日期的格式代碼

格式代碼	描述	以 2022 年 1 月 9 日為例
m	以一或兩位數顯示月份	1
mm	總是以兩位數顯示月份，需要時於前方補0	01
mmm	顯示英文月份的三字縮寫	Jan
mmmm	顯示完整的英文月份	January
mmmmm	顯示英文月份的一個字母縮寫	J
d	以一或兩位數顯示日期	9
dd	總是以兩位數顯示日期，需要時於前方補0	09
ddd	顯示星期幾的英文三字縮寫	Sun
dddd	顯示星期幾的完整英文	Sunday
yy	顯示年份的最末兩位數	22
yyyy	以四位數顯示年份	2022

你可以自由在日期格式代碼中加入斜線『/』或橫線『-』等符號來分隔年、月、日。舉個例子，代碼『**mm/dd/yyyy**』會將 2022 年 1 月 9 日顯示成『01/09/2022』，而『**m-d-yyyy**』則會顯示『1-9-2022』。當然，區隔年、月、日的符號還有很多，其中『/』和『-』最常用。若是放在圖表內，則日期應該越精簡越好，才不會在座標軸上擠成一團。

另外，我們還能用自訂格式來表示一段時間。例如，將格式代碼訂為『**"截至 "yyyy/m/d" 為止 "**』，再輸入 2022/12/31，顯示結果將是 "截至 2022/12/31 為止"，在圖表標題或備註欄中都很適合。

至於時間格式，Excel 是以 h、m 和 s 分別代表『小時數』、『分鐘數』和『秒數』。其中，m 既代表日期的月份又代表時間的分鐘數，Excel 會自動根據其所在的格式代碼來判斷 m 到底是指月份還是分鐘數。預設 m 是指月份,但假如其出現在 h 的後方、或者冒號『:』的前方,則 Excel 會將其解讀為分鐘數。此外,由於分鐘數最多只有兩位數,故重複超過兩次的 m 會一律被當成月份。

和日期一樣,代碼中出現單一的 h、m 與 s 字元時,表示以一或兩位數呈現對應時間。重複兩次(即 hh、mm 或 ss)則總是顯示兩位數。此外,若將單一時間字元放入中括號內,則 Excel 將顯示從 1900 年 1 月 1 日起算的經過時間。舉例而言,若將格式代碼設為『[h]』,並在儲存格中輸入 2022/8/15,則傳回結果會是『1074912』,此為從 1900/1/1 到 2022/8/15 所經過的小時數;當需要處理諸如薪水帳冊等需考慮經過時間的資料時,此格式頗為有用。

再者,想將時間從預設的 24 小時制改為 12 小時制,可在時間格式代碼中加入『AM/PM』、『am/pm』、『A/P』或『a/p』,Excel 就會將時間顯示方式轉換為 12 小時制。例如,若用格式代碼『**yyyy/m/d h:mm AM/PM**』來顯示 "2022/8/15 13:35",結果會是 "2022/8/15 01:35:00 PM"。

7.1.4　條件式自訂格式代碼

條件式格式的區段

在 7.1.1 小節學過的數值格式代碼,預設的四個區段分別代表正數、負數、零值與文字格式,但其實還有另一種用法,即定義不同條件成立時的格式;當有四個區段時,各區段的意思為:

第一區段	第二區段	第三區段	第四區段
第一個條件式	第二個條件式	前兩條件以外	文字格式

要建立條件格式，請將條件判斷式包在中括號內，並放於數字格式之前。以格式代碼『**[>=1000000]0.0,,"M"; [<1000000]##0,"K"**』為例，其中只有一個分號，因此只有兩個區段：

第一區段	第二區段
第一個條件	第二個條件
[>=1000000]0.0,,"M"	[<1000000]##0,"K"

第一區段的條件式表示若數值大於等於一百萬的數值，會被四捨五入到十萬位，接著在百萬和十萬位之間放一個小數點，最後加上"M"，例如 10,250,000 會變成 10.3M；第二區段的條件式表示若數值小於一百萬，則進位顯示到千位，後面加上"K"，例如 795,422 會被顯示為 795K。

條件式格式的顏色

條件式格式經常用來做顏色變化。Excel 格式代碼中可用的色彩共有 56 種，在自訂條件式格式時，有常用的 8 種基本顏色字串可用：黑色、白色、紅色、綠色、藍色、黃色、洋紅、青色。若要改變數值的顯示色彩，只需將顏色字串放在中括號內，然後置於格式代碼的最前面即可。舉個例子，代碼 [藍色] 就會將該儲存格的數值與文字以藍色呈現。

> **譯註！** 特別提醒！如果使用中文版的 Excel，格式代碼中的顏色名稱必須使用中文；如果打英文，例如 [Blue]，會發出無法識別的訊息。

如果要讓負數區段顯示紅字，可以在第二區段加上 [紅色] 即可達到讓負數轉紅的效果。以代碼『#,##0.00; [紅色]#,##0.00』為例，第一區段沒有設定色彩，故會以預設黑色來顯示；至於負數部分則會依設定呈現紅色。

前面說過，可用於格式代碼的色彩多達 56 種。假如不想用上面提到的 8 種基本顏色，只要在中括號裡寫上字串 "色彩"，後面再加一個代表顏色的整數索引即可。上文中可用顏色字串表示的 8 種色彩分別對應到 [色彩 1] 到 [色彩 8]，其它的顏色則是 [色彩 9] 至 [色彩 56]。

此處提到的 56 種色彩是來自早期版本的調色盤，在 Excel 2003 之後就被移除了，但仍可在數值格式代碼中使用。

編註！ 以下列出這 56 個色彩代碼對應的文字顏色供讀者參考：

1	2	3	4	5	6	7	8	9	10
11	12	13	14	15	16	17	18	19	20
21	22	23	24	25	26	27	28	29	30
31	32	33	34	35	36	37	38	39	40
41	42	43	44	45	46	47	48	49	50
51	52	53	54	55	56				

圖 7.13 56 個色彩代碼

現在，我們可以把色彩應用到條件式格式當中。記住！顏色要放在最前面，接著是條件陳述，最後再放數字格式。請看以下範例：

[藍色][>=20]0;[洋紅][>=10]0;[綠色]0

上面的條件式分為三個區段：

第一區段	第二區段	第三區段
第一個條件	第二個條件	前兩條件以外
[藍色][>=20]0	[洋紅][>=10]0	[綠色]0

第一區段的條件式表示大於等於 20 的數值皆以藍色呈現，第二區段表示大於等於 10 (但小於 20) 的數值為洋紅色、第三區段表示其它數值皆為綠色。本例沒有第四區段，故文字會以預設的黑色顯示。

對於工作表上的儲存格而言，透過『常用』功能區中的『條件式格式設定』工具來控制數值顏色會更方便一些。然而，若想讓圖表中的文字顏色依據我們設定的條件而改變，那就必須用到條件式自訂格式了。

7.2 使用圖示 (icons)

Excel 的『條件式格式設定』工具提供了三種非圖表視覺化的選項。藉由該工具產生的視覺元素可直接存放在儲存格內。當儲存格的大小改變時，裡頭的元素也會跟著調整尺寸。你還可以自訂這些元素的顏色和風格，以便契合主題。

7.2.1 色階 (color scales)

『條件式格式設定』裡有一個『色階』選項，可讓儲存格顏色隨著數值的相對高低而變化。

使用預設色階

要使用此功能，請先用滑鼠將一系列內含數值的儲存格框選起來，按『常用』功能頁次的『條件式格式設定』下拉選單，在『色階』中選擇喜歡的內建色階選項。圖 7.14 是『條件式格式設定』與『色階』選單展開後的樣子，而圖 7.15 則是將『綠─黃─紅』色階套用到數值行的樣子 (請打開範例檔 **7.2 圖示練習**工作表)：

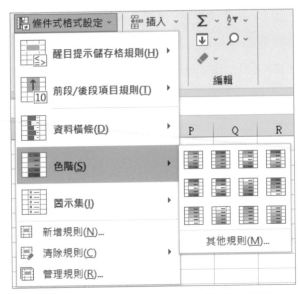

圖 7.14『條件式格式設定』下的『色階』選單。

圖 7.15 數值在『綠—黃—紅』色階下的樣子。

我們可以看到在『綠—黃—紅』色階中，最小值以紅色表示、最大值呈綠色、越靠近中間的值偏黃色，其它數值則介於這些色彩之間。

> **編註！** 此功能會自動找出框選數值間的排列順序，並自動填上適當的顏色。請您試試看直接修改色階中的數值，就會發現色階會依數值的大小自動變化。

『色階』選單中預設有 6 種三色色階與 6 種雙色色階。前面已經看過三色色階的範例了。至於雙色色階，其中兩個色彩分別對應最大值和最小值，中間數值的顏色則是兩種顏色的漸變。

自訂色階

除了內建的色階選項之外，當然也能自訂色階。請先依照之前說的方法，對一行儲存格套用『綠—黃—紅』色階。接下來，在儲存格仍被框選的情況下，點選『常用』功能頁次的『條件式格式設定』下拉選單，按『管理規則』打開『設定格式化的條件規則管理員』交談窗，如圖 7.16：

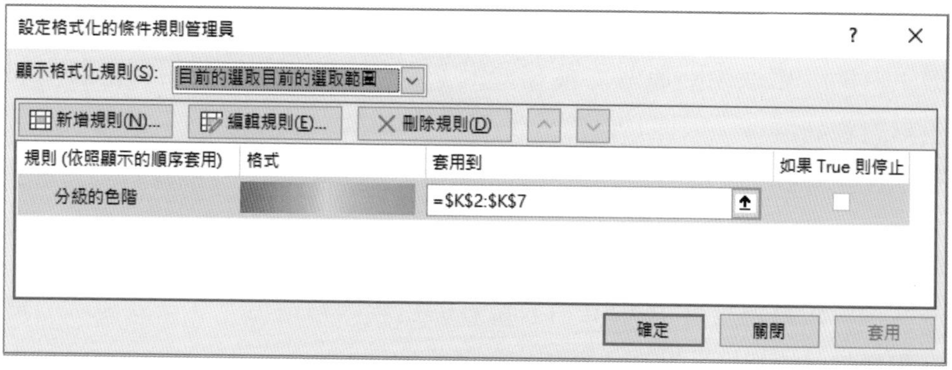

圖 7.16 設定格式化的條件規則管理員。

在此交談窗中,可看到所有套用在所選儲存格上的條件式規則。如果想查看整個活頁簿中各工作表的條件規則,可展開『顯示格式化規則』下拉選單,再點選想要的工作表就行了。

現在,請按下『編輯規則』按鈕以打開『編輯格式化規則』交談窗,如圖 7.17 所示:

圖 7.17『編輯格式化規則』交談窗。

在這裡，可以套用任何內建的格式化規則，並自訂其中的各種元素。位於最上方的『選取規則類型』區塊列出了所有可編輯的格式規則，其中與色階對應的稱為『根據其值格式化所有儲存格』，交談窗的下半部則是該規則類型的各種選項。

從圖 7.17 可以看出來，目前的『格式樣式』為『三色色階』；最低值顏色為紅色、最高值是綠色，50 百分位數的色彩則為黃色。在交談窗底部還有預覽條可讓使用者檢視色階如何隨著設定而變化。

請將『格式樣式』改為『雙色色階』，就會發現介面和之前很像，但『中間點』的部分消失了，只會由兩個顏色做漸層，請參考圖 7.18：

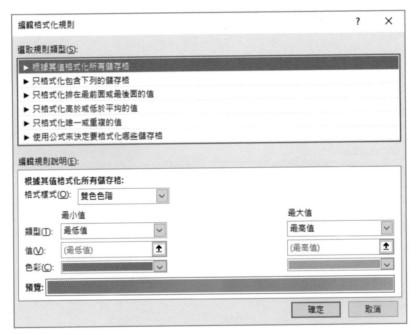

圖 7.18『雙色色階』的格式規則。

上圖『最小值』與『最大值』(若是三色色階的話還有『中間點』) 的『類型』設定，可從下拉選單中選擇下列任一選項：

- **最低值／最高值**：Excel 會自動找出指定數列中的最低值或最高值。要注意的是，三色色階裡的『中間點』是沒有『最低值』和『最高值』類型的。

- **數值**：可以自行在下方的『值』欄位內輸入最小值、中間值與最大值。若是指定的數列中出現比最小值更小的數字，其顏色將與最小值相同 (同樣的道理也適用於最大值)。假如有自訂的中間值，則 Excel 會自動調整顏色梯度的分佈；以『綠─黃─紅』色階為例，若我們輸入的中間值距離最小值較近，則整個色階梯度會往紅色偏移。另外，『值』欄位中除了能輸入數字外，還能指定儲存格。

- **百分比**：若將『最小值』的類型設為『百分比』，則 Excel 會先把所選數列中的最高值減去最低值，得到的差再乘上『值』欄位中輸入的百分比，然後加上最低值，最終的結果即是『最小值』，依此類推。注意！『值』欄位中的百分比不需要加『%』，直接輸入數字即可。此類型可確保色階的顏色梯度總是與數列的分佈成比例。和之前一樣，你也可以指定一個儲存格給『值』欄位。

- **公式**：可自行輸入任何有效的工作表公式，且傳回值可以是數字、日期或時間。需小心的是，假如公式有錯，則格式設定會失效。

- **百分位數**：與考慮數值比例的『百分比』不同，此類型在乎的是數值在指定數列中的排位。舉例而言，假設有 10 筆由小到大排列的資料，則第 8 個即是 80 百分位數。同樣的，此類型的『值』欄位不僅接受數值，也可指定儲存格。一般來說，當我們希望：無論數值分佈如何，色階梯度都保持穩定時，就會使用『百分位數』。以圖 7.19 為例，其中的數列分佈非常不均勻 — 左邊是使用『百分比』的結果、右邊則是『百分位數』，兩者的『值』欄位皆為『最小值』：20、『中間點』：50、『最大值』：80。

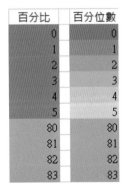

圖 7.19 用三色色階表示數列：左邊是使用『百分比』，右邊則是『百分位數』。

觀察圖 7.19，可以看到所有小於 80 的數值在『百分比』規則下都被塗上了『最小值』的顏色，因為它們全部都小於最高與最低差值的 20％。但在『百分位數』規則中，由於數字 4 是第 50 百分位數，即使其距離最小值很近，仍然是介於中間的黃色。

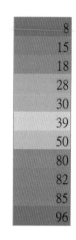

『編輯格式化規則』交談窗還允許我們自由挑選色彩。因此，我們可以讓色階顏色符合整個視覺的配色風格，而不必受限於預設配色。如果有需要，甚至可以把某兩個選項的顏色調成一樣的，例如：假設只想強調極值、而不在乎該極值是最大值還是最小值，那麼可以將色階中『最大值』和『最小值』的色彩設為相同、『中間點』則指定另外一種顏色，如此得到的結果會像是圖 7.20。

圖 7.20 將最大值與最小值的顏色設為相同，以強調極值。

7.2.2　資料橫條 (data bars)

『條件式格式』工具下的另一項非圖表視覺元素是資料橫條。若對某一行資料套用資料橫條，則 Excel 會在該行資料的每個儲存格中插入橫條，橫條的長度由資料的數值大小決定。若改變儲存格的欄位寬度，資料橫條的圖形也會跟著拉長或縮短。

使用預設資料橫條

要產生資料橫條，請先將目標數列框選起來，接著按『常用』功能頁次的『條件式格式設定』下拉選單，在『資料橫條』中任選一個內建的資料橫條形式。注意！橫條的上色方式可以選擇『漸層填滿 (橫條左側顏色最深，往右逐漸變淺)』和『實心填滿』兩種選項。圖 7.21 就是對一系列隨機數字套用資料橫條之後的結果：

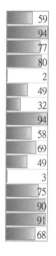

圖 7.21
對某一數列套用資料橫條。

自訂資料橫條

如果不滿意內建的資料橫條，也可以建立自訂的格式。請點選『資料橫條』中的『其他規則』打開『新增格式化規則』交談窗，如圖 7.22 所示。

和前一小節的色階一樣，『選取規則類型』區塊裡反白的選項為『根據其值格式化所有儲存格』。但與之前不同在於此處的『格式樣式』為『資料橫條』，而交談窗下方的可調整選項也有別於色階。在『格式樣式』下拉選單後面有一個『僅顯示資料橫條』核取方塊，若打勾，則儲存格中的數值會被隱藏。

圖 **7.22**『新增格式化規則』交談窗。

我們可以發現『資料橫條』的『最小值』與『最大值』類型選項和『色階』基本一致 (都包含最低值／最高值、數值、百分比、公式和百分位數)，且功能也都如出一轍；唯一的不同是『資料橫條』中多了『自動』這一個項目，以下舉例說明。

假如將『最小值』的類型設為『最低值』，則數值最小的儲存格看起來會像沒有套用任何格式一樣 (因為橫條長度為零，故只會顯示數字)，這有可能造成誤解。但若我們選的是『自動』，則 Excel 會自行計算出一個比『最低值』還小一些的最小值，這樣就能確保每個儲存格中至少都會有橫條出現。至於『最大值』的部份，『自動』和『最高值』兩個類型選項的效果基本上沒有差異。

資料橫條的外觀調整

接下來介紹圖 7.22 下方的『橫條外觀』，我們能調整的東西有：實心或漸層填滿、橫條的顏色、是否要有框線、以及框線的顏色為何。此外，還會看到一個『負值和座標軸』鈕，按下後可打開『負值和座標軸設定』交談窗 (圖 7.23)。

若數值中可能出現負值，可以選擇以不同橫條色彩和框線來呈現 (對應交談窗中的『填滿色彩』選項)、也可以讓正負值的顏色一致 (對應『將相同填滿色彩套用為正值橫條』)。

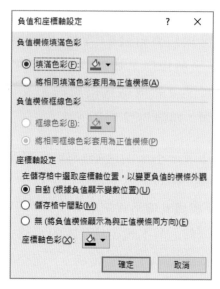

圖 7.23『負值和座標軸設定』交談窗。

當數列中同時存在正值和負值時，此交談窗中的『座標軸設定』提供了三種顯示資料橫條的方式 (圖 7.24 中間的虛線就是座標軸的 0 值位置)。其中的預設選項為『自動 (根據負值顯示變數位置)』(譯註： 這裡的『變數』可以理解為『座標軸』，也就是座標軸的位置隨負值變化)；在此設定下，當數列中最大的負值與其它數值相對越小，座標軸就越接近儲存格的左側。

第二個選項是『儲存格中間點』，其能強迫座標軸位置固定在儲存格的中間，不受數值相對大小影響。最後是『無 (將負值橫條顯示為與正值橫條相同方向)』，該選項會讓正值和負值的橫條朝向同一方向，你可以用不同顏色來區分兩者。圖 7.24 是用預設選項的結果，其中的負值橫條往左側延伸，且顏色和正值橫條不同：

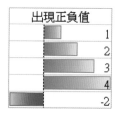

圖 7.24 負值橫條面向左側，且顏色和正值橫條不同。

現在請看『橫條圖方向』下拉選單,其預設值為『內容』;換言之,當工作表的方向設置為由左到右時(即 A 欄的位置在最左邊),則橫條圖的方向也是由左至右,依此類推。你也可以強制使橫條『由左至右』或『由右至左』顯示,但在通常情況下預設選項是最好的。

7.2.3 圖示集 (icon sets)

『條件式格式』工具中的最後一個非圖表視覺元素是圖示集。若對某行數值套用該功能,則儲存格中會出現一組小圖示,且圖示會因數值而自動變化。

使用預設圖示集

圖 7.25 表示一組變數在去年與今年的數值、以及兩年的差;我們對『差值』欄套用了圖示集,以便顯示這些變數的值是上升還是下降、相對幅度又有多少。

下面示範如何套用圖示集:請先框選差值欄的儲存格,然後按『常用』功能頁次的『條件式格式設定』下拉選單,在『圖示集』中可看到一系列內建的圖示集選項,在此選擇箭頭(方向性圖示)最多的那一個,即可看到各差值前面出現今年比去年成長或衰退的箭頭。

去年	今年	差值	
14,388	24,593	⬆	10,205
19,898	10,497	⬇	(9,401)
13,681	22,538	⬆	8,857
17,189	22,359	⬈	5,170
13,980	28,393	⬆	14,413
21,861	19,793	⬊	(2,068)
10,599	23,449	⬆	12,850

圖 7.25 使用『方向性』圖示集的結果。

圖示集的內建格式共分成四大類:

■ **方向性**類別中包含四組彩色箭頭和三組灰階箭頭,可以顯示指定數列中某數值和其它數值的相對關係。

- **圖形**類別則由一些簡單的幾何圖示構成，這些圖示的形狀或 / 和顏色
  會隨著儲存格數值而改變。
- **指標**類別下的圖示外觀較複雜，但一樣是透過形狀與色彩的改變來反
  映數值變化。
- **評等**類別中有像是星星等經常能在排行榜上看到的小圖示；在此類別
  中，隨著數值變化的特徵是圖示的色彩填滿程度。

自訂圖示集

如果不滿意預設圖示集的組合方式，也可以按『其他規則』來自訂圖示
集的組合。在『新增格式化規則』交談窗中 (圖 7.26) 有各種和圖示集相
關的選項。我們可以在交談窗內看到『只顯示圖示』核取方塊，打勾
後，儲存格中就只會有圖示，數字則會被隱藏起來：

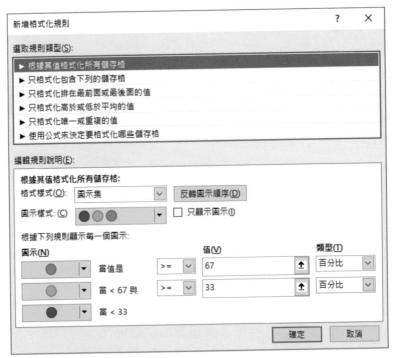

圖 7.26 圖示集的『新增格式化規則』交談窗。

上圖中『反轉圖示順序』按鈕可以調換色彩所代表的意義；舉例而言，
若原本越大的數值越接近綠色、越小的越接近紅色，則此按鈕會讓綠色反
過來代表小數值、紅色代表大數值。而倘若連按『反轉圖示順序』兩
次，那麼顏色順序將回到原樣。要注意的是！圖示集的色彩無法自訂。

另外，雖然『圖示樣式』下拉選單允許改變圖案，而『圖示』下拉選單
則可進一步更改個別圖示，但這些圖案全都是在內建圖示集裡見過的，不
能使用自己的圖或符號。圖 7.27 呈現出所有可供選擇的圖案，其中還包
括了『無儲存格圖示』的選項(只想強調大數值時可以使用，能避免版面
過於擁擠)：

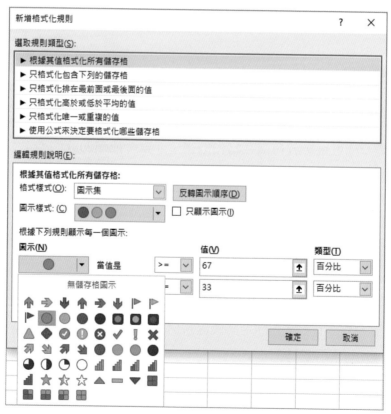

圖 7.27 『圖示』下拉選單能讓我們自己組合圖示。

根據所選圖示數量的不同,交談窗中的規則數量也會自動改變。原則上,如果有 n 個圖示,那就有 n – 1 條規則,分別對應前 n – 1 個圖示(最後一個圖示的規則即:不符合前面任何一條規則,故毋須再另外設定)。你可以為每條規則指定一個條件運算子、一個『值』、以及值的『類型』。

『類型』下拉選單能讓我們選擇分割資料的方式,共有數值、百分比、公式和百分位數等四個選項;這些選項的作用基本上和色階與資料橫條的一樣。

條件運算子的下拉選單只有『>=』和『>』這兩項;換言之,沒有小於可以選,因為所有小於的效果皆可透過『反轉圖示順序』按鈕、加上適當的大於(或大於等於)條件設定來完成。

7.3 使用走勢圖

走勢圖是一種可直接放在儲存格內的視覺元素,能幫助我們簡單又快速地呈現資料的變化趨勢。但也因為較簡單,其格式選擇比正式圖表少很多、且一次只能套用在一個數列上。

7.3.1 走勢圖的類型

Excel 裡的走勢圖共有三種:『折線』、『直條』與『輸贏分析』。圖 7.28 是在儲存格中利用上述三種走勢圖呈現財報資料的效果,同時可以看到資料本身以及簡單的走勢圖:

▲	A	B	C	D	E	F	G
1							
2		<u>2016</u>	<u>2017</u>	<u>2018</u>	<u>2019</u>	<u>2020</u>	**走勢圖**
3	銷售額	100,245	102,249	106,339	110,593	105,441	
4	銷售成本	59,145	63,395	62,741	68,568	65,373	
5	毛利	41,100	38,854	43,598	42,025	40,068	
6	營業成本	12,029	10,225	9,571	13,271	9,953	
7	淨利	29,071	28,629	34,027	28,754	30,115	
8							
9		<u>2016</u>	<u>2017</u>	<u>2018</u>	<u>2019</u>	<u>2020</u>	**走勢圖**
10	銷售額	100,245	102,249	106,339	110,593	105,441	
11	銷售成本	59,145	63,395	62,741	68,568	65,373	
12	毛利	41,100	38,854	43,598	42,025	40,068	
13	營業成本	12,029	10,225	9,571	13,271	9,953	
14	淨利	29,071	28,629	34,027	28,754	30,115	
15							
16		<u>2016</u>	<u>2017</u>	<u>2018</u>	<u>2019</u>	<u>2020</u>	**走勢圖**
17	銷售額增減	#N/A	2,004	4,090	4,254	(5,152)	
18	銷售成本增減	#N/A	4,250	(654)	5,827	(3,195)	
19	毛利增減	#N/A	(2,246)	4,744	(1,573)	(1,957)	
20	營業成本增減	#N/A	(1,804)	(654)	3,700	(3,318)	
21	淨利增減	#N/A	(442)	5,398	(5,273)	1,361	

圖 7.28 三種走勢圖；由上至下分別是『折線』、『直條』『輸贏分析』。

基本上，此處的『折線』、『直條』走勢圖與第 3 篇介紹的『折線圖』、『直條圖』功能一致，都是展示資料走向。每條折線的斜率、以及直條的高低顯示出資料是上升還是下降、數值的改變幅度又有多大 (斜率越高、或直條高度差異越大，代表數值變化越大)。

在『輸贏分析』走勢圖中有一條隱形的水平線，在該水平線上方的直條表示數值增加、下方的直條則代表數值減少。要注意的是，『輸贏分析』的直條高度與變化幅度無關，你只能得知資料是增加還是減少，這一點與前兩者顯著不同。一般而言，『折線』和『直條』走勢圖會套用在原始數據上，而『輸贏分析』則套用於資料差值上 (以圖 7.28 為例，上面兩份資料是原始資料，最下面的則是每一年的數據和前一年的差值)。

對於『折線』和『直條』而言，不同列的走勢圖尺度 (最高點與最低點) 是彼此獨立的，也就是說，折線或直條的最低點僅對應本列 (而非整個資料範圍) 中的最小值，最高點也只對應本列的最大值，不能用不同列的走勢圖去比較誰高誰低。事實上，走勢圖的顯示尺度也可以調整，稍後會說明。

7.3.2 建立走勢圖

接下來要建立圖 7.28 裡的走勢圖。請打開本章範例檔的 **7.3RawData 練習**工作表，用滑鼠將 B3:F7 整個數值範圍框選起來，接著按視窗上方『插入』功能頁次，在『走勢圖』區塊中選擇『折線』選項，可開啟『建立走勢圖』交談窗，如圖 7.29 所示：

圖 7.29『建立走勢圖』交談窗。

可看到『資料範圍』的欄位已經自動填好了，就是剛剛框選的範圍。『位置範圍』欄位要填入走勢圖要放的位置，請輸入或用滑鼠框選 G3:G7，最後按下『確定』鈕，就會在 G3 到 G7 儲存格中看到每一列的『折線』走勢圖，且其正處於被選取的狀態，如圖 7.30：

▲	A	B	C	D	E	F	G	H
1								
2		2016	2017	2018	2019	2020	走勢圖	
3	銷售額	100,245	102,249	106,339	110,593	105,441		
4	銷售成本	59,145	63,395	62,741	68,568	65,373		
5	毛利	41,100	38,854	43,598	42,025	40,068		
6	營業成本	12,029	10,225	9,571	13,271	9,953		
7	淨利	29,071	28,629	34,027	28,754	30,115		
8								

圖 7.30 剛建立的走勢圖群組正處於被選取的狀態。

每當我們點選走勢圖所在的任一儲存格，Excel 視窗上方就會出現『走勢圖』功能頁次。此外，由於這些走勢圖全都在同一個走勢圖群組中，故只要點選其中任一個走勢圖，同群組的其它走勢圖也會一起被框選起來。

各位可以試著對其它兩份資料進行類似操作：

- **直條走勢圖**的『資料範圍』是 B10:F14，『位置範圍』請輸入 G10:G14。
- **輸贏分析**的『資料範圍』是 B17:F21 (此範圍中的數值是某年份數據和前一年數據的差值；因為沒有 2016 年以前的資料，故 2016 那一欄的值全部以非數值表示)，『位置範圍』則輸入 G17:G21。

如此就能得到圖 7.28 的結果。

假如你發現某個走勢圖錯了，需要重新來過，請用滑鼠點一下出錯的走勢圖，接著按『走勢圖』功能頁次最右邊的『清除』即可。其旁邊還有一個下拉選單，展開後有兩個選項：『清除選取的走勢圖』與『清除選取的走勢圖群組』，前者的功能和直接按『清除』按鈕一樣，而後者則允許你將整個相關的走勢圖群組移除。

7.3.3 走勢圖群組

對選取範圍內的資料集套用走勢圖時，每列資料會產生各自的走勢圖，且這些圖屬於同一個走勢圖群組。如此一來，改變單一走勢圖的來源資料或範圍，也會套用在群組內的其它相關走勢圖。讀者可試試看改變 2019 年的銷售額，則連帶的毛利、淨利走勢圖也會自動調整，這就是走勢圖群祖的方便之處。

當然，我們也可以改變走勢圖群組中某一個走勢圖的來源資料範圍。請先用滑鼠點一下要修改的走勢圖 (以儲存格 G3 的走勢圖為例)，然後按視窗上方『走勢圖』功能頁次最左邊的『編輯資料』下拉選單，選擇『編輯單一走勢圖資料』，即出現『編輯走勢圖資料』交談窗，允許我們輸入新的來源資料範圍：

圖 7.31『編輯走勢圖資料』交談窗允許更改單一走勢圖的來源資料範圍。

比如說，現在只想看銷售額近 3 年的走勢圖，就可以在上圖輸入 D3:F3，按『確定』鈕，然後就只有 G3 的走勢圖會做調整。

如果要讓某走勢圖脫離群組，請先點一下對應儲存格，再按『走勢圖』功能頁次最右邊的『取消群組』；假如你一次框選超過一個儲存格，則被選中的走勢圖將各自獨立。反之，要將個別走勢圖群組起來，請先把所有對應儲存格選起來，接著按『走勢圖』功能頁次最按最右側的『組成群組』按鈕即可。

如果要清除走勢圖，可在『走勢圖』功能區下找到『清除』下拉選單 (就在『取消群組』正下方)，裡頭包含兩個選項：『清除選取的走勢圖』能把目前選起來的單一走勢圖刪掉，而『清除選取的走勢圖群組』則會將整個群組移除。

7.3.4 自訂走勢圖

由於走勢圖是比較簡單的視覺元素，故其自訂選項沒有常規圖表那麼多，不過我們仍然能做一些調整。

修改來源資料

前一節已介紹過如何改變單一走
勢圖的來源資料範圍了。事實
上,還可以修改整個群組的來源
資料。請先點一下走勢圖,按
『走勢圖』功能頁次的『編輯資
料』下拉選單,選擇『編輯群
組位置和資料』以開啟『編輯
走勢圖』交談窗即可修改。

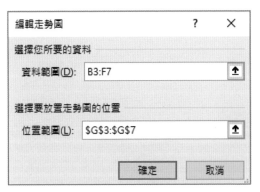

圖 7.32 可以在『資料範圍』欄位中
指定新的來源資料範圍。

『編輯資料』下拉選單中還有一個『隱藏和空白儲存格』的選項,按下後
可打開如圖 7.33 的『隱藏和空白儲存格設定』交談窗:

圖 7.33 可決定走勢圖如何處理空白或隱藏的資料。

在這裡,你可以決定將空白儲存格顯示成:

- **間距**:沒有值的儲存格當做不存在,此為預設,有空白儲存格的那一
  列將不會產生走勢線。
- **零值**:沒有值的儲存格自動補 0。
- **以線段連接資料點**:自動將空白儲存格兩端的值以線段連起。

下圖最左邊是 2016~2020 年資料齊全時的折線圖、右邊三張圖是缺 2017 年資料時分別依序選擇上面三個項目的結果 (由左二開始至右)，供讀者做個參考：

走勢圖	走勢圖	走勢圖	走勢圖

圖 7.34 當有儲存格資料是空白時的走勢圖呈現方式。

此外，『顯示隱藏列和欄中的資料』核取方塊預設不打勾，若打勾則會將隱藏列和欄中的值也納入走勢圖中。

設定資料點標記與色彩／粗細

『走勢圖』功能區的『顯示』區塊中共有 6 個核取方塊，分別對應走勢圖上的 6 種資料點標記：

圖 7.35 走勢圖有 6 種資料點標記。

對於『折線』走勢圖來說，資料點標記指的是折線上代表個別資料點的小方塊；而在『直條』和『輸贏分析』的例子裡，資料點標記則是以『為指定直條塗上有別於其它直條的顏色』來呈現。這 6 個顯示選項代表的意思分別是：

- **高點**：『折線』上數值最高的資料點會被標記，或者『直條』和『輸贏分析』裡對應最高數值的直條顏色與其它直條不同。當資料列中出現多個高點時，所有高點都會被標記。
- **低點**：與高點剛好相反，是將對應最低數值的資料點全部標記出來。

- **負點**：只標記小於零的資料點。此選項在『輸贏分析』中預設是勾起來的。

- **第一點**：只標記第一個資料點。

- **最後點**：只標記最後一個資料點。

- **標記**：在『折線』走勢圖上標記出每個資料點。注意，若你的走勢圖是『直條』或『輸贏分析』，則該選項會呈灰色無法勾選 (前面說過，資料點標記對於兩者而言相當於把特定直條換色；而如果把每個直條的色彩都換掉，那就失去標識出資料點的意義了)。

這 6 種選項個別的樣式即如圖 7.36 所示：

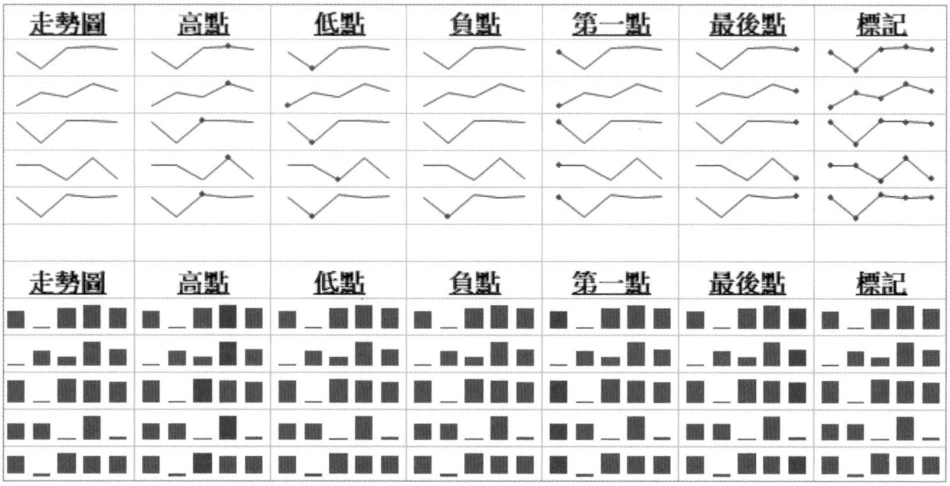

圖 **7.36** 6 種資料點標記的樣式，也可以組合使用。

『走勢圖』功能區的『樣式』區塊允許更改走勢圖 (以及資料點標記) 的色彩；若是『折線』，還能設定線條的粗細。圖 7.37 是展開後的樣式瀏覽器，可以發現其中有許多顏色可選擇：

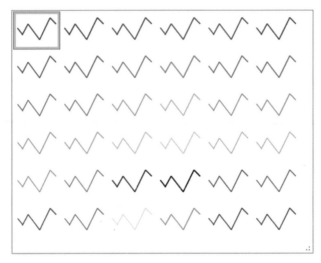

圖 7.37 在『樣式』區塊中改變走勢圖的顏色（此處以『折線』為例）。

　　除了上面所說的樣式瀏覽器以外，也可以利用『走勢圖色彩』下拉選單進一步更改走勢圖的顏色。此選單的最下方還有『粗細』選項（圖 7.38），假如走勢圖是『折線』，那就可以用此來修改線段的粗細程度（預設為『0.75 點』）。注意！『直條』和『輸贏分析』走勢圖無法調整粗細：

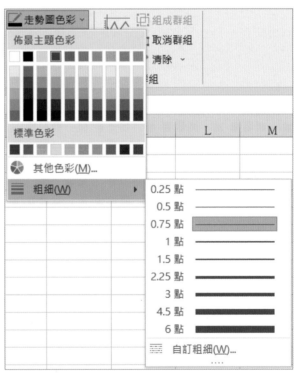

圖 7.38 使用『粗細』工具來修改『折線』走勢圖的線段粗度。

此外，『標記色彩』下拉選單能讓我們分別調整負點、標記、高點、低點、第一點以及最後點等資料點標記的顏色。其中『標記』能控制所有資料點的顏色，『負點』控制所有負值資料點，至於『高點』、『低點』、『第一點』與『最後點』則是針對特殊資料點進行更動。要注意的是，特殊資料點標記的顏色設定會覆蓋掉所有資料點標記的色彩，例如：若你將『標記』顏色設為紅色、『最後點』顏色設為綠色，那麼走勢圖上最後一個資料點標記的顏色會是綠的(其它標記則是紅色)。

調整座標軸

請點任一走勢圖，按『走勢圖』功能頁次右邊的『座標軸』下拉選單，我們可透過此選單調整走勢圖的座標軸顯示方式：

先來看看其中的『水平軸選項』(見範例檔座標軸 1 工作表)：

- **一般座標軸類型**：若勾選此選項，則所有資料點會在儲存格中等距分佈。
- **日期座標軸類型**：若勾選此選項，則水平座標軸上的數值會被預設為日期，而資料點之間的間隔將依兩者間的天數差來決定(不一定會等距分佈)。

圖 7.39 可調整座標軸的顯示方式。

圖 7.40 是分別使用『一般座標軸類型』和『日期座標軸類型』顯示同一筆資料的結果。我們可以看到前者的資料點間距皆相等，後者的資料點間距則取決於日期的差距：

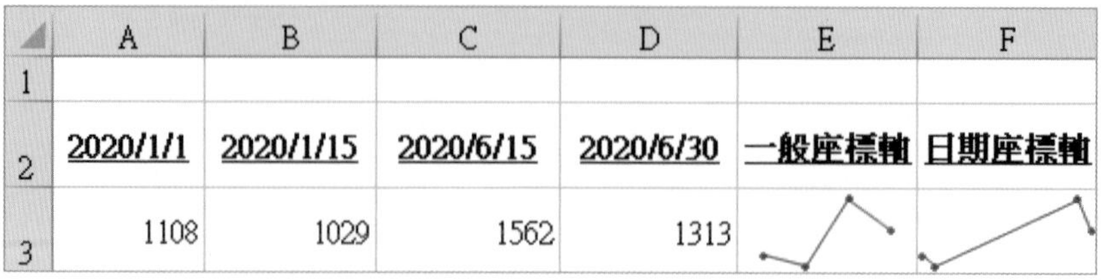

	A	B	C	D	E	F
1						
2	2020/1/1	2020/1/15	2020/6/15	2020/6/30	一般座標軸	日期座標軸
3	1108	1029	1562	1313		

圖 7.40『一般座標軸類型』和『日期座標軸類型』的比較。

- **顯示座標軸：**若勾選該選項，則當你的資料同時包含正值與負值時，Excel 會自動畫一條代表零值的水平線；但假如所有數值皆大於或小於零，那麼就不會有任何線。圖 7.41 就是『顯示座標軸』選項的示範。由於只有中間的資料列同時含有正值與負值，故只有其走勢圖上可看到水平軸 (見範例檔**座標軸 2** 工作表)：

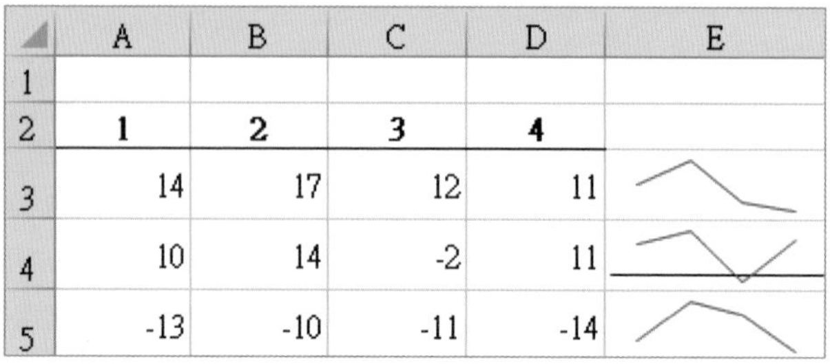

	A	B	C	D	E
1					
2	1	2	3	4	
3	14	17	12	11	
4	10	14	-2	11	
5	-13	-10	-11	-14	

圖 7.41 當資料列裡同時有正值與負值時，會顯示座標軸。

- **從右至左繪製資料：**此選項可讓走勢圖上的數值順序顛倒過來。

接下來是和垂直軸有關的設定：

- **垂直軸最小值選項：**其下有三個項目：
    - **為每個走勢圖使用自動值：**會將每個走勢圖的最低點訂為該列資料中的最小數值 (其它列的數據不會納入考慮)。
    - **為所有走勢圖使用相同值：**會把整個資料集中的最小值當成群組中所有走勢圖的最低點。

- **自訂值**：自行輸入一個數值做為最小值。

■ **垂直軸最大值選項**：此選項基本上與『垂直最小值選項』相同，只不過『最小值』需改成『最大值』、『最低點』要改為『最高點』。

注意！假如我們同時勾選『垂直軸最小值選項』以及『垂直軸最大值選項』下的『為所有走勢圖使用相同值』，則群組中所有走勢圖的尺度將變得一致。以圖 7.42 為例，『自動』欄位下的走勢圖套用的是『為每個走勢圖使用自動值』(此處的自動值就是：每一列中的最小數值)，而『使用相同值』欄位的走勢圖則選擇了『為所有走勢圖使用相同值』(見範例檔 **座標軸 3** 工作表)：

	A	B	C	D	E	F	G	H
1								
2		**2016**	**2017**	**2018**	**2019**	**2020**	**自動**	**使用相同值**
3	銷售額	68,451	69,136	69,827	72,620	76,251		
4	租金	25,432	25,432	25,432	27,975	30,773		
5	廣告	41,888	41,888	41,050	41,871	42,290		
6	折舊	16,449	16,613	16,779	16,611	16,445		
7	管理支出	32,227	32,549	32,874	32,217	31,573		

圖 7.42 比較不同座標軸選項下的走勢圖尺度。

我們會發現，當使用『為每個走勢圖使用自動值』時，每一列資料的起伏變動較劇烈，給人數值變化很大的感覺 (編註: 因為數值範圍僅限於該列，如同用放大鏡在檢視其變化)。但若把垂直軸的最大值和最小值改成『為所有走勢圖使用相同值』，則走勢圖看起來要平緩多了 (編註: 因為數值範圍包含整個資料集，是用宏觀的角度在檢視每一列的變化)。

MEMO

使用圖案工具讓圖表更有看頭

本章內容

- 認識圖案工具
- 利用圖案工具美化圖表外框
- 建立自訂的圖案
- 插入額外的圖示

Excel 除了提供快速製作圖表的功能以外，還包括許多圖形元素稱為圖案（shapes），可以用來加強圖表的視覺效果，也可以用來客製化**資訊圖表**（infographics）。與此同時，微軟也在 Excel 新版本中加入了額外的**圖示**元素。在本章裡，會講解圖案工具的使用方法，並用幾個實例說明如何美化既有圖表。

8.1 認識圖案工具

Excel 的圖案工具提供了完善的繪製環境，不僅有相當多的內建形狀，還能進一步組合、調整它們以創造出各式各樣的圖形。因此，本節的重點放在如何使用圖案工具，會說明怎麼插入、自訂圖案等。

8.1.1 插入圖案與調整圖案尺寸

在工作表中插入的圖案其實是在一個**繪圖層** (drawing layer) 中。這個繪圖層位於儲存格的上方，因此我們可以任意移動其位置，而不會被儲存格卡到。要練習插入圖案，請先建一個空白工作表，按視窗上方『插入』功能頁次的『圖案』下拉選單，就會看到各種可供選擇的形狀 (圖 8.1 只顯示了其中一部分)：

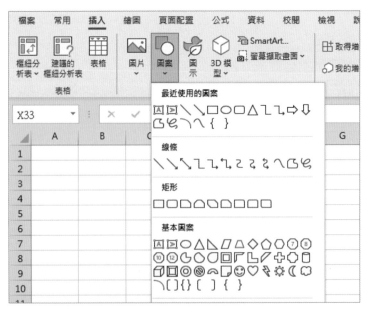

圖 8.1 從圖案瀏覽器中選擇要插入的圖案。

為了幫助使用者盡快找到自己需要的形狀，
Excel 已將圖案分成了不同的類別。選定圖案
後，只要對其點一下滑鼠左鍵，然後在工作表
上欲放置圖案的地方再點一下左鍵 (或用**按
住 － 拖曳**的方法以滑鼠直接拉出一個範圍再放
開左鍵)，滑鼠點下去的地方就是圖案的左上
角位置。我們可以看到在圖案周邊會出現**縮放
控點** (sizing points)：

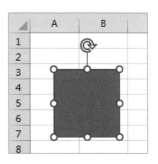

圖 8.2 被點選的方形圖案
會出現 8 個縮放控點。上
方還有一個旋轉控點。

位於四角的縮放控點可同時改變寬與高，左右控點控制寬度，上下控點控
制高度。用滑鼠按住任一控點出現黑色十字符號 (見下圖)，即可調整大
小：

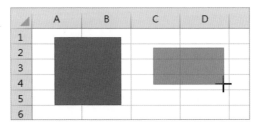

圖 8.3 按住控點可拖曳長寬。

按住 [Shift] 鍵可維持原圖案的長寬比例

當使用**按住 － 拖曳**方法插入圖案時，若按住 [Shift] 鍵不放再開始拖曳，
則 Excel 會將圖案的邊長比例鎖定為預設比例。例如，插入正方形時按下
[Shift] 鍵，不論拉大拉小都會是正方形；插入圓形時按下 [Shift] 鍵則可保
持正圓形。

同理，當用位於四角的縮放節點調整既有圖案尺寸時，若同時按住 [Shift]
鍵，則邊長比例會被鎖定為與原圖案一致，不因縮放操作而讓比例跑掉。

按住 Ctrl 鍵可讓原圖案的中心點不動

如果希望在調整圖案大小時，圖案的中心點位置維持不動，那麼可在拖動縮放控點的同時按住 Ctrl 鍵。舉例而言，若按著 Ctrl 鍵拖曳下方正中間的縮放控點，你會看到圖案的上邊與下邊彼此遠離，而中心點則留在原地。而如果沒按住 Ctrl 鍵，那就只有下邊會移動，圖案的中心點位置也會跟著移動。

圖 8.4 就是按住 Ctrl 鍵再調整尺寸的過程；其中顏色較深的地方是原始圖案尺寸，較淺的部分則是拖曳的預覽，也就是放開滑鼠左鍵後圖案會變成的模樣，可看出上下方同時被拉開，但中心點不動：

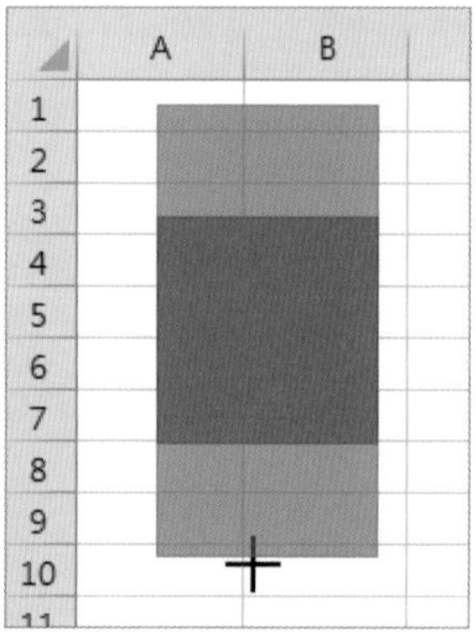

圖 8.4 在縮放圖案的同時按下 Ctrl 鍵，可讓中心點位置不動。

圖案的名稱

Excel 會給每個插入的圖案取名，預設名稱為『圖案的類型加上一個數字編號』。當我們點選一個圖案，便可在公式列左側的『名稱方塊』中看到該圖案的名字。圖 8.5 是一個名為『橢圓 4』的橢圓圖案，其中的『4』代表：這是我們在此工作表中插入的第四個圖案：

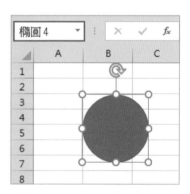

圖 8.5 Excel 會給每個插入的圖案預設的名稱。

注意！每張工作表中的第一個圖案，其編號會從 1 開始累加 (包括不同的圖案)，即使將之前的圖案刪除也照樣累加下去。一般並不需要修改圖案的名稱，除非是像前面第 2~4 章用 VBA 程式控制圖表版面配置時才需要取個好記的名字，或者是為了方便管理多個圖案時 (可見 8.2 節)。

8.1.2 圖案的可調整性

圖案可調整的不只尺寸和位置而已，以下一一來介紹。

在圖案中加入文字

對圖案連點兩下滑鼠左鍵，會進入文字編輯模式，圖案中間會出現文字游標 (Excel 預設的圖案顏色為藍色，游標可能會看不太清楚)，使用者可在其中輸入文字。此外，就算只點一下滑鼠左鍵，如果緊接著開始打字，Excel 也會自動開啟圖案的文字編輯模式。最後還有另一種進入文字編輯模式的方法，即對圖案點一下滑鼠右鍵，然後在選單中按『編輯文字』。

由『圖形格式』功能頁次插入圖案

當我們點選一個圖案時，視窗上方就會出現『圖形格式』功能頁次。點進『圖形格式』功能區後，最左邊『插入圖案』區塊中有個圖案瀏覽器，其與『插入』功能頁次的『圖案』底下看到的圖案 (見圖 8.1) 相同，也可以用來插入新圖案。

插入文字方塊與編輯圖案

『插入圖案』區塊也提供插入『文字方塊』與『編輯圖案』的功能。

在『文字方塊』中可以加入水平與垂直兩種文字方塊。

其中垂直文字在按下 Enter 鍵後，游標會移到文字

左邊，很適合中文直式輸入：

圖 8.6 文字方塊的
水平與垂直排列。

在『編輯圖案』下拉選單中有三個選項：

■ **變更圖案**：能將原本的圖案形狀換成另一種。

■ **編輯端點**：允許使用者自由改變既有圖案的形狀。圖案周圍會出現黑色的編輯端點，見圖 8.7)，此工具可讓圖案形變，我們在 8.3.2 節會介紹。

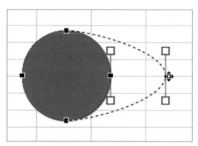

圖 8.7 將圓形右邊的黑色編輯端點向右拉成栗子形。

■ **重設連接線路徑**：當至少有兩個圖案之間有用線段連接起來時才可以點選。因為圖案間用連接線相連之後，若調整了圖案的相對位置，連接線會變得交錯雜亂，此功能會自動將連接線調整為最短路徑。

圖案樣式

『圖案樣式』區塊的功能可修改圖案的風格 (圖 8.8)。基本上，Excel 的預設圖案樣式取決於一開始建立活頁簿時所選的主題 (theme)，但也可以用樣式瀏覽器更換圖案的風格。按右側的上、下箭頭可以預覽不同樣式，或者按下第三個『其它』鈕將其整個展開：

圖 8.8 透過『樣式瀏覽器』可更改圖案的風格。

如果不想選用既有樣式，也能透過同區塊下的三個下拉選單建立自訂圖案：

- **圖案填滿**：可用來更改圖案的顏色，或者以圖片、材質、漸層上色來填滿圖案內部的空間。圖 8.9 顯示出 Excel 預設的漸層選項；若按下『其他漸層』，則會開啟『設定圖形格式』工作窗格，你可以點一下『漸層填滿』選項，然後調出多種想要的漸層效果。

- **圖案外框**：決定圖案邊框的顏色。除此之外，還能調整邊框的粗細、讓線條變成虛線、或者以『草繪』工具為邊框線條添加手繪感。

- **圖案效果**：包含各種標準特效，包括：陰影、反射、光暈、柔邊、浮凸、以及立體旋轉。

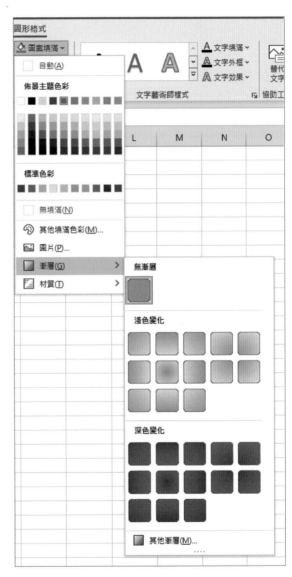

圖 8.9 利用內建的漸層樣式將圖案色彩改為漸層填滿。

文字藝術師樣式

『文字藝術師樣式』區塊能調整圖案內的文字格式。注意！當處於文字編輯模式時，可以只改變框選的文字樣式。如果只是選取圖案而沒有點進去，那麼樣式會影響圖案內的所有文字。建議讀者在使用文字藝術效果時要注意，它雖然可增加視覺效果，但也可能會造成閱讀困難。

替代文字

若想讓視障或弱視人士能透過助讀器瞭解儀表板上某個圖案的意思，可用滑鼠點一下該圖案，然後選擇『圖形格式』功能區下的『替代文字』選項，開啟『替代文字』工作窗格，在此窗格中輸入一段描述該圖案的文字敘述。若此圖案並不需要特別介紹，可勾選『標示為裝飾』核取方塊，讓助讀器忽略該圖案。假如你的圖案上面已經有文字說明，那就毋須另外設定替代文字。

排列

當需要將至少兩個圖案組合成一個新圖案時，各圖案之間會有重疊之處，此時可以用『排列』區塊中的工具來決定哪個圖案在上、哪個在下。也可以直接在圖案上按滑鼠右鍵執行『移到最上層』與『移到最下層』命令。

假如工作表上有許多圖案層層相疊、或者某些圖案太小以致於滑鼠點不到，那麼按『選取範圍窗格』鈕開啟『選取範圍』工作窗格，裡面就會列出當前工作表中所有的圖案名稱，用滑鼠點其中任一名稱，其對應的圖案就會被框選起來。

假設同時選取了多個圖案 (按住 Ctrl 鍵，再用滑鼠一一點擊欲選擇的圖案)，則可以用『對齊』下拉選單中的工具來調整它們的位置。舉例而言，如果要讓一個向右箭頭與一個矩形彼此垂直置中對齊，與其用滑鼠一點一點對齊，還不如將兩者選取後，按『對齊』下拉選單中的『垂直置中』，這樣兩圖案垂直軸的中點就會對齊了，如圖 8.10 所示：

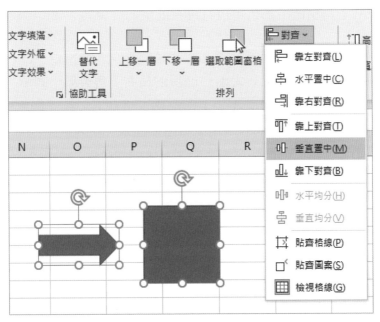

圖 8.10『對齊』下拉選單中的工具可對齊多個圖案。

一些專業的繪圖軟體有對齊導引線輔助，但 Excel 並沒有導引線功能，就非常需要『對齊』工具。

『對齊』下拉選單中還有『貼齊格線』與『貼齊圖案』兩個選項（譯註：這裡的『格線』指的是工作表儲存格周圍的淡灰色線條），這兩個選項會影響活頁簿內所有工作表上的圖案。若我們把『貼齊格線』選起來，則當圖案靠近某個儲存格時，其邊緣就會吸附到儲存格的邊上；而要是選了『貼齊圖案』，那麼當兩圖形靠近時，它們的邊緣就會貼到一起。而且，『貼齊格線』與『貼齊圖案』兩者並不互斥，若有需要也可以都勾選。

『組成群組』也是一個很好用的功能，可以將組合兩個或多個圖案的新圖案合併為一個圖案，如此可將同群組的新圖案一起移動位置或調整大小。

大小

『圖形格式』功能區的最後一個區塊是『大小』。假如你認為用滑鼠調整圖案的尺寸不夠精確，那也可以直接在此處的『高度』和『寬度』欄位中輸入數值。

我們仔細觀察，會發現在『大小』區塊的最右下角有個小圖示 ⬂，按下該圖示可開啟『設定圖形格式』工作窗格。事實上，在『圖案樣式』與『文字藝術師樣式』區塊的右下角也有這個圖示，兩者也能打開『設定圖形格式』工作窗格，但開啟後顯示的子頁不同 (按下『圖案樣式』的右下角圖示後，『設定圖形格式』工作窗格會顯示與圖案樣式有關的『填滿與線條』子頁，依此類推)。

一般而言，『圖形格式』功能區中已包含了所有與圖案相關的常用功能；但若想進行更複雜的設定，就可以用『設定圖形格式』工作窗格來做到。舉個例子，在預設中，圖案的大小和位置會受到 Excel 儲存格縮放而改變；因此，當插入或刪除儲存格後，圖案有可能因此而位移、甚至是尺寸跟著變形。如果想避免這種情況發生，可以在『設定圖形格式』工作窗格的『屬性』下選取『大小位置不隨儲存格而變』，這樣無論縮放儲存格或插入 / 刪除儲存格，都不會影響圖案的尺寸和位置了。

8.2 利用圖案工具美化圖表

如果圖表的內容比較簡單，例如只顯示單一數字或簡單的資料，雖能起到強調的作用，但有時則顯得過於單調 (特別是當儀表板中的其它元素特別漂亮時)，例如圖 8.11 是取自第 4 章呈現『流動比率』的計量圖 (製作步驟請複習第 4 章，此處不再重覆)，我們要對它做一點美化工作。

NOTE 範例檔在補充資源
Chapter08 / FramingDatawithShapes.xlsx。

圖 8.11 取自財務資訊指標儀表板
的簡易計量器圖表。

8.2.1 為單調的圖表標題加上橫幅

我們可以用圖案工具為圖表製作橫幅 (banner)，用以取代原本單純文字的
圖表標題。只要操作得當，就能在不干擾資料呈現的前提下，為圖表在視
覺上增加一些吸引力。請各位依下列說明來繪製橫幅 (以圖 8.11 為例)。
請打開範例檔中的**美化標題**工作表：

1. 先用滑鼠點一下圖表標題，然後按下 Delete 鍵，將其刪除。

2. 按下視窗上方『插入』功能頁次，並在『圖案』下拉選單中選擇
    『矩形』，接著在工作表的任意位置上點一下滑鼠左鍵，便插入一個
    矩形 (預設為正方形)。

3. 請參考圖 8.12 來調整矩形的長寬，使其寬度稍微超過圖表的寬度 (此
    處設置的矩形高度為 0.82 公分、寬度為 7.41 公分，供參考)。為了
    確保圖表左右兩端矩形突出的部分一致，可以先拉一個和圖表差不多
    等寬的矩形，然後按住 Ctrl 鍵，同時拖動右邊 (或左邊) 的縮放控點
    (此操作能同時改變矩形左、右兩邊的位置，進而使中線保持不動)；
    調整完以後，按住 Ctrl 鍵，將圖表和矩形一起選起來，打開『圖形
    格式』功能頁次，按『對齊』下拉選單，選擇『水平置中』即可將
    計量圖與矩形對齊：

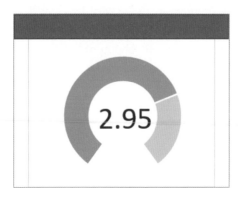

圖 8.12 在圖表上方繪製一個矩形並對齊中間。

4. 用滑鼠點一下矩形，打開『圖形格式』功能頁次，按『圖案填滿』下拉選單，選『藍色，輔色 1，較淺 40%』；再按『圖案外框』下拉選單，選擇『無外框』。此步驟的用意是讓矩形的顏色能與圖表一致。

5. 再次打開『插入』功能頁次，按『圖案』下拉選單，選擇『等腰三角形』(和之前一樣，將游標停留在某圖形上久一點即可看到其名稱)，在工作表任一位置點一下插入一個三角形圖案。

6. 對三角形點一下滑鼠左鍵，打開『圖形格式』功能頁次，按『圖案填滿』下拉選單，將其顏色改成『藍色，輔色 1，較深 25%』；再按『圖案外框』下拉選單，選擇『無外框』。

7. 對三角形點一下滑鼠右鍵，選擇『設定圖形格式』打開同名的工作窗格。

8. 點一下『設定圖形格式』工作窗格下的『大小與屬性』子頁面(位於上方，在五角形小圖示的右邊)，展開『大小』選項，把『旋轉』從預設的 0 度設為 270 度，即可看到三角形的尖端轉向朝左。

9. 請依照圖 8.13 調整三角形的位置、高度和寬度：

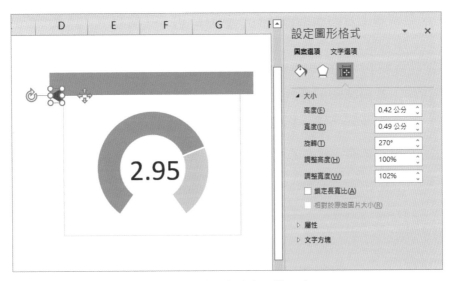

圖 8.13 將三角形擺在矩形的下方。

> **TIP** 當處理小圖案時 (如本例中的三角形)，我們可以放大整張工作表的顯示比例，比較容易操作。你可以在 Excel 視窗的最右下角找到目前的縮放比例與縮放控制軸。有三種方式可以改變該比例，第一種方式是拖動縮放軸上的按鈕，往右是放大、往左是縮小。第二種是用滑鼠左鍵點一下當前的縮放比例，以打開『縮放』交談窗，然後選一個縮放比例，或自行輸入比例值。第三種則是按住 Ctrl 鍵，並用滑鼠上的滾輪直接縮放工作表。

10. 用滑鼠左鍵點一下設好的三角形，按下 Ctrl ＋ C 與 Ctrl ＋ V 來複製並貼上該圖案。Excel 會自動將新的三角形顯示在原三角形旁邊，預設是選取的狀態。

11. 將新三角形移到矩形的另一邊，並將其『旋轉』改為 90 度 (此時『設定圖形格式』工作窗格應該還沒關)。圖 8.14 顯示出完成步驟之後的樣子，此時兩個三角形會蓋在矩形上方：

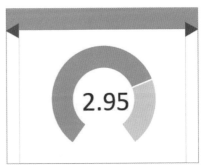

圖 8.14 將新的三角形移到圖表的另一側。

12. 點選圖表上方的矩形，打開『圖形格式』功能頁次，接著連點兩下『上移一層』；或者在『上移一層』的下拉選單選擇『移到最上層』。Excel 是以 Z 軸 (垂直於螢幕平面的軸) 順序管理圖案在工作表上的排序；當兩圖案重疊時，Z 軸順序較高者會蓋過順序較低者。『上移一層』以及『下移一層』工具可改變所選圖案的 Z 軸順序。

13. 再次選取矩形，並在公式列中輸入『**=B1**』，如圖 8.15 所示。此步驟的目的是在矩形中插入儲存格 B1 的文字。

圖 8.15 以公式讓圖案中顯示文字。

14. 讓矩形仍在選取狀態，點擊『常用』功能頁次，點選『置中對齊』與『置中』(此為兩個不同選項，位於『對齊方式』區塊)。完成此步驟後，文字就會顯示在矩形的正中間。

15. 維持矩形在選取狀態，按『字形色彩』下拉選單，選擇『標準色彩』下的『深藍』。再按下代表粗體的『B』，並把字型大小改為 14。最終的成果如圖 8.16 所示。如此一來，我們就將單調的單一數值圖表加上了橫幅。

圖 8.16 利用圖案裝飾原本的圖表標題。

8.2.2 製作活頁標籤

接下來要利用圖案工具為圖表加上活頁標籤（binder tab），以增加視覺上的吸引力。

圖 8.17 呈現出兩張相同資料的直條圖；我們可以看到上方圖表的標題與圖例都是最陽春的外觀，而下方圖表的標題和圖例皆由美觀的圖案所取代：

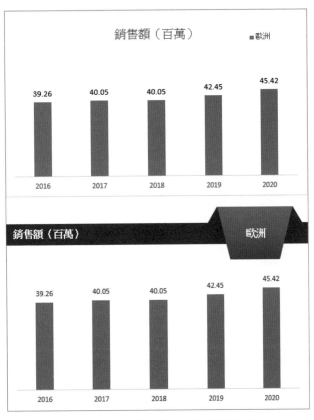

圖 8.17 利用圖案取代圖表的標題與圖例。

此處用到的技巧和 8.2.1 節差不多，就是透過不同形狀圖案的組合來增添圖表的視覺元素。圖 8.18 顯示出製作本活頁標籤需要用到的所有圖案 (稱為爆炸圖)：

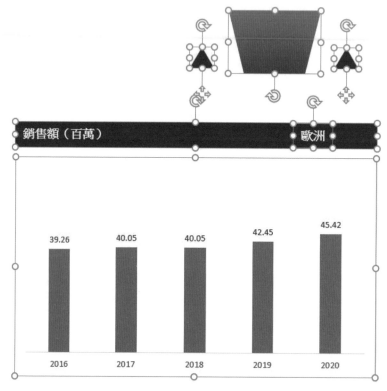

圖 8.18 製作活頁標籤所需的所有圖案。

> **編註！** 爆炸圖 (exploded views) 是 CAD 常用的功能，用來呈現一個物體拆解的組成元件。

製作圖表標題橫幅

其實這個步驟與 8.2.1 節類似，我們仍然從頭開始做，多做幾遍才會熟能生巧。請打開**美化標題與圖例**工作表：

1. 先將圖表右側的圖例刪除，接下來的圖表標題要注意！如果直接刪除，則直條圖會頂上來吃掉空間，因此不能直接刪除，而是將文字刪除，但保留至少 1 個空白字元。

2. 從『插入』功能頁次、『圖案』下拉選單中選擇矩形，然後點一下工作表上任意位置來插入預設圖案。

3. 選取剛建立的矩形，打開『圖形格式』功能頁次，因為本例中的圖表寬度是 12.76 公分，因此我們將此矩形的寬度也同樣設為 12.76 公分，高度則設為 0.87 公分。

4. 利用『圖案填滿』將其顏色改為標準色彩下的『深藍』，再按『圖案外框』選擇『無外框』。

5. 將此矩形覆蓋在圖表的最上方，請參考圖 8.17 下方的橫幅位置。接著按住 ⌈Ctrl⌋ 鍵，用滑鼠左鍵點選矩形和直條圖，打開『圖形格式』功能區底下的『對齊』下拉選單，選擇『水平置中』。

6. 用滑鼠點選矩形，並在公式列中輸入『=A1』。完成後打開『常用』功能頁次，按下粗體鈕『B』，再按『字型色彩』下拉選單選擇『白色』。到目前的結果如圖 8.19：

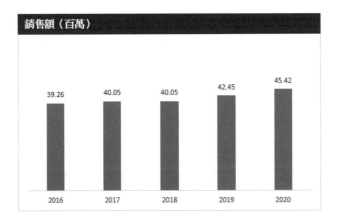

圖 8.19 做出橫幅標題。

製作活頁標籤

1. 在工作表插入另外兩個圖案，分別是一個梯形 (『基本圖案』第一列、左邊數來第七個選項)、以及一個等腰三角形。

2. 對梯形點一下滑鼠右鍵，選擇『設定圖形格式』以打開同名工作窗格，打開『大小與屬性』子頁面，按『大小』選項，將『旋轉』從預設的 0 度設為 180 度，並將高度設為 2.19 公分、寬度設為 3.21 公分。

3. 選取梯形，打開『圖形格式』功能頁次，展開『圖案填滿』下拉選單，將滑鼠移到『漸層』選項，然後選擇『線性向下』(注意！線性向下原本是上深下淺，由於我們將該圖案旋轉了 180 度，因此套用後會變成上淺下深)。並設為無外框。

4. 保持『設定圖形格式』工作窗格開啟，用滑鼠點一下等腰三角形，並將高度設為 0.72 公分、寬度設為 0.84 公分。

5. 如前所述，利用『圖案填滿』將三角形的色彩也改為『深藍』，並設為無外框。完成以後，利用 Ctrl ＋ C 和 Ctrl ＋ V 鍵複製一份三角形。

6. 請參考圖 8.18 爆炸圖的相對位置，將梯形和兩個等腰三角形擺放到適當的位置，如圖 8.20 (移動圖案時可以先按住 Ctrl 鍵再用鍵盤方向鍵做細微調整)：

圖 8.20 梯形與等腰三角形擺放位置，此時三角形會疊在梯形上方。

7. 按住 Ctrl 鍵，將兩個等腰三角形選起來，開啟『圖形格式』功能頁次，按『下移一層』下拉選單，點擊『移到最下層』，如圖 8.21：

圖 8.21 三角形移到梯形下層了。

8. 再打開『插入』功能區的『圖案』下拉選單,選擇『文字方塊』(你
會看到兩種『文字方塊』,請選擇『基本圖案』第一列的第一個水平
方向的文字方塊),接著點一下工作表上的空白處,並輸入『歐
洲』。選取文字,然後到『常用』功能區底下,將字型色彩改成白色
粗體,『字型大小』則請輸入 12。最後,把文字方塊擺放到梯形的中
央:

圖 8.22 結合活頁文字與標籤圖案。

請注意!前面之所以不直接將『歐洲』兩個字打在梯形內(回憶一
下,對圖案連點兩下滑鼠左鍵可進入『文字編輯』模式),是因為該
梯形已旋轉 180 度,故輸入進去的文字會是顛倒的。

雖然可以透過以下方法將字擺正:『設定圖形格式』工作窗格中按
『文字選項』,在『文字效果』子頁面按『立體旋轉』將『Z 軸旋
轉』改為 180 度,但這樣做會導致文字變形,所以另外插入文字方
塊是比較好的做法。

9. 然後我們希望橫幅標題文字:『銷售額(百萬)』與活頁標籤文字:
『歐洲』的高度一致,先選取橫幅矩形,按住 Ctrl 鍵再點選『歐
洲』,如此可將兩者都選取:

圖 8.23 可看出兩處文字稍有高低落差。

10. 按下『圖形格式』功能頁次的『對齊』，選擇『垂直置中』，就可將文字對齊。如此一來就完成了：

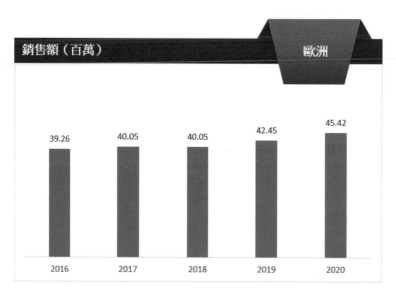

圖 8.24 原本預設單調的直條圖，變得有資訊圖表的味道了。

8.2.3 處理許多圖案的技巧

當工作表中的各個圖表一一做了美化之後，就會有許許多多零零散散的圖案在上面，我們可以用一些技巧來管理。以 8.2.2 節的活頁標籤為例，除了圖表本身之外只用了五個圖案。但如果今天有五張圖表，且每張圖表都要加上相同的活頁標籤外框，那麼如何管理就需要方法了。

為圖案取個一看即知的名稱

首先，可以把圖案名稱從預設名稱改為有意義的字串。要為圖案重新命名，請先選取一個圖案，然後在『名稱方塊』(位於公式列左側) 裡輸入新的名稱。在圖 8.25 中，我們將梯形預設的名稱改為『活頁梯形』：

請自行將這些圖案一一取個新的名稱：矩形改名為『標題矩形』、梯形左邊的三角形改名為『活頁三角左』、梯形右邊的三角形改名為『活頁三角右』。

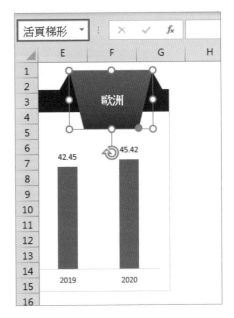

圖 8.25 將圖案重新命名，以方便管理。

查看工作表中的圖案清單

在某些情況下，我們需要一次移動或複製多個圖案，同時又不希望打亂它們之間的相對位置(特別是在千辛萬苦將圖案排列好之後)，此時若出現尺寸過小或者彼此重疊的圖案，要用滑鼠點選就會很困難。幸運的是，Excel 提供了『選取範圍』工作窗格，能快速選取想要的圖案。

請先點選任一圖案，視窗上方會出現『圖形格式』功能頁次，接著按下『選取範圍窗格』鈕，下圖就是『選取範圍』工作窗格，裡面會出現此工作表中的圖案清單。注意！各圖案會顯示目前已改過的名稱：

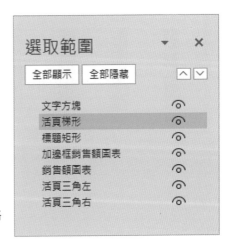

圖 8.26 『選取範圍』工作窗格可看到全部的圖案。

『選取範圍』工作窗格會將當前工作表下的所有圖案列出，且被選取的圖案會被特別標記出來。另外，圖表也屬於圖案，因此也會列在工作窗格中。

我們看到工作窗格中每個選項的右側都有一個像小眼睛的圖示 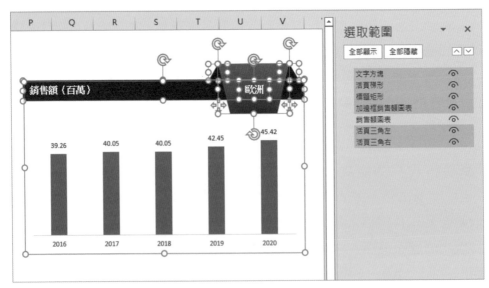，可用來顯示或隱藏某個圖案，預設是顯示圖案，按一下小眼睛就會隱藏起來（小眼睛圖示會出現一道斜槓 ），再按一下就又可顯示。當有兩個或數個圖案彼此重疊的時候，讓上層圖案暫時隱藏即可看到下層的圖案。此外，工作窗格的上方還有兩個按鈕，它們可以讓工作表上的圖案『全部顯示』或『全部隱藏』。

如果要一次選取多個圖案，可直接在工作窗格中按住 Ctrl 鍵，再一一點選需要的圖案名稱，就可以看到左側圖表中加入的圖案一個一個被選取了，如此要比在圖表上一一點選各個圖案來得方便：

圖 8.27 按住 Ctrl 鍵選取『選取範圍』工作窗格中的多個圖案。

將多個圖案建立群組

處理多個圖案的最後一項技巧就是建立『群組』。你可以將多個圖案放到同一個群組中，就可以一起控制。請先用 Ctrl 鍵將多個圖案選取起來，然後點開『圖形格式』功能頁次，按『組成群組』下拉選單並選擇『組成群組』。下圖就是將構成活頁標籤的五個圖案建立群組的結果；Excel 對該群組的預設名稱為『群組＋編號』，但你同樣能在『名稱方塊』中指定新名字。

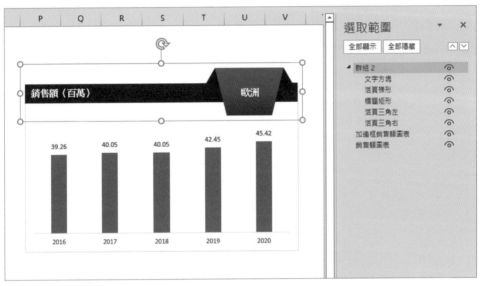

圖 8.28 將多個圖案群組起來後，就能當成單一物件來操作。

建立群組後，就能一鍵選取群組中的所有圖案，可將它們複製並移動到另一張圖表上。這不僅能保證儀表板上不同元素的外觀保持一致，還能為我們省下大量時間。另外！即使是在群組狀態，仍可以編輯文字方塊中的字串，只要對著文字方塊按一下左鍵即可。

8.2.4 利用圖案工具組合圖形

圖表也是圖案的一種,亦存在於 Excel 的繪圖層當中。透過圖表和圖案的結合,就能在一定的空間內放入更多資訊。

在 8.2.3 節中已學會如何使用圖案取代直條圖的標題和圖例。在此處則要介紹如何利用圖案工具在圖表中添加額外訊息。下圖是某不動產公司的房屋銷售額數據。該公司還訂了另一項銷售目標,即:每棟房子希望能在 15 天以內賣出,而本例的重點就在於:繪製圖案以視覺化的方式呈現有多少比例的房子在目標天數內出售 (見圖 8.29 上方的圓形圖):

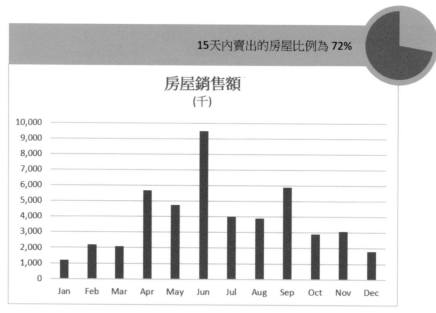

圖 8.29 不動產公司的房屋銷售額數據,位於右上角的圓形圖可看出有多少比例的房子在 15 天內售出。

要產生如上圖的效果,請依以下步驟操作 (請打開**房屋銷售**工作表):

1. 請利用前面學過的方法，在工作表的任意位置依序插入下列圖案：一個預設矩形、一個預設橢圓形 (預設的橢圓形是正圓)、以及一個『局部圓』(『基本圖案』第二列的第三個項目)。

2. 對局部圓點一下滑鼠左鍵，缺口的尖端應該會出現兩個小橘點 (這些點稱為『調整端點』)，拖動任一個橘點就能調整缺口的大小。請參考工作表中標題名稱為『72% 參考圖』的圓形圖，將局部圓的缺口調整到適當的大小 (其實不需要很精準，只要看起來差不多就行了)。

3. 利用『圖形格式』功能區下的『圖案外框』工具，將橢圓、局部圓與矩形的外框去除 (選擇『無外框』)。

4. 點一下矩形，按右鍵打開『設定圖形格式』工作窗格，將高度設為 1.3 公分、寬度設為 12.7 公分 (與本例中的直條圖同寬)，然後放到直條圖最上方。再利用『圖案填滿』工具將其顏色改成『藍色，輔色 5，較淺 40%』。

5. 點一下橢圓，把色彩同樣改成『藍色，輔色 5，較淺 40%』，接著移動到矩形的右側，位置請參考圖 8.29。

6. 點一下局部圓，將其高度和寬度皆改為 2.2 公分、顏色則選擇『標準色彩』下的『藍色』。

7. 用滑鼠把局部圓拖動到橢圓的上方。假如局部圓不在最上層 (被橢圓蓋住)，請先選取局部圓，打開『圖形格式』功能頁次，按『上移一層』下拉選單，選擇『移到最上層』。為了將局部圓放在橢圓的正中間，請按住 [Ctrl] 鍵，將橢圓和局部圓選取，接著按『對齊』下拉選單，依次點選『水平置中』和『垂直置中』。

8. 用前一節介紹的方法插入一個文字方塊 (不要選到『垂直文字方塊』)，輸入文字『15 天內賣出的房屋比例為 72%』(本例的字型大小為 11、色彩為黑色)，再把文字方塊移到橢圓的左方，如圖 8.31 所示：

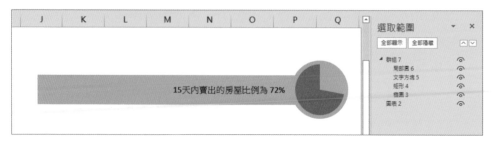

圖 8.31 各圖案都放好位置了。

9. 最後，點選任一圖案，在『圖形格式』功能頁次按下『選取範圍窗格』，打開『選取範圍』工作窗格。接著按住 Ctrl 鍵，把『局部圓』、『文字方塊』、『矩形』和『橢圓』等項目選起來，然後在『組成群組』下拉選單中按下『組成群組』按鈕，如此就完成了！

即便是在群組的狀態下，也可以任意更動其中某視覺元素的位置和尺寸。舉例而言，只要對群組後的局部圓連點兩下滑鼠左鍵，就可以用拖曳的方式改變其位置了；同時，局部圓周圍還會多出縮放控點，讓我們得以調整大小。

8.3 利用調整端點與編輯端點自建新圖案

圖案除了調整尺寸和旋轉角度外，還有很多可以自訂的屬性。某些圖案除了白色的『縮放控點』以外，還有橘色的『調整端點』(adjustment points，在 8.2.4 節中局部圓的小橘點就是)；一般而言，縮放控點只能調控高度和寬度，而調整端點則能做更複雜的形變。

8.3.1 用調整端點做圖案形變

請打開**調整端點示例**工作表。圖 8.32 中的圖案
名稱為『圖說文字：向上箭號』(在箭號圖案第
二列最右邊)；當按滑鼠左鍵點選該圖形時，可
以看到 8 個標準的縮放控點，以及四個橘色的
調整端點。

圖 8.32 某些圖案有
『縮放控點』也有『調
整端點』。

在上圖中，最上方橘色的調整端點可單獨控制箭
頭部分的寬度(下面方框的寬度保持不變)，最
左邊的調整端點用於操控方框的高度，最右邊的
調整端點能改變箭頭的高度(但圖案整體的高度
維持不變)，而最後一個調整端點則控制箭頭和
方框之間連接區域的寬度。請試著調整出右圖的
形狀。

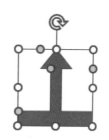

圖 8.33 利用『調整
端點』將預設圖案
做出形變。

藉由操作這些調整端點，可以創造出各種有別於預設圖案的形狀。圖
8.34 就是一系列調整過的『圖說文字：向上箭號』；我們可以用它們來取
代長條圖，進而建立自己的資訊圖表：

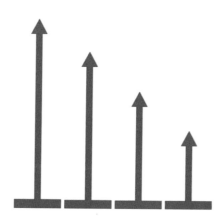

圖 8.34 使用調整端點
來自訂圖案的形狀。

8.3.2 用編輯端點做更自由的形變

除了『縮放控點』和『調整端點』以外，還可
以開啟圖案的『編輯端點』(edit points)。請對
圖案按滑鼠右鍵，然後按『編輯端點』選項。
以圖 8.35 為例，會出現 11 個黑色的『編輯端
點』(每個圖案的編輯端點數量不一，例如局部
圓只有 5 個)。接下來請試著把箭頭兩翼的兩個
端點分別往下拉，使箭頭看起來更尖銳：

圖 **8.35** 利用編輯端點
進一步改變圖案形狀。

編輯端點之間的線段稱為『片段』(segments)，它們同樣是可以操作的。
當我們對某一線段點滑鼠右鍵時，就會出現下圖的選單：

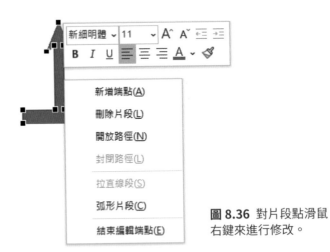

圖 **8.36** 對片段點滑鼠
右鍵來進行修改。

利用上述選單，就可以在片段中新增額外的編輯端點、讓片段變成弧形、
刪除片段、或進行更多調整。

此外，對任一『編輯端點』按滑鼠右鍵也能開啟端點的選單，其選項和
圖 8.36 片段的選單不一樣 (見圖 8.37)：

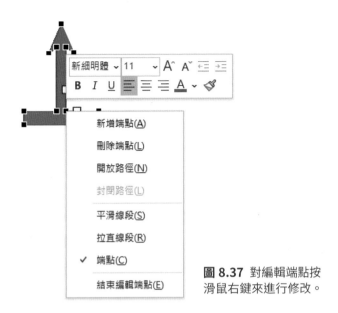

圖 8.37 對編輯端點按
滑鼠右鍵來進行修改。

上圖的選單允許我們改變端點的種類；具體來說有三個選項：『端點』、『拉直線段』、或『平滑線段』，它們各有不同的形變效果。在 Excel 中以編輯端點來改變圖案形狀並非易事，你的手得夠穩、同時具備一定的藝術天賦。我們建議：當你拉出某個滿意的圖案時，務必將其複製到一個專門存放圖案的 Excel 活頁簿中，以便將來再次取用。

8.4 插入 Excel 額外提供的圖示

Excel 提供相當多買斷式授權或無版權的圖示（icons），供使用者自由使用於自己的工作表中。本節以 Excel 2021 示範，Excel 2019 的介面會稍有不同，圖示的多寡也有差異。

圖示的格式是可縮放向量圖形（scalable vector graphics, SVG），因為 SVG 圖形存放的是繪製該圖形所需的指令，而非像素，因此無論怎麼改變大小都不影響品質。

要插入 SVG 圖示，請先點擊視窗上方的『插入』功能頁次，再按『圖例』區塊中的『圖示』按鈕 (就在『圖案』下拉選單的右邊)，就能開啟如圖 8.38 的交談窗。我們可以看到，除了圖示以外，還包含了『影像』、『貼圖』、『圖例』等各種元素，可以自行透過上方的選單選擇想插入的物件種類：

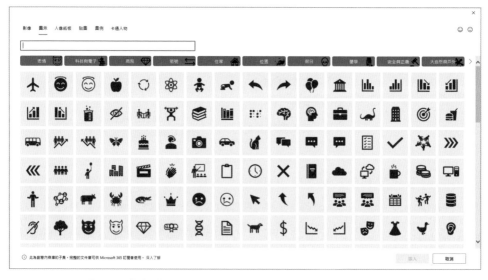

圖 8.38 此交談窗提供許多 SVG 圖示以及其它各式影像元素。

適合呈現績效差異的
圖表類型

本章內容

- 強調重要的單一數值
- 直條圖
- 子彈圖
- 群組直條圖
- 漏斗圖
- XY 散佈圖
- 泡泡圖
- 點狀圖

Excel 提供眾多可將績效資料視覺化的圖表類型,至於要使用哪一種,取決於資料的特性、以及你想利用圖表陳述什麼樣的故事。本章會介紹幾種常用的圖表類型,並說明它們各自的適用場合。

9.1 強調重要的單一數值

儀表板上並非只能放圖表，即使簡單的表格或圖片也能發揮很好的效果。而在各類視覺元素中，最單純的莫過於單一數值了。事實上，只要適當地調整數值的大小、色彩、並添加一點圖示，就能讓重要的數值在儀表板上佔有一席之地。

百分比是非常經典的單一數值資料，可用來表達績效的進度，例如，大家都知道『目前進度 87%』的意思，也能理解『100%』表示『目標達成』。

NOTE 範例檔在補充資源 Chapter09 / Figures.xlsx。

圖 9.1 是在儀表板上顯示單一百分比數值的例子(**9.1** 工作表)：

一百萬募款進度：

87%

圖 9.1 儀表板上的單一百分比數字。

上圖是將百分比數值放在儲存格中，字型大小為 72、字型色彩則隨儀表板的整體風格而定。在百分比上方則用另一個儲存格顯示標題，字型大小訂為 16。同時，為了和儀表板上其他元素隔開，為其加上草綠色的外框。

百分比除了用來表示進度，也能表達數值隨著時間的變化量。若再搭配 7.1 節介紹過的『條件式格式』圖示集，我們還能讓儲存格在數值上升時顯示向上箭頭(下降時則自動換成向下箭頭，依此類推)。圖 9.2 的設定基本上與圖 9.1 一樣，只不過多加了條件式格式，以便在百分比前加入箭號(**9.2** 工作表)：

圖 9.2 代表變化量的百分比。

非百分比的單一數值也能以類似的方式呈現，這類數值有：總銷售額、銷售數量等等，它們也能成為儀表板上的重要元素。要注意的是，每個數值都必須有清楚的標註，並進位到適當的位數。圖 9.3 (**9.3** 工作表) 比較了兩種表示銷售額的方法：上面是原始數字、下面則是以百萬為單位四捨五入後的數值，更為簡潔易讀：

圖 9.3 原始與進位後的銷售金額。

在上例中，顯示進位數值的儲存格其實指向了原始數值的儲存格，只不過後者使用了自訂格式。要呈現如圖 9.3 的結果，請展開『常用』功能區中的『數值格式』下拉選單，選擇『其它數字格式』以開啟『設定儲存格格式』交談窗，按『自訂』，接著在『類型』下方的文字方塊內輸入『$#.#,," 百萬 "』(更多和格式設定有關的內容，請參考 7.1 節)。

為免大家忘記，這裡再解釋一次『$#.#,," 百萬 "』的意思。首先，『$』是個特殊字元，功能就是顯示錢符號，毋須放在雙引號內。接下來是

『#.#,,』，這部分是在告訴 Excel：只要顯示位於第二個逗號左側的數字，並且加入一個小數位數。然後是『" 百萬 "』，由於『百萬』是要顯示的一般文字，故這裡需將其放在雙引號中，這樣 Excel 才知道要將其原封不動顯示出來。

最後提一下，其實上面的範例都可以轉換為圖表。例如，你可以用子彈圖表達『募款進度已經到達 87%』；或者以直條圖呈現去年和今年的銷售額資料及其漲幅。但單一數值不僅更簡單明瞭，還能和儀表板上其它較複雜的圖表做出明顯區分。

9.2 直條圖 (Column Charts) 與 橫條圖 (Bar Charts)

直條圖是最常用的圖表類型。當需要比較不同類別的數據時，其絕對是我們的首選。最單純的直條圖底部會有一條水平類別軸、側邊是垂直的數值軸；每個類別分別對應一個長條，長條高度即是該類別的數值大小。

橫條圖基本上等於橫放的直條圖；換言之，類別軸跑到了側邊、數值軸則在底部。事實上，兩者的使用技巧和設計原則是共通的，唯一的差別是：當資料的類別名稱很長的時候，橫條圖可能會優於直條圖，因為前者可容納的類別標籤名稱更長 (請參考圖 9.4，各位應該可以想像：當名稱很長時，直條圖的類別會疊在一起，但橫條圖不會)。

另一種使用橫條圖的場合是：儀表板上已經有太多直條圖了，此時加入橫條圖能讓版面看起來不至於那麼單調。圖 9.4 可比較直條圖和橫條圖：

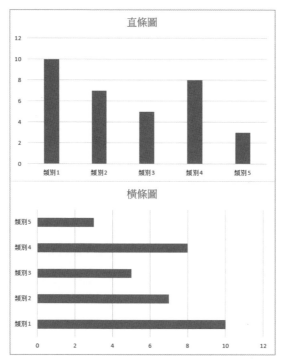

圖 9.4 基本上，橫條圖如同橫著畫的直條圖。

不管使用哪一種圖表，最好都讓數值軸從 0 開始。若非如此，直條的高度可能會被誤解，進而導致讀者判讀錯誤。圖 9.5 就是一張數值軸不是從 0 開始的直條圖：

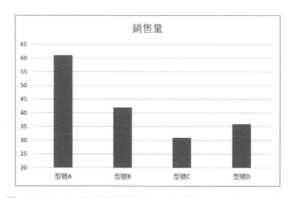

圖 9.5 此張圖表的數值軸（垂直軸）起點從 20 開始。

如果瞥一眼圖 9.5，沒有特別留意垂直軸的座標，那麼可能會誤以為型號 A 的銷售量是型號 B 的兩倍。但事實上，兩者僅差距 19 個單位 (請看 **9.5** 工作表的原始資料)。

圖表上具體包含哪些類別取決於我們想說的故事為何 (也可以說重點是什麼)。但請記住以下原則：單一直條圖的類別數量不應該超過 10 個，否則類別之間難以互相比較；假如目前的資料聚合方式產生了 10 個或以上的類別，應考慮將某幾個類別進一步合併。

舉個例子，假如你想強調：『本公司熱賣前三名產品貢獻了絕大多數的銷售額』，那麼就可以考慮將第四名及以後的所有產品銷售額併到同一個類別底下。圖 9.6 就是實際案例，可以看到左邊直條圖的類別數量過多，以致於前三名的重要性在整張圖表中被擠到左邊。而右邊的直條圖則把前三名以外的所有產品納入單一類別；其所呈現出來的資訊雖然相同，但閱讀起來很容易就看出我們要強調的重點：

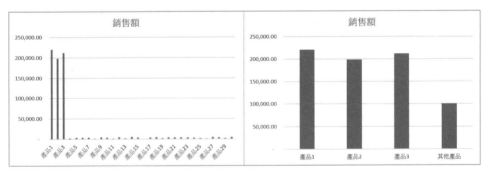

圖 9.6 適當的聚合類別有利於圖表的解讀。

此外，資料類別在圖表上的順序也會影響讀者的理解。一般而言，如果你的類別有某種自然順序 (如：一年中的四個季度)，請依照該自然順序來排放資料 (以季度為例，請將數據按第 1 季到第 4 季的順序、由左至右畫在圖表上)。倘若你的類別不具上述自然順序 (如：不同產品或部門)，則通常會把數值較大 (直條高度較高) 的類別擺在左側。

坊間流傳著一種說法，即：人們比較喜歡看數據從左到右遞增的圖表 (就像是上漲的股市圖)；但我認為即便該說法是正確的，也只是用來操控讀者反應的小手段罷了 (例如：透過將銷售數字從小到大、由左至右排列，可以營造出銷售量不斷上升的印象，即便事實並非如此)。我們還是強調：你說的故事應該忠實反映資料傳達出來的訊息，當發現資料不支持你原先的論調時，就必須依事實做修正。

最後，請務必考慮到是誰在使用儀表板。假如你正在為公司製作儀表板，那就要注意公司內部是否有既定的資料類別順序。對於需要週期性發佈的儀表板，圖表中各類別間的相對位置應維持不變，才便於比較前後期的儀表板。當然，有時順序調整是必要的，例如當某項產品突然成為銷售主力時，但這樣的更動不應太過頻繁；特別是如果該產品的銷售額是季節性的暫時上升、下一季就會回歸平常，那就更不應該改變其次序。

案例研究：季度銷售額

某零售服裝店將產品分為五大類：男性運動服、男性外套、女性運動服、女性外套、童裝。你的任務是：製作直條圖來呈現這五類產品在第 1 季 (Q1) 的銷售額各是多少。

> **NOTE** 範例檔在補充資源 Chapter09 / ColumnSalesbyQuarter.xlsx。

首先，我們得整理原始資料以產生能驅動圖表的數據。請依下列步驟操作：

1. 請開啟一張新的工作表，然後依圖 9.7 輸入表格標題 (欄位名稱)：

	A	B	C
1	產品類別	Q1 銷售額	
2			
3			
4			
5			

圖 9.7 Q1 銷售額表格的標題。

2. 用滑鼠將位於儲存格 A1 和 B1 的標題框選起來，按視窗上方的『插入』功能頁次，點左側的『表格』按鈕以開啟『建立表格』交談窗，將『我的表格有標題』核取方塊打勾，按下『確定』按鈕完成表格的建立。

3. 按照圖 9.8 將各類產品名稱輸入表格的 A 欄：

	A	B	C
1	產品類別 ▾	Q1 銷售額 ▾	
2	男性運動服		
3	男性外套		
4	女性運動服		
5	女性外套		
6	童裝		
7			

圖 9.8 Q1 銷售額表格的產品類別。

4. 『Q1 銷售額』欄位中的每個儲存格都輸入相同公式，如下：

```
=SUMIF(tbl銷售額[類別],[@產品類別],tbl銷售額[銷售額])
```

請檢查一下，應如圖 9.9 所示：

	A	B	C
1	產品類別 ▾	Q1 銷售額 ▾	
2	男性運動服	$61,363.86	
3	男性外套	$49,451.74	
4	女性運動服	$105,039.47	
5	女性外套	$91,291.86	
6	童裝	$50,141.07	
7			

圖 9.9 完成的 Q1 銷售額表格。

5. 用滑鼠左鍵點一下表格的任意位置，接著按『插入』功能頁次，點『建議圖表』按鈕以打開『插入圖表』交談窗，選擇『群組直條圖』，按『確定』。圖 9.10 呈現完成後的圖表：

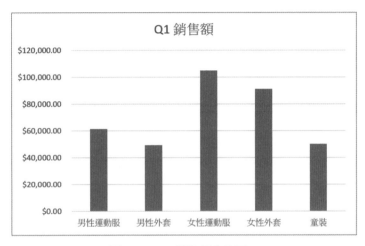

圖 9.10 Q1 銷售額直條圖。

如果你希望依銷售額的大小順序由左至右排列，可展開表格中位於標題『Q1 銷售額』右側的向下箭頭，點選『從最大到最小排序』。如此一來，表格中最上端的銷售額就會是最大值，然後依次往下遞減，且直條圖中的類別順序也會跟著改變

譯註！ 你也可以選『從最小到最大排序』，讓資料依次往下遞增。

NOTE 此處的『直條圖』和稍後要介紹的『群組直條圖』其實是同一種圖表，區別是：後者的單一類別下可能有多個長條 (多筆資料)。如果每個類別下只包含一筆資料，那麼『群組直條圖』和一般『直條圖』其實並沒有區別。

9.3 子彈圖（Bullet Charts）

子彈圖通常用來呈現主要數值和對照數值之間的差異，其中『實際花費vs. 預算』以及『當前進度與目標差距多少』就是兩個常見的例子。

此類圖表是由視覺專家斯蒂芬‧費夫 (Stephen Few) 發明，目的是取代計量圖 (請參考第 8 章的圖 8.11)。由於子彈圖是直線型的不像計量圖有弧度，故其彈性更高，不但佔用空間較小，還能選擇垂直或水平擺放。當你的儀表板上有許多圖表時，這種彈性尤其可貴。

一般認為，比起有弧度的圖表 (如：圓形圖和計量圖)，在單純直線的圖表 (如：直條圖或子彈圖) 上比較資料點更為容易。此說法不僅看似合理，也符合絕大多數專家的共識，即：人們區分長度的能力較強，比較角度的能力則較弱。

一張子彈圖是由兩個直條組成。其中一個比較寬，代表對照數值；另一個則比較窄，代表主要數值，且窄長條需重疊在寬長條的上方，圖 9.11 便是個典型範例 (此處為直式子彈圖，在後面案例會用到橫式子彈圖)：

圖 9.11 典型的子彈圖。

子彈圖的底色並不需要使用漸層；但如果真要用，最常見的選擇是讓下方顏色深、上方顏色淺。

案例研究：實際支出 vs. 預算

我們要為生產、行銷、管理與研發部門製作他們實際支出與預算的比較圖表，以便觀察這四個部門的預算使用狀況。

> **NOTE** 範例檔在補充資源 Chapter09 / BulletExpenses.xlsx。

首先，請依圖 9.12 輸入原始資料，並設為表格。我們可以看到此表格中第一列是實際支出，下面一列則是預算。接著，請依以下步驟建立子彈圖：

	A	B	C	D	E
1	部門	生產	行銷	管理	研發
2	實際支出	225,000	113,000	87,000	79,000
3	預算	250,000	120,000	80,000	90,000
4					

圖 9.12 各部門的實際支出與預算。

1. 對圖 9.12 表格的任一位置點滑鼠左鍵，按『插入』功能頁次中的『建議圖表』，選擇『群組橫條圖』，產生如圖 9.13 的圖表：

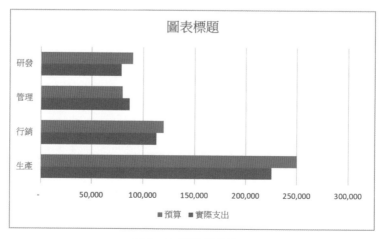

圖 9.13 群組橫條圖。

TIP 你也可以用『群組直條圖』取代此處的『群組橫條圖』。記住一個原則：當座標軸上的類別標籤很長時，使用後者能為我們創造更多空間。

---

2. 對圖表中對應『實際支出』的橫條點滑鼠右鍵，再點『變更數列圖表類型』以開啟『變更圖表類型』交談窗。在交談窗下方應該會看到『實際支出』和『預算』這兩個數列的名稱，請將『實際支出』右方的『副座標軸』核取方塊勾起來，並按『確定』鈕。圖 9.14 即『變更圖表類型』交談窗：

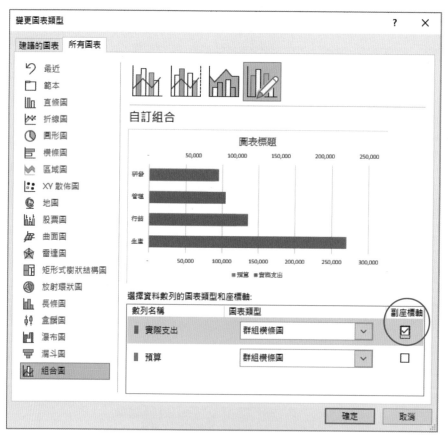

圖 9.14 將『實際支出』橫條移到副座標軸。

3. 你的群組橫條圖應該仍處於選取狀態(若否,請點一下橫條圖的任一位置)。按『格式』功能頁次,在最左邊有個『圖表項目』下拉選單(預設選擇『圖表區』),將其展開後改選『數列"預算"』。注意!之所以要這麼麻煩,是因為將『實際支出』橫條移到副座標軸以後,『預算』橫條的大部分面積會被蓋住,導致我們不方便用滑鼠直接點選。

4. 對圖表中的『實際支出』橫條點滑鼠右鍵,選擇『資料數列格式』以打開同名的工作窗格,並將其中的『類別間距』選項設為400%(加大實際支出兩兩橫條的間距,如此橫條寬度會縮窄)。圖 9.15 為『資料數列格式』工作窗格:

圖 **9.15**『資料數列格式』工作窗格上的『類別間距』設定。

5. 在『資料數列格式』工作窗格標題的下方有個『數列選項』,其右邊有個向下箭頭;點一下該箭頭將其展開,選擇『數列"預算"』,然後將『類別間距』選項設為90%。關於『類別間距』,各位可自行嘗試『400%』和『90%』以外的數字,以找到你認為的最佳外觀。請留意!此時主座標軸的數值範圍是 50000~300000,而副座標軸是 50000~250000,兩者並不一致,稍後會將副座標軸的數值範圍調整為跟主座標軸一致。

6. 讓『資料數列格式』工作窗格維持打開狀態,透過『數列選項』右側的向下箭頭選擇『數列"實際支出"』,接著按『填滿與線條』(看起來像是油漆桶的小圖示),展開『填滿』選項,將『色彩』改為

『綠色，輔色 6，較深 50%』。接著，利用相同方法將『數列 "預算"』的色彩改為『綠色，輔色 6，較淺 60%』(子彈圖的上色原則是：較寬的長條顏色較淡，較窄的顏色較深)。經此步驟後，你的圖表應如圖 9.16 所示：

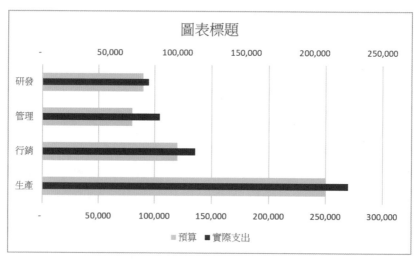

圖 9.16 完成『色彩』和『類別間距』設定的子彈圖。

7. 請將『資料數列格式』工作窗格關上，然後對『圖表標題』下方的副座標軸連點兩下滑鼠左鍵，開啟『座標軸格式』工作窗格。若『座標軸選項』並未處於展開狀態，請用滑鼠點一下將其展開，在『最大值』欄位中輸入『300000』，好讓主、副座標軸的範圍都是 50000~300000。此時兩個座標軸都一樣了，保留主座標軸，將副座標軸刪除。

另一種作法是將副座標軸隱藏起來，其方法是：先點一下子彈圖，按左上角的『圖表項目』按鈕(看起來像個加號『＋』)，將滑鼠移動到『座標軸』選項上，然後按一下出現在其右側的向右箭頭，把『副水平』核取方塊取消勾選，可參考圖 9.17：

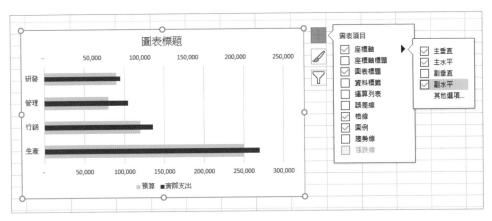

圖 9.17 利用子彈圖左上角的『圖表項目』按鈕來隱藏副座標軸。

8. 最後，把圖表標題改為『部門支出』即可。完成後的樣子如圖 9.18
   所示：

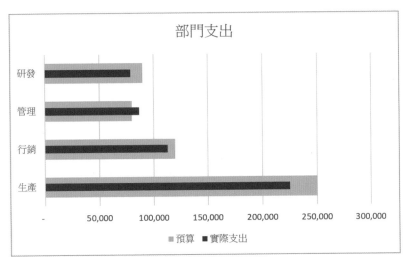

圖 9.18 完成後的子彈圖。

從該圖可以看出來，除了管理部門以外，其它部門的支出都在預算內。

9.4 群組直條圖 (Clustered Column Chart)

雖然本書刻意區分『直條圖』和『群組直條圖』，但其實兩者在 Excel 中都屬於『群組直條圖』。假如資料集內的類別下只有一筆資料時，那麼群組直條圖的外觀就會和簡單直條圖毫無區別；不過，倘若類別下存在多筆資料，那麼群組直條圖便能呈現它們的異同。

但要注意的是！群組直條圖不會把單一類別下的不同資料聚合起來；反之，它們會各自以獨立直條的形式群聚在類別標籤上（見圖 9.19 右側，可以看出『A』類別中有三筆資料，以此類推），所以其無法用來比較不同類別間的整體差異。該問題可以透過另一種直條圖解決，稱為『堆疊直條圖 (Stacked Column Charts)』，其可同時呈現類別間與類別內的異同，但這種圖有個問題：除了位於最下方的那筆資料是從零開始之外，其餘資料是層層相疊，起點都不一樣，直接比較時會稍有困難。圖 9.19 的左側就是堆疊直條圖，右邊則是對應的群組直條圖：

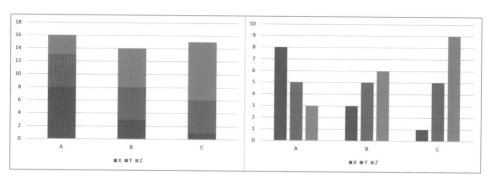

圖 9.19 左側是堆疊直條圖，右側是群組直條圖。

請觀察上圖左側的堆疊直條圖，你會發現：由於三個 Y 項目的起點各不相同，因此很難看出 Y 項目在類別 A、B、C 中其實一樣高。相反的，在群組直條圖中我們可以輕易比較同類別內的不同資料，但卻無法看出類別之間的整體差異。至於該選用哪一種群組直條圖，完全取決於你想如何表達資料背後的意義。

案例研究：產品缺陷

假設你追蹤了四間工廠在某一年裡生產的不良品數量，並希望以一整年的四個季度為單位來比較這幾家工廠的表現。

圖 9.20 便是本例所需的資料：

	A	B	C	D	E	F
1	工廠	Q1	Q2	Q3	Q4	
2	納什維爾	8	6	9	7	
3	諾克斯維爾	12	15	10	11	
4	莫弗里斯伯勒	13	8	7	10	
5	查塔努加	10	8	11	6	
6						

圖 9.20 每個季度中，各工廠所產生的不良品數量。

NOTE 範例檔在補充資源 Chapter09 / ClusteredColumnDefects.xlsx。

由於『群組直條圖』是 Excel 中自帶的圖表類型，因此創建此類圖表非常容易，步驟如下：對表格的任一位置點一下滑鼠左鍵，按視窗上方『插入』功能頁次中的『建議圖表』，選擇『群組直條圖』，按『確定』鈕。

一般來說，Excel 產生的預設圖表已經很不錯了，只要將標題改成『產品缺陷』，便能得到如圖 9.21 的群組直條圖：

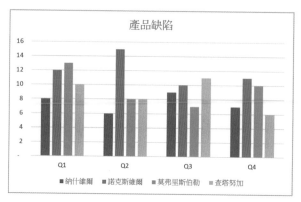

圖 9.21 產品缺陷資料的群組直條圖。本例的大類別是一年中的四個季度，每個季度下有四筆資料，分別代表四間工廠。

這張群組直條圖共包括 16 個直條，要看每一個直條的產品缺陷數還要比對垂直軸座標，這樣太麻煩了，因此我們想將每個直條的數值直接顯示在直條上方。於是可以這樣做：

1. 對圖表中的垂直座標軸點滑鼠左鍵，然後按 Delete 刪除。

2. 點一下圖表右上方的『圖表項目』按鈕（看起來像『＋』），把滑鼠移動到『格線』上，按下出現在其右側的向右箭頭，將『第一主要水平』項目取消勾選。並將滑鼠移到『資料標籤』右側的向右箭頭，選擇『終點外側』，大功告成。下圖就是以資料標籤取代數值座標軸的結果：

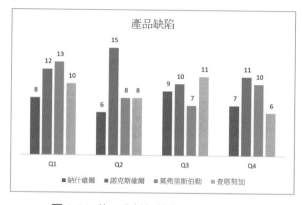

圖 9.22 使用資料標籤的群組直條圖。

9.5 漏斗圖（Funnel Charts）

當你的資料有不同階段的區分，且每個階段皆和上一階段有關時，就可以使用漏斗圖來呈現。一般來說，表示第一階段的方塊會擺在圖表的最上方，且寬度最寬。第二階段則在第一階段的正下方中間，寬度稍窄，代表只有部分項目從第一階段篩選進入第二階段。隨著階段數增加，越來越多的項目被過濾掉，方塊也隨之變得越來越窄，最後會得到類似圖 9.23 的漏斗圖：

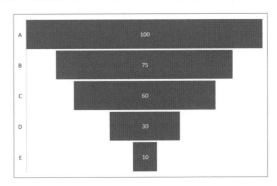

圖 9.23 漏斗圖。

漏斗圖的一項經典應用是呈現業務的銷售流程，其中包含下列幾個階段(依序排列)：

潛在客戶 → 有效潛在客戶 → 報價 → 議價 → 訂單成立

第一階段的『潛在客戶』位於最上層，且寬度最寬(人數最多)。但並非所有潛在客戶都是有效的，只有一部分會進到下一階段，變成『有效潛在客戶』。因為在你試圖聯繫客戶時，有些人會選擇不回應，所以進入『報價』的人數會更少。而即便他們回應了，部分客戶會直接拒絕報價，就不會進入『議價』階段。而且不是所有議價都會成功，故『訂單成立』階段的寬度最窄(客戶數最少)。

漏斗圖還能顯示企業的聘僱流程。在此例子中，圖表的各階段依序為：『應徵』、『電話訪談』、『第一次面談』、『第二次面談』、『錄取』。

注意！請不要用漏斗圖呈現沒有階段篩選關係的類別資料 (如：各部門的支出、不同產品的銷售額等等)。一般而言，當見到漏斗圖時，我們會預期不同方塊之間有一定關聯性，若擅自改變這個原則會妨礙讀者理解圖表。

案例研究：銷售轉換率

史帝夫是公司中銷售成績最差的業務，而你想知道背後的原因為何。為此，希望把史帝夫在整個銷售流程中的表現畫成漏斗圖，以與整個業務團隊的漏斗圖做比較來找出可能的問題。本例的原始資料如圖 9.24 所示：

	A	B
1	銷售階段 ▼	客戶人數 ▼
2	潛在客戶	52
3	有效潛在客戶	47
4	報價	12
5	議價	11
6	訂單成立	9
7		

圖 **9.24** 銷售流程各階段的客戶人數統計。

> **NOTE** 範例檔在補充資源Chapter09 / FunnelSalesConversion.xlsx。

漏斗圖是 Excel 內建的圖表類型，建立起來很容易，過程如下：對表格的任一位置點一下滑鼠左鍵，按『插入』功能頁次中的『建議圖表』，選擇『漏斗圖』，按『確定』鈕。對圖表標題連點兩下滑鼠左鍵，將其改成『史帝夫的銷售表現』，成果應如圖 9.25 所示：

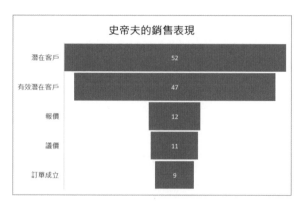

圖 **9.25** 史帝夫的初始漏斗圖。

漏斗圖中的每個方塊代表一個『資料點』，所有『資料點』合稱為『資料數列』。現在，假設我們要選取第一個資料點，請先對最上方的方塊點一下滑鼠左鍵，暫停一下，然後再點一次相同的方塊 (不要快速連點兩下左鍵)。第一次點擊會將圖表中所有的方塊 (即整個資料數列) 選起來；在第二次點擊後會看到所選方塊維持原色，其它方塊則像褪色一樣變得很淡，代表我們只選了一個資料點。此外，如果有工作窗格處於開啟狀態，你會發現：第一次點左鍵時的工作窗格標題為『資料數列格式』，第二次則會變成『資料點格式』，如圖 9.26 所示：

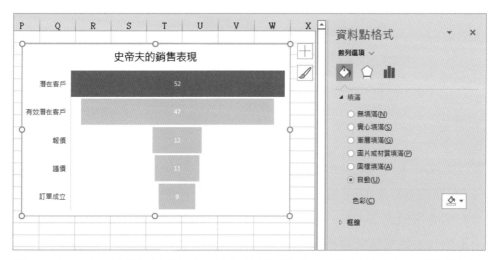

圖 9.26 選取單一資料點（方塊）後，其它資料點會褪色，工作窗格標題則會變為『資料點格式』。

TIP 如果你的『資料數列格式』工作窗格當下並未處於打開狀態，可依以下步驟將其開啟：對漏斗圖中的任一方塊點一下滑鼠右鍵，選擇『資料數列格式』。一旦打開工作窗格，該窗格便會一直保持開啟，直到你將其關閉為止；不過，假如你點選了其它的圖表元素，工作窗格的內容會相應地改變，以顯示和此元素有關的選項。

在預設的漏斗圖中，每個方塊的顏色都是一樣的，但我們其實可以添加更多色彩。請依上一段所說的方式選取特定方塊 (資料點)，按『格式』功

能頁次的『圖案填滿』下拉選單,選擇一個色票來改變該資料點的顏色。或者,也可以打開『資料點格式』工作窗格,在『填滿與線條』子頁面(看起來像油漆桶的小圖示)展開『填滿』選項並開啟『色彩』下拉選單更改顏色。以本例而言,我們把各方塊的色彩分別設為(由上至下):綠、黃、紅、紫、藍,請見圖 9.27:

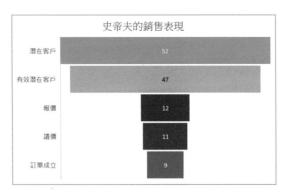

圖 9.27 為漏斗圖增添顏色。

從以上漏斗圖中可以看出:史帝夫在接近潛在客戶上似乎沒有問題,但從『有效潛在客戶』到『報價』階段的客戶人數明顯下降。有鑑於此,公司可能需要提供史帝夫額外訓練,以增進客戶向他索要報價的意願。為了進一步確認上述結論,我們把所有業務在相同時間段內的數據繪製成第二張漏斗圖。圖 9.28 是將兩張圖表擺在一起:

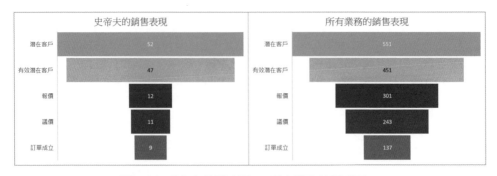

圖 9.28 史帝夫的漏斗圖 vs. 所有業務的漏斗圖。

比較的結果證實了我們的猜想：在所有業務的漏斗圖中，從『有效潛在客戶』到『報價』的轉換率顯著優於史帝夫的表現，如此就能對症下藥輔導他欠缺的技能。

9.6 XY 散佈圖（XY Charts）

XY 散佈圖通常簡稱為散佈圖 (Scatter charts 或 Scatter plots)，其可用來呈現兩組資料之間是否具有關聯性。繪製這種圖表時，我們需要有兩個變數 x 與 y、以及它們的真實資料；其中一組數值會被當成 x (水平) 軸座標，另一組則是 y (垂直) 軸座標。將所有資料點畫在座標上，若發現它們大致落在某條趨勢線附近，那就說明這兩個變數具有相關性。

圖 9.29 是兩組隨機數字的散佈圖與趨勢線；我們可以看到由於數值是隨機的，故資料點散得很開，並未出現明顯的相關性 (圖中的趨勢線只是參考用)：

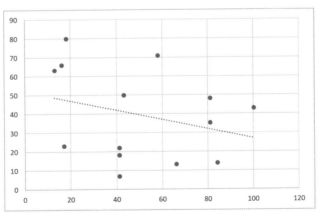

圖 9.29 兩組隨機數字的 XY 散佈圖。

散佈圖和折線圖 (Line Charts) 其實很像，兩者都能同時顯示資料點與線段、只顯示資料點或者只顯示線段。而兩類圖表最大的差異是在水平軸：

散佈圖的水平軸為連續數值；換言之，兩數字在 x 軸上的距離與它們之間的差值大小呈正比。但折線圖的水平軸並非連續數值，是代表離散類別的編號或字串。正因為如此，數字在 x 軸上未必會按照大小順序排列，且無論數字大小如何，它們的間距必為等距。圖 9.30 比較了基於同一組資料的散佈圖與折線圖，且兩者皆同時顯示資料點和線段：

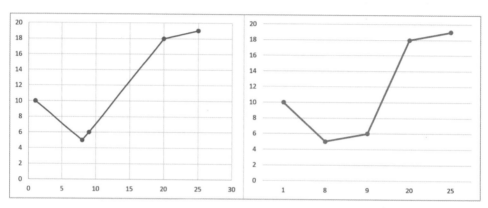

圖 9.30 左邊是散佈圖，右邊是折線圖。散佈圖 x 軸上的數字代表連續數值，但折線圖 x 軸上的數字代表類別（因此即便差值不同，各數字之間皆保持等距）。事實上，折線圖的 x 軸還能顯示文字，而散佈圖則不能。

仔細觀察圖 9.30，會發現第二和第三個資料點在散佈圖中是緊鄰的，在折線圖中則分得較開。這是因為對後者而言，x 軸數值（1、8、9、20、25）只是資料標籤而已（並非數字），故它們之間的距離皆相等。此外，Excel 生成的預設 XY 散佈圖同時包含垂直和水平格線，但預設折線圖中則只有水平格線。

案例研究：溫度 vs. 銷售量

假設某冰沙店正在販售果汁口味與甜點口味的冰沙，而店主注意到：當室外溫度較低時，產品的銷售量好像也會跟著下降，是否真的與溫度高低有關呢？為了確認此猜想，於是記錄了四月每一天的平均氣溫、以及當天的冰沙銷售量，並將它們繪製成散佈圖。圖 9.31 是上述記錄的一部分 (平均氣溫是華氏溫度)：

	A	B	C
1	日期	平均氣溫	總銷售量
2	2020/4/1	41.3	58
3	2020/4/2	41.7	79
4	2020/4/3	43.6	70
5	2020/4/4	49.9	85
6	2020/4/5	54.4	98
7	2020/4/6	57.3	97
8	2020/4/7	56.6	96
9	2020/4/8	58.3	87
10	2020/4/9	59.8	108
11	2020/4/10	42.3	63
12	2020/4/11	28.6	46
13	2020/4/12	32.6	52
14	2020/4/13	32.7	46
15	2020/4/14	44.0	62
16	2020/4/15	50.9	114

圖 9.31 四月份每日的平均氣溫和銷售量數據。

要建立 XY 散佈圖，請按照以下步驟操作：

1. 用滑鼠將 B1:C31 儲存格框選起來 (譯註：先對 B1 點左鍵，然後在按住 Ctrl 鍵的情況下對 C31 按左鍵即可)。

2. 點擊『插入』功能頁次下的『建議圖表』以打開『插入圖表』交談窗，開啟『所有圖表』子頁面，選擇『XY 散佈圖』，按『確定』鈕 (譯註：由於某些未知原因，預覽圖的結果可能和實際圖表不同；若發生此種情形，請忽略預覽結果，直接點『確定』鈕)。

3. 對水平座標軸連點兩下滑鼠左鍵以打開『座標軸格式』工作窗格，將『範圍』下的『最小值』改為 20，按一下 Enter 鍵。然後把『單位』下的『主要』設為 10，再按一下 Enter 鍵。

4. 讓『座標軸格式』工作窗格維持在開啟狀態，同時對散佈圖的垂直座標軸點一下滑鼠左鍵，將『範圍』下的『最小值』同樣改為 20。第 3 和第 4 步驟可將圖表中不必要的空白去除。

5. 對散佈圖中的任一資料點按一下滑鼠右鍵，選擇『加上趨勢線』選項。

6. 在散佈圖被選取的狀態下，按『圖表設計』功能頁次，展開最左側的『新增圖表項目』下拉選單，將滑鼠移動到『座標軸標題』上，點選『主水平』。完成後，將預設文字『座標軸標題』改成『平均氣溫』。

7. 將圖表標題改為『總銷售量』。

TIP XY 散佈圖是少數幾種座標軸不必從零開始的圖表類別。

得到的散佈圖應如圖 9.32 所示(圖中的平均氣溫是華氏溫度)：

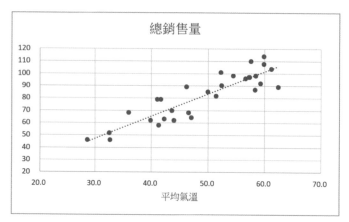

圖 9.32 比較平均溫度和銷售量關係的 XY 散佈圖。

我們發現上圖中的資料點可看出一個上斜的趨勢，表示平均氣溫和銷售量之間是正相關(即溫度低銷量低、溫度高銷量高，若反過來則稱為負相關)。但請注意！單從總體的銷售量來看還不夠明確，畢竟不同的品項與氣溫變化也可能有差異。

為了更深入調查，店主決定把果汁冰沙與甜點冰沙的銷售量數據分開來看(見圖 9.33)，以檢驗兩者和平均氣溫之間的關聯性有無差別：

	A	B	C	D
1	日期	平均氣溫	果汁	甜點
2	2020/4/1	41.3	31	27
3	2020/4/2	41.7	32	47
4	2020/4/3	43.6	31	39
5	2020/4/4	49.9	39	46
6	2020/4/5	54.4	32	66
7	2020/4/6	57.3	34	63
8	2020/4/7	56.6	36	60
9	2020/4/8	58.3	34	53
10	2020/4/9	59.8	35	73
11	2020/4/10	42.3	30	33
12	2020/4/11	28.6	36	10
13	2020/4/12	32.6	38	14
14	2020/4/13	32.7	36	10
15	2020/4/14	44.0	30	32
16	2020/4/15	59.9	39	75
17	2020/4/16	57.2	31	68
18	2020/4/17	51.3	34	48

圖 9.33 將果汁冰沙和甜點冰沙的銷售量數據分開。

請依照下列步驟製作散佈圖：

1. 將 B1:D31 儲存格用滑鼠框選起來 (也就是將『平均氣溫』、『果汁』、『甜點』這三個欄位的標題與資料全部選取)，按『插入』功能頁次中的『建議圖表』，開啟『所有圖表』子頁面，選『XY 散佈圖』，按『確定』鈕。

2. 對水平座標軸連點兩下滑鼠左鍵以打開『座標軸格式』工作窗格，將『範圍』下的『最小值』改為 20，按一下 Enter 鍵；再把『單位』下的『主要』設為 10，按 Enter 鍵。本例的垂直座標軸不必更改。

3. 對任一代表水果冰沙的資料點按一下滑鼠右鍵，選擇『加上趨勢線』。完成後，對任一代表甜點冰沙的資料點進行相同操作。

4. 在散佈圖被選取的狀態下，按『圖表設計』功能頁次中的『新增圖表項目』下拉選單，將滑鼠移動到『座標軸標題』上，點選『主水平』，將『座標軸標題』改為『平均氣溫』。

5. 把圖表標題改成『個別銷售量』，最終的成果請參考圖 9.34：

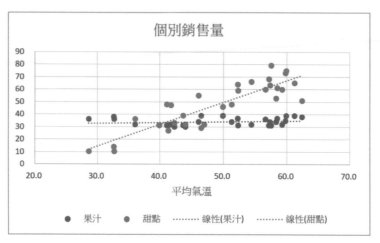

圖 9.34 果汁冰沙與甜點冰沙之銷售量和平均氣溫的個別關係。

上圖中的兩條趨勢線告訴我們：果汁冰沙的銷售趨勢基本上接近水平線，不大受平均氣溫影響，也就是不相關。而甜點冰沙的銷售趨勢是溫度越高賣得越好，顯然是正相關。經過觀察這兩個產品之後，我們發現產品銷售量會隨溫度下降而減少的現象，是來自於甜點冰沙，而與果汁冰沙無關。得知這一點後，店主就可以考慮在天氣較冷時對甜點冰沙做促銷，以提高總體銷售量。

9.7 泡泡圖（Bubble Charts）

泡泡圖如同 XY 散佈圖額外增加了一個 Z 軸，但並不是變成立體圖，而是在平面座標上用泡泡的面積來呈現資料點的大小。圖 9.35 就是此圖表的例子；其中前兩個維度 (記為 X 和 Y) 分別對應水平軸和垂直軸 (這一點和 XY 散佈圖一樣)，至於 Z 維度的數值大小則正比於圖中圓圈 (資料點) 的面積：

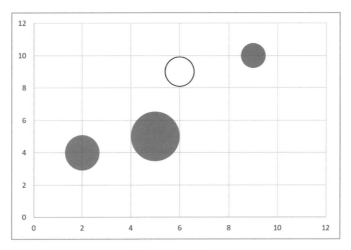

圖 9.35 泡泡圖。

這裡需強調一下：Z 維度資料是和圓圈的**面積**呈比例，而非半徑；如此一來，當兩個 Z 維數值相差兩倍時，相應資料點的大小在讀者眼中也會差兩倍。反之，如果將兩倍的差異反映在半徑上，則由於圓面積是半徑的平方倍，故資料點圓圈的面積看起來會差四倍。

在 Excel 預設裡，若 Z 維出現負值資料點，則泡泡圖中不會顯示負值的圓圈。若要顯示負值圓圈，請對圖中任一資料點按滑鼠右鍵，選擇『資料數列格式』打開同名的工作窗格，開啟『數列選項』子頁面(在工作窗格標題下方，看起來像是直方圖的小圖示)，把『顯示負值泡泡圖』的核取方塊打勾。在預設狀態下，負值圓圈的外觀為『黑邊框、無填滿』，也就是上圖中的黑色圓圈。

案例研究：房屋抵押貸款

某間銀行提供房屋抵押貸款服務。在過去，你曾記錄不同分行的貸款件數與平均規模；而現在，管理高層想知道每筆案件的表現如何。為此，你在舊表格中插入一行新資料，即信用優良的貸款筆數，同時在另一行中計算它們的百分比。圖 9.36 就是本例的資料集，你要依據其中三個維度的數據 (X、Y、Z 分別是『貸款件數』、『平均規模』與『信用優良 %』) 繪製泡泡圖：

	A	B	C	D	E	F
1	分行	貸款件數	平均規模	信用優良	信用優良%	
2	東北	22	225,632	21	95%	
3	東南	36	181,443	28	78%	
4	中央	15	77,350	13	87%	
5	市中心	8	92,161	8	100%	

圖 9.36 房屋抵押貸款的資料集。

> **NOTE** 範例檔在補充資源 Chapter09 / BubbleHomeMortgages.xlsx。

現在，請按照下列流程來操作：

1. 請先用滑鼠將 B2:C5 儲存格 (貸款件數、平均規模) 框選起來，這是泡泡圖的 X、Y 軸。然後按住 Ctrl 鍵，繼續框選 E2:E5 (信用優良 %)，這是 Z 軸，表示泡泡的面積。

2. 按『插入』功能頁次中的『建議圖表』，打開『所有圖表』子頁面，選擇『XY 散佈圖』，選倒數第二個的『泡泡圖』，按『確定』鈕 (譯註: 這裡可能出現預覽和實際圖表不同的狀況，直接忽略預覽圖即可)。

3. 對圖中任一個圓圈按滑鼠右鍵，選『新增資料標籤』。可看到 Excel 自動將『平均規模』的數值做為資料標籤放在泡泡旁邊，不過因為泡泡的大小就已經表示平均規模，因此我們後面會將此標籤改用分行名稱來表示。

4. 對任一資料標籤按滑鼠右鍵，選擇『資料標籤格式』以打開同名的工作窗格。把『標籤選項』下的『儲存格的值』核取方塊打勾，此時會跳出如圖 9.37 的『資料標籤範圍』交談窗。因為我們要用分行名稱來識別每個泡泡，因此請用滑鼠框選 A2:A5 (分行)，然後按『確定』鈕：

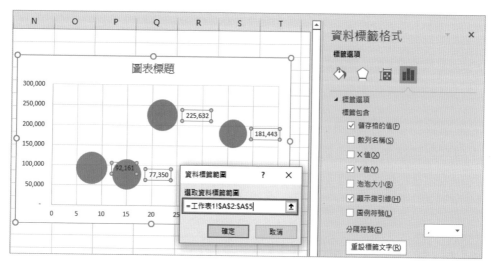

圖 9.37 將『分行』名稱加入資料標籤。

5. 接著，將『標籤選項』下的『Y 值』和『顯示指引線』核取方塊取消勾選。一併將下方的『標籤位置』改為『置中』。

6. 對圖中任一泡泡點一下滑鼠左鍵，按『格式』功能頁次中的『圖案填滿』下拉選單，將色彩改為『橙色，輔色 2，較淺 40%』。此步驟旨在讓資料標籤變得更加顯眼。

7. 選取圖表標題中的文字，輸入『房屋抵押貸款 (泡泡大小 = 信用優良比例)』，按 Enter 鍵。

8. 確定圖表處於選取狀態，按『圖表設計』功能頁次中的『新增圖表項目』下拉選單，將滑鼠移動到『座標軸標題』，選擇『主水平』。然後重複上面的步驟，將『座標軸標題』下的『主垂直』也選起來。

9. 把垂直座標軸的標題改為『平均規模』，水平座標軸標題改為『貸款件數』。最終的成果如圖 9.38 所示。

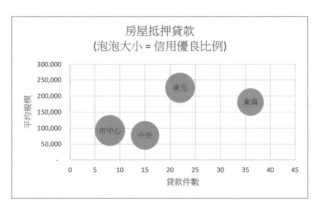

圖 9.38 各分行的貸款表現。

由上圖我們發現，雖然東南分行通過的『貸款案件』數最多，但其對應的泡泡面積卻最小，也就是『信用優良 %』偏低，代表東南分行審核貸款的嚴謹度可能有問題。

9.8 點狀圖（Dot Plot Charts）

點狀圖主要用來顯示不同類別之物件或事件的次數。以最簡單的點狀圖來說，每個點就代表一個目標物／事件。圖 9.39 記錄了不同類型鳥類被觀測到的次數，亦即，每當我們觀測到一隻鳥類時，就在其對應的類別加一個點：

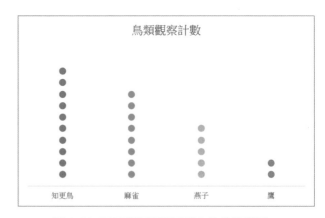

圖 9.39 不同鳥類被觀測到次數的點狀圖。

注意！繪製點狀圖時，各類別下的小點不宜過多，否則圖表看起來會太過擁擠、且點和點之間有可能會重疊。假如記錄的點實在太多了，就需要適當修正一個點所代表的物／事件次數，以減少點的數量。舉例而言，某種鳥共出現 100 次，倘若一個點代表一隻，則需畫出 100 個點；但若一個點代表 10 隻鳥，那只需畫 10 個點就能代表 100 隻了。

單張的點狀圖其實和直條圖並沒有區別。但我們可將不同時間點的點狀圖排列在一起，以觀察各類別次數資料對時間的變化 (除了時間以外，也可以比較其它變項，如：空間位置、公司的不同部門等)。

案例研究：每小時生產量

一間工廠裡的勞工按年資分成了幾個組別，分別是：小於 1 年、1 到 3 年、3 到 5 年、以及大於 5 年。你想知道的是這四個組別的勞工，每小時生產量是否有明顯差異。

> **NOTE** 範例檔在補充資源 Chapter09／DotPlotProductionOutput.xlsx。

本範例會帶讀者製作四張點狀圖，分別對應不同年資的四組勞工 (本範例的每組勞工人數各有 24 人)。由於 Excel 並沒有內建點狀圖功能，故建立此類圖表較為麻煩，除了原始資料外，還需要在工作表上另外找三個區域以存放製圖所需的中繼資料 (分別對應『類別軸虛擬數列』、『X 值』和『Y 值』)。

> **編註！** 上文中提到『類別軸虛擬數列』中的虛擬 (dummy) 意思是指將類別以數字形式來表達，例如我們可將 [男 , 女] 用 [1, 0] 表示，將 [機車 , 汽車 , 公車] 用 [1, 2, 3] 表示。

圖 9.40 是原始資料的一部分，可看到其中包含三欄數據，分別是：

- 『年資』：會區分成小於 1 年、1 到 3 年、3 到 5 年、以及大於 5 年等四組。
- 『製造單位數』：一小時製造的產品數量，例如 1 表示一小時生產 1 件產品。
- 『計數』：達成某製造單位數的勞工人數。

為了讓各位更明白原始資料的含意，這裡以圖 9.40 第 5 筆資料 (年資：< 一年、製造單位數：5、計數：4) 為例，其意義為年資小於一年的勞工中，每小時能製造 5 個產品的勞工有 4 人：

	A	B	C	D
1	年資	製造單位數	計數	
2	<1年	1	0	
3	<1年	2	2	
4	<1年	3	10	
5	<1年	4	7	
6	<1年	5	4	
7	<1年	6	1	
8	<1年	7	0	
9	<1年	8	0	
10	1-3 年	1	0	
11	1-3 年	2	0	
12	1-3 年	3	2	
13	1-3 年	4	8	
14	1-3 年	5	9	
15	1-3 年	6	5	
16	1-3 年	7	0	
17	1-3 年	8	0	
18	3-5 年	1	0	
19	3-5 年	2	0	
20	3-5 年	3	0	
21	3-5 年	4	2	
22	3-5 年	5	10	

圖 9.40 生產量的原始資料。

建立圖表所需的中繼資料

要繪製點狀圖，第一步是產生建立類別 (水平) 軸所需的虛擬數列，如圖 9.41 所示。其上面一列代表『製造單位數』，範圍從 1 件到 8 件 (因為沒有一位勞工能在一小時內生產超過 8 件產品)，因此填入 1~8。下面一列則全填 0，也就是讓它隨實際資料去變化。在範例檔中，此資料存放在儲存格 G1:N2 中：

G	H	I	J	K	L	M	N
1	2	3	4	5	6	7	8
0	0	0	0	0	0	0	0

圖 9.41 建立類別軸所需的數列，水平軸為 1~8，垂直軸則自由產生。

接下來的任務是為要製作的圖表產生 X 值和 Y 值。讓我們先處理 X 值的部分,其將用到工作表的 G5:N16 儲存格,一共 8 欄(對應類別軸的八個項目)12 列。此處的列數將決定圖表垂直軸的最大值。由於原始資料中『計數』欄的值最高只到 10,故這裡選擇任何大於 10 的數皆可;在此我們使用 12。因此,每張點狀圖都會先製作出 8 欄 12 列的中繼資料,做為繪圖之用。

現在,請在 G5 儲存格中輸入公式『=G\$1』(譯註: 在 Excel 中進行複製貼上時,會自動調整公式中儲存格的行、列代碼。上述公式的列代碼『1』前面有『\$』、行代碼『G』前面則沒有,這表示在複製貼上時,我們允許 Excel 自動調整行代碼,但列代碼需永遠維持『1』),然後按 Ctrl ＋ C 鍵複製 G5 儲存格,再用滑鼠將 G5:N16 框選起來,按 Ctrl ＋ V 鍵貼上。圖 9.42 顯示出前面的虛擬數列、以及完成後的 X 值區域:

=G\$1							
G	H	I	J	K	L	M	N
1	2	3	4	5	6	7	8
0	0	0	0	0	0	0	0
1	2	3	4	5	6	7	8
1	2	3	4	5	6	7	8
1	2	3	4	5	6	7	8
1	2	3	4	5	6	7	8
1	2	3	4	5	6	7	8
1	2	3	4	5	6	7	8
1	2	3	4	5	6	7	8
1	2	3	4	5	6	7	8
1	2	3	4	5	6	7	8
1	2	3	4	5	6	7	8
1	2	3	4	5	6	7	8
1	2	3	4	5	6	7	8

圖 9.42 最上方兩列為虛擬數列,下方則是 X 值區域。

對於我們要製作的四張點狀圖而言,X 值區域都是相同的(即 1~8),但 Y 值區域會隨著圖表而改變,下面分別說明。

我們先建立年資小於 1 年圖表的 Y 值區域。將其放在 G18:N29 儲存格。請點一下 G18，並輸入以下公式：

```
=G17+MIN(OFFSET($C$2,COLUMN()-7,0)-G17,1)
```

在此解釋一下：上式的 MIN 函數會比較『**OFFSET($C$2,COLUMN()-7,0)-G17**』與『**1**』，然後傳回最小的那個值。沒有引數的 COLUMN 函數會傳回所在儲存格的欄號；因為此處的公式位於 G 欄，故函數傳回值是『7』(G 是第 7 個英文字母)。

至於 OFFSET 函數，其用法是『OFFSET(參照儲存格 , 移動列數 , 移動欄數)』；以『**OFFSET($C$2,COLUMN()-7,0)**』為例，其參照儲存格是『**$C$2**』，移動列數為『COLUMN()-7』= 7 − 7 = 0 (代表對 C2 移動零列)，移動欄數也是 0 (即對 C2 移動零欄)；也就是說，對 G18 的公式而言，OFFSET 函數會傳回 C2 儲存格的值。現在合起來看：G17 是空白的 (相當於值 = 0)，MIN 中的值分別是 0 (此為 C2 儲存格中的數值) 和 1 取最小值為 0。故公式最終的計算結果為 G17 + 0 = 0 + 0 = 0。

請以 Ctrl + C 鍵複製儲存格 G18，再用滑鼠將 G18:N29 框選起來，按 Ctrl + V 鍵貼上，得到的成果應如圖 9.43 下方的區域所示。可看到在 Y 值區域中，隨著列數上升，儲存格會不斷累加次數，直到到達『計數』欄資料的最高值為止，然後不斷重複該最高值。例如第 4 筆資料的計數是 7，則可看到 J18:J29 會由 1 開始遞增到 7，下面就都是 7。

待會兒在畫點狀圖時，每個重複的值都會對應一個點，但由於這些點全部都會重疊在一起，故外觀上看起來就像只有一個點：

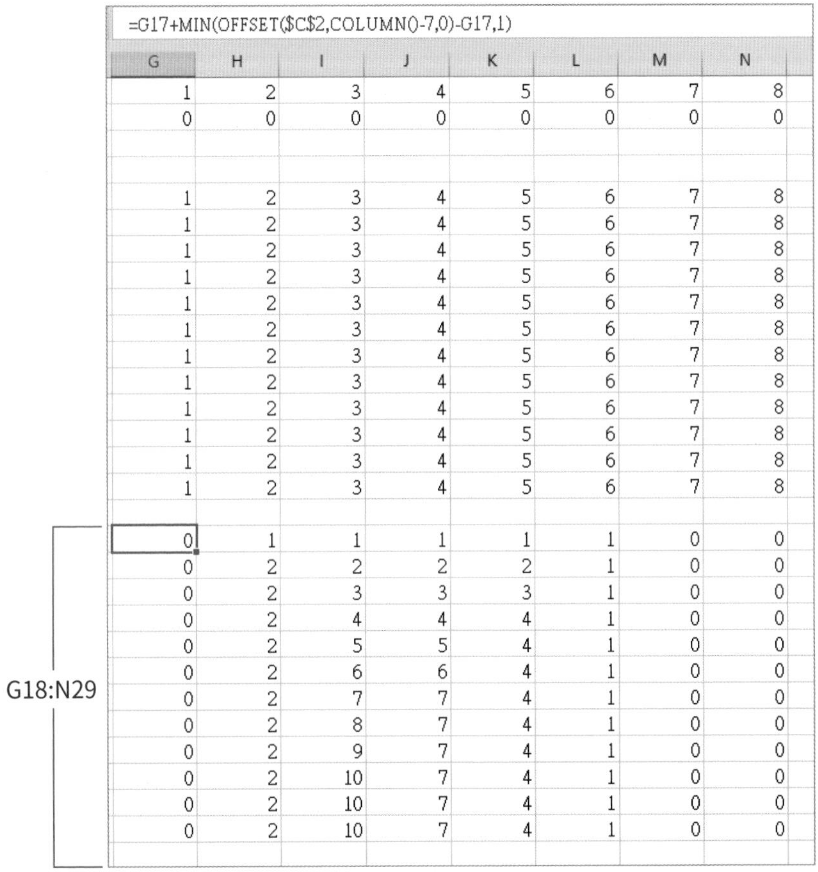

`=G17+MIN(OFFSET($C$2,COLUMN()-7,0)-G17,1)`

G	H	I	J	K	L	M	N
1	2	3	4	5	6	7	8
0	0	0	0	0	0	0	0
1	2	3	4	5	6	7	8
1	2	3	4	5	6	7	8
1	2	3	4	5	6	7	8
1	2	3	4	5	6	7	8
1	2	3	4	5	6	7	8
1	2	3	4	5	6	7	8
1	2	3	4	5	6	7	8
1	2	3	4	5	6	7	8
1	2	3	4	5	6	7	8
1	2	3	4	5	6	7	8
1	2	3	4	5	6	7	8
1	2	3	4	5	6	7	8
0	1	1	1	1	1	0	0
0	2	2	2	2	1	0	0
0	2	3	3	3	1	0	0
0	2	4	4	4	1	0	0
0	2	5	5	4	1	0	0
0	2	6	6	4	1	0	0
0	2	7	7	4	1	0	0
0	2	8	7	4	1	0	0
0	2	9	7	4	1	0	0
0	2	10	7	4	1	0	0
0	2	10	7	4	1	0	0
0	2	10	7	4	1	0	0

G18:N29

圖 9.43 最上方兩列為虛擬數列，後面跟著 X 值區域，最下方則是第一張圖的 Y 值區域。

在為其它點狀圖建立 Y 值區域以前，可以先畫出第一張圖表，以確定結果是我們想要的。這裡有個小技巧：當需繪製多張類型與格式相同的圖表時，可先畫一張並調整好格式，再利用複製貼上 (搭配一些小修改) 產生其餘圖表。

產生圖表的點狀圖

我們以年資小於 1 年的資料為例，示範製作第一張點狀圖，首先從產生資料的散佈圖開始：

1. 用滑鼠框選虛擬數列 G1:N2，按『插入』功能頁次中的『建議圖表』按鈕，選擇『群組直條圖』，按『確定』。此階段的圖表看起來應像圖 9.44 (此時只有 XY 座標軸)。

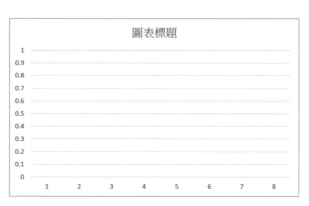

圖 9.44 利用虛擬數列產生的群組直條圖。

2. 接下來要在圖表中加入第一筆資料 (代表『一小時產生 1 件產品』的計數)。對圖表任一位置點滑鼠右鍵，按『選取資料』以打開『選取資料來源』交談窗。你會發現目前『圖例項目 (數列)』下只有一個數列 1。之後我們會陸續為 X 軸上的 8 個製造單位數各增加一個數列。

3. 按下『圖例項目 (數列)』下方的『新增』以開啟『編輯數列』交談窗，點一下『數列名稱』欄位，再點一下 G1 儲存格；『數列值』欄位則不用修改，保持『={1}』即可。按『確定』鈕關閉『編輯數列』交談窗，然後再按一次『確定』鈕關閉『選取資料來源』交談窗，所得圖表如圖 9.45 所示：

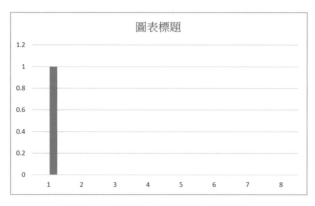

圖 9.45 新增了一個數列的直條圖。

4. 你所加入的數列預設是直條圖，我們得將其先改為 XY 散佈圖數列。
    請對產生的直條點一下滑鼠右鍵，按『變更數列圖表類型』以打開
    『變更圖表類型』交談窗，在『選擇資料數列的圖表類型和座標軸』
    區域中可找到名稱為『1』的數列(這個就是 X 軸等於 1 的數列)，
    展開其『圖表類型』下拉選單，選擇『XY 散佈圖』下的第一個選
    項(圖 9.46)，按『確定』鈕。完成後，原本的直條應該會變成位於
    高度為 1 的一個點。

圖 9.46 從直條圖改為散佈圖。

5. 對圖表任一位置點滑鼠右鍵，再次選擇『選取資料』，點選『圖例項
    目(數列)』下的『1』，按『編輯』按鈕開啟『編輯數列』交談窗，
    由於該數列變成了散佈圖數列，所以交談窗內多了一些選項。

6. 點一下『編輯數列』交談窗的『數列 X 值』欄位，並以滑鼠框選儲存格 G5:G16；接著點擊『數列 Y 值』欄位，框選 G18:G29（詳見圖 9.47）：

圖 **9.47** 設定 X 和 Y 軸的值。

7. 按『確定』鈕關閉『編輯數列』交談窗，然後再按一次『確定』鈕關閉『選取資料來源』交談窗，完成後的圖表在類別『1』的 Y = 0 位置上有一個小點，但其實是 12 個小點重疊在一起的結果：

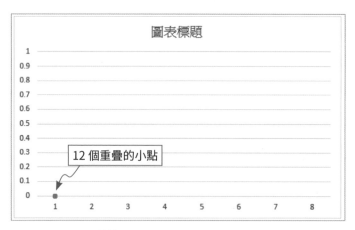

圖 **9.48** 在 X 軸等於 0，Y 軸等於 0 的位置出現一個圓點。

只要再次執行前面步驟 1 到 3，就能依序為圖表加入數列 2~8。（譯註：根據步驟 3 新增第 2 個數列時，『數列名稱』欄位請改選 H1 儲存格；後面的數列依此類推）。與之前不同的是，Excel 會自動認定你想新增的數列屬於 XY 散佈圖數列，因此步驟 4 可跳過。

我們再示範一次新增第 2 個數列的步驟 5、6，請依圖 9.48 設定『編輯數列』交談窗，如下選取儲存格：

1	2	3	4	5	6	7	8
1	2	3	4	5	6	7	8
1	2	3	4	5	6	7	8
1	2	3	4	5	6	7	8
1	2	3	4	5	6	7	8
1	2					7	8
1	2					7	8
0	1					0	0
0	2					0	0
0	2					0	0
0	2					0	0
0	2					0	0
0	2					0	0
0	2					0	0
0	2	8	7	4	1	0	0
0	2	9	7	4	1	0	0
0	2	10	7	4	1	0	0
0	2	10	7	4	1	0	0
0	2	10	7	4	1	0	0

編輯數列交談窗：

數列名稱(N)：=工作表1!$H$1　= 2
數列 X 值(X)：=工作表1!$H$5:$H$16　= 2, 2, 2, 2, 2,…
數列 Y 值(Y)：=工作表1!$H$18:$H$29　= 1, 2, 2, 2, 2,…

圖 9.49 建立第 2 個數列。

請根據前述步驟將第 3~8 個數列新增至圖表中。注意！每個數列分別對應工作表上的一欄數值，其中數列區域決定『編輯數列』交談窗的『數列名稱』欄位、X 值區域決定『數列 X 值』欄位、Y 值區域則決定『數列 Y 值』欄位。

另外，你不必每加入一個數列都關閉一次『選取資料來源』交談窗，只要不斷透過其上的『新增』按鈕新增數列即可。當八個散佈圖數列都添加完成後，所得成果應如圖 9.50 所示：

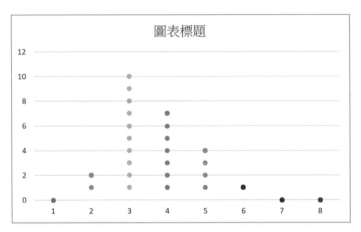

圖 9.50 所有 8 個數列皆已加入圖表中，每個數列都會自動用不同顏色區分。

完成年資小於 1 年的生產量點狀圖

現在請按下列步驟調整第一張點狀圖的格式。完成後，你就可以透過複製貼上產生其它圖表，以確保所有點狀圖的格式一致：

1.　對圖表標題點一下滑鼠左鍵，按 Delete 鍵將其刪除。

2.　對數列『1』(即水平軸『1』上方的小點)點滑鼠右鍵，選擇『資料數列格式』以打開同名的工作窗格。打開『填滿與線條』子頁面(看起來像油漆桶的小圖示)，點擊『標記』，分別展開『填滿』和『框線』兩個選項，將兩者的『色彩』都改為黑色。

3.　保持『資料數列格式』工作窗格在開啟狀態，對數列 2 (水平軸『2』上方的小點，有兩個)點一下滑鼠左鍵，然後按步驟 2 將『填滿』和『框線』皆設成黑色。重複此操作，將所有 8 個數列的色彩都改為黑色。

4.　關閉『資料數列格式』工作窗格，對垂直座標軸點一下滑鼠右鍵，選擇『座標軸格式』以打開同名工作窗格，把『最小值』改為 **1.0**，按 Enter 鍵關閉工作窗格。完成後，圖表中的數值零會被隱藏起來。

5. 點一下圖表右上角的加號以打開『圖表項目』選單，將滑鼠移動到『座標軸標題』上，右邊會出現向右箭頭，點擊該箭頭，勾選『主垂直』核取方塊，在垂直座標軸旁加入標題，如圖 9.51：

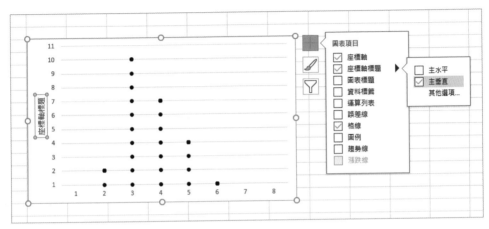

圖 9.51 添加座標軸標題。

6. 點一下新增的座標軸標題(不要直接在此輸入)，接著在 Excel 的公式列中輸入一個等號，按一下 A2 儲存格，再按 [Enter] 鍵，標題字樣就會取用儲存格 A2 的『< 1 年』。

7. 利用上方中間的縮放控點可調整圖表的高度。本範例的高度調整為『4 公分』，供各位參考(你也可以點一下圖表，選擇『格式』功能頁次，直接將最右邊的『高度』改為 4)。如此一來，年資小於 1 年的每小時生產量點狀圖就完成了：

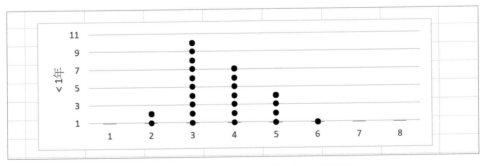

圖 9.52 格式調整好，就完成了第一張圖表。

接著複製出其他三張點狀圖

接下來要建立年資 1-3 年、3-5 年以及 5 年以上的三張點狀圖。我們要直接利用辛苦做好的第一張點狀圖，請選取該圖表並按 Ctrl + C 鍵複製，依序在第一張圖表下方的空白儲存格按 Ctrl + V 鍵貼上。再重複上面的操作兩次，以產生三張新點狀圖。

TIP 按 Ctrl + C 鍵複製圖表以後，絕對不要在該圖表仍處於選取狀態時按 Ctrl + V 鍵，否則 Excel 會在原圖上加入剛複製的數列，而非產生原圖的複本。

圖 9.53 顯示出複製後包含第一張圖表在內的四張點狀圖，此時四張圖表長得都一樣：

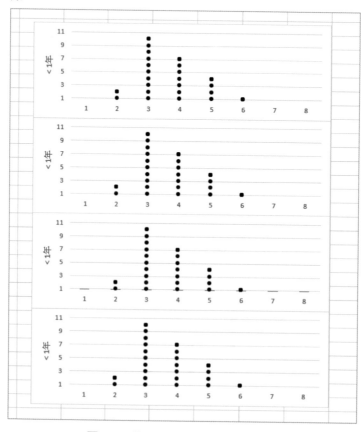

圖 9.53 將四張圖垂直排列在一起。

接下來要為剛新增的三張圖表建立各自的 Y 值區域，下面示範第二張點狀圖的做法。首先，在 G31 儲存格輸入以下公式：

```
=G30+MIN(OFFSET($C$10,COLUMN()-7,0)-G30,1)
```

複製該儲存格，用滑鼠框選 G31:N42 (共 8 欄 12 列)，按 Ctrl ＋ V 鍵貼上，就建立了第二張點狀圖的中繼資料。

第三張圖表請在 G44 儲存格輸入以下公式，並依上面的方法將 G44 儲存格複製到 G44:N55：

```
=G43+MIN(OFFSET($C$18,COLUMN()-7,0)-G43,1)
```

第四張圖表請在 G57 儲存格輸入以下公式，並依同樣方法將 G57 儲存格複製到 G57:N68：

```
=G56+MIN(OFFSET($C$26,COLUMN()-7,0)-G56,1)
```

圖 9.54 是整張工作表的一覽圖；可看到 G1:N2 是虛擬數列區域，下面跟著佔用 G5:N16 的 X 值區域 (四張圖表使用同一範圍)，第一張圖的 Y 值區域在 G18:N29、第二張 G31:N42、第三張 G44:N55、第四張 G57:N68：

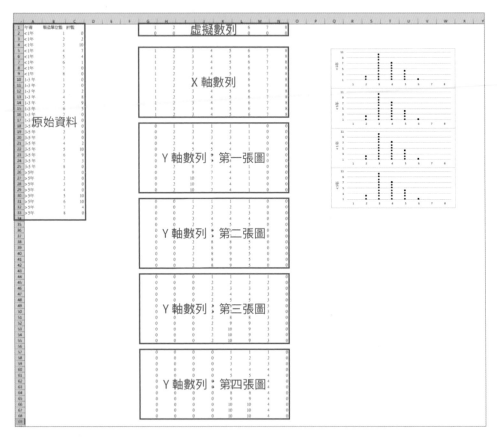

圖 9.54 整張工作表的一覽圖。由於圖縮得太小，我們在各區域用文字標示其上。

修改第二張點狀圖的數列資料

目前第二到第四張點狀圖的 Y 值數列尚未修改，接下來就要依不同年資組別做修正。

以第二張點狀圖為例，對該圖表點滑鼠右鍵，選擇『選取資料』以打開『選取資料來源』交談窗，依次點擊『圖例項目 (數列)』下的數列，然後按『編輯』以開啟『編輯數列』交談窗，將『數列 Y 值』欄位改成適當的範圍 (對第二張圖表的數列『1』對應的數列 Y 值儲存格範圍是

G31:G42，數列『2』對應的數列 Y 值儲存格範圍是 H31:H42，依此類推，即可完成 8 個數列的修正。

再來要修改第二張圖表的垂直座標軸標題，對標題點一下滑鼠左鍵，將公式列裡的公式刪除，輸入等號『＝』，按一下 A10 儲存格（即 1-3 年），按 Enter 鍵，就完成第二張年資 1-3 年每小時生產量的點狀圖：

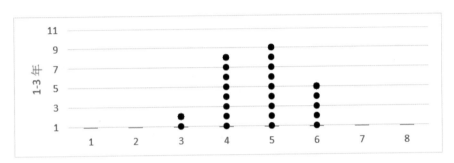

圖 **9.55** 完成第二張年資 1-3 年每小時生產量的點狀圖。

第三、四張點狀圖也做類似處理，請讀者自行練習。

為這四張點狀圖加上標題

當所有圖表都設定完成後，我們要在第一張點狀圖上方加入圖表標題。

請點一下第一張圖表，將右上角的加號打開『圖表項目』選單，將『圖表標題』核取方塊打勾，就會出現圖表標圖的空間，也因此會佔用圖表的高度，使得點狀圖受到擠壓，故請用圖表上方中間的縮放控點將高度調高以拉開點狀圖（本處的高度設為 5 公分）。最後，把標題改成『每小時製造單位數』。

四張點狀圖成品如圖 9.56 所示：

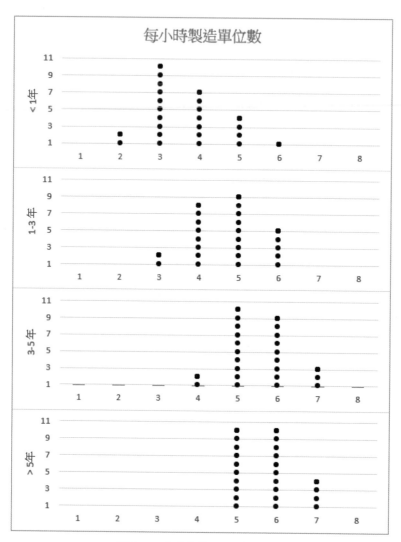

圖 9.56 完成後的四張點狀圖。

從這四張點狀圖可看出：年資小於 1 年的勞工能力差異較大，年資達 3 年的勞工的生產量有明顯增加；但對工作較久的兩個組別 (3-5 年、5 年以上) 的勞工而言，其表現就無顯著差異了。

適合呈現整體中各組成份子的圖表類型

本章內容

■ 圓形圖（圓餅圖）
■ 環圈圖
■ 鬆餅圖
■ 放射環狀圖
■ 長條圖（直方圖）
■ 矩形式樹狀結構圖（樹狀結構圖）
■ 瀑布圖

本章介紹的圖表類型適合用來呈現一個整體是由哪些組成份子構成的、主從關係、以及其累加效應。例如整體銷售額中各通路的佔比，商品生產流程中各工序包括哪些子工序等等。至於到底要選擇哪一種圖表，取決於你的資料與想強調的重點。

10.1 圓形圖 (Pie Charts)

說到呈現構成整體的各個組成份子，圓形圖是常見於報章雜誌最經典的圖表類型。在使用此類圖表時，人們很容易錯誤地加入過多資料點或者濫用立體圖，這都會導致不易閱讀或顯得雜亂；但假如設定得當，圓形圖會是有效呈現不同組成份子佔比的視覺元素。圖 10.1 就是一個例子，可看到藍色資料點的扇形面積佔了近乎一半：

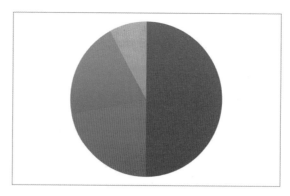

圖 10.1 包含四個資料點的圓形圖。

> **NOTE** 範例檔在補充資源 Chapter10 / Figures.xlsx。

如前所述，要讓圓形圖易於閱讀，切勿放入太多資料點，以筆者的觀點來說，六個已是上限。另外，讓最想要強調的幾個資料點落在 3 點、6 點與 9 點鐘方向附近，會是最讓人容易解讀也是最熟悉的位置，這一點對習慣看指針型鐘錶的人來說應該能體會，其相對於圓形圖的就是順時針旋轉 25%、50%、75% 的位置，有助於觀看者理解圖表。

圓形圖最大的問題之一在於資料標籤的位置不好決定。假如資料點很多、或者有些資料點佔比特別小，那就難以將對應的標籤放在其旁邊。解決方法可使用指引線或圖例，但這也會增加觀看者閱讀圖表的負擔。

在某些情況下，若資料點實在很多，或許多資料點的比例實在太小，就可將多個過小且無關緊要的資料點群組起來，變成『其它』類別。圖 10.2 呈現的兩張圓形圖，右邊那張將左圖的小資料點 (類別 D 到 I) 合併在一起：

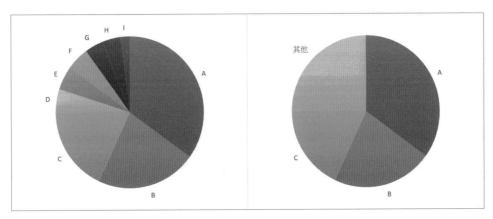

圖 10.2 可考慮將較小的資料點合併。

> 編註！ 要注意！圓形圖適合呈現比例關係，但也有侷限性，例如難以比較兩個圓形圖的相對關係。舉例來說，我們將各產品在今年與去年業績的佔比各畫成一張圓形圖，A 產品在去年圓形圖中扇形面積佔 25%、今年佔 20%，我們能說 A 產品今年業績萎縮 5% 嗎？不能！因為可能今年整體業績成長，20% 乘上營業額有可能比去年 25% 乘上營業額更高。

10.2 環圈圖 (Doughnut Charts)

如果想強調某個產品的銷售量之於全部產品的表現如何，那環圈圖也是很好的選擇。環圈圖就是中間有個洞的圓形圖，筆者認為這兩種圖在本質上並無差異，所以對它們的建議也相同，即：不要加入過多資料點、以及避免呈現佔比過小的資料點。

環圈圖中間的留白空間非常有用，只要圈內空間足夠，我們可以把圖表標題放到環圈中央，也可考慮將部分資料標籤放進圈內。此外，還可以有更多彈性的變化，例如在環圈圖中間再放入另一個圓形圖等。圖 10.3 是一張標題與部分資料標籤位於圈內的環圈圖：

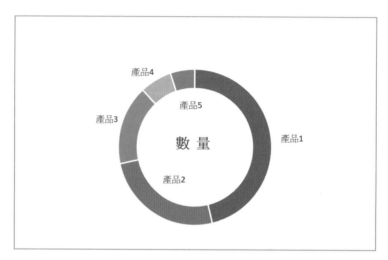

圖 10.3 環圈圖內可以放圖表標題或資料標籤。

案例研究：不同地區的銷售額

假設某公司在美國四個地區販賣產品，而我們想知道不同地區的銷售額分別佔總銷售額的比例。本例的資料如圖 10.4 所示：

	A	B	C
1	地區 ▼	銷售額 ▼	
2	北部	$ 2,942,714	
3	南部與德州	$ 1,389,021	
4	中西部	$ 1,297,839	
5	北美大平原	$ 823,275	
6			

圖 10.4 不同地區的銷售額（美元）。

> **NOTE** 範例檔在補充資源 Chapter10 / DoughnutSalesbyRegion.xlsx。

建立預設環圈圖

我們想將這些資料製作成環圈圖，請依下列步驟進行：

1. 點一下表格的任一位置，按『插入』功能頁次的『建議圖表』，開啟『插入圖表』交談窗。

2. 打開『所有圖表』子頁面，左手邊會出現一系列圖表類型，請選擇『圓形圖』。

3. 完成上一步後，右側應會出現預覽，請選擇右上角的環圈圖圖示(看起來像甜甜圈)，然後按『確定』鈕。圖 10.5 是『插入圖表』交談窗的樣子：

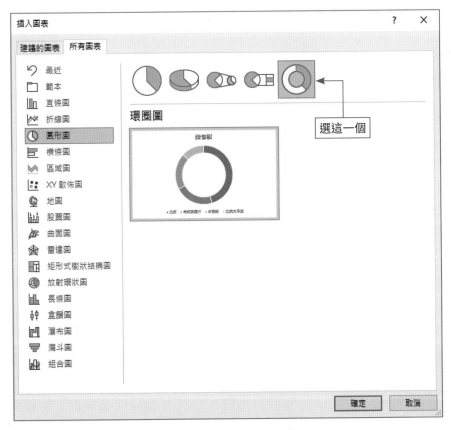

圖 10.5『插入圖表』交談窗。

4. 點選剛產生的圖表，在右上角的加號『＋』下方可以看到一個水彩筆圖示，點一下該圖示展開『圖表樣式』選單，選擇一個適合的樣式(本例用的是『樣式 5』，請參考圖 10.6)：

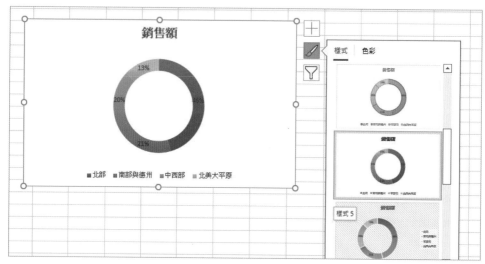

圖 **10.6** 位於圖表右側的『圖表樣式』選單。

讓環圈內顯示地區名稱

現在的區域名稱是用圖例呈現，我們希望直接將地區放進環圈中與佔比放在一起：

1. 將圖表標題改為『不同地區銷售額』。

2. 對圖例點一下左鍵，按 Delete 刪除，環形圖會稍微放大。

3. 點選環圈圖然後按滑鼠右鈕，選擇『新增資料標籤格式』右邊箭頭中的『新增資料標籤』，會在環圈圖每個部分顯示銷售額。

4. 因為我們想看到的是不同地區的佔比，因此請對圖表中任一資料標籤(即環圈上的百分比)點滑鼠右鍵，選擇『資料標籤格式』開啟同名的工作窗格。

5. 將『標籤選項』下的『類別名稱』和『百分比』核取方塊打勾，再將其它幾個核取方塊取消勾選。

6. 在此工作窗格的標題『資料標籤格式』下方有一個『文字選項』，請點它展開『文字填滿』並將『色彩』改為白色。完成後，請讓此工作窗格仍然保持開啟狀態。

7. 在資料標籤仍處於選取狀態的情況下，按『常用』功能頁次中的『粗體』鈕(位於『字型』下拉選單下方的『B』)，然後可看到環圈圖中的白色標籤文字變粗了。

8. 此時『資料標籤格式』仍在開啟狀態，請對環圈上的任一位置按左鍵，工作窗格的標題應變為『資料數列格式』(假如你的窗格因為某些原因關閉了，只要對環圈任一處點滑鼠右鍵，選擇『資料數列格式』，就能將其再開啟)。請把『環圈內徑大小』改為 35%。環圈會變得比較寬大，中央空間變小，此時可直接用滑鼠拖動各資料標籤，調整它們的位置到各環圈區段的中間。

9. 此外，你也能改變環圈上每一個區段的顏色：請先對環圈任意位置點左鍵，暫停一下，然後對你想編輯的區段再點左鍵(不要快速連點兩下；第一次點擊會選取整個環圈，第二次才會選取我們想要的區段)，按『格式』功能頁次中的『圖案填滿』下拉選單，選一個適當的色票。為了更加凸顯白色的資料標籤，我們要將底色加重，請將『北部』區段的顏色改成了『藍色，輔色 1，較深 25%』、『北美大平原』變成『標準色彩』下的『綠色』、『中西部』設為『黑色，文字 1，較淺 35%』、『南部與德州』的部分則維持不變。

圖 10.7 就是最後的成果，由此圖可清楚看出各地區銷售額對總銷售額的貢獻：

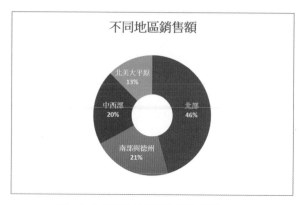

圖 10.7 四個地區銷售額的環圈圖。

10.3 鬆餅圖（Waffle Charts）

鬆餅圖是由一堆尺寸相同的小格子堆疊而成，而資料點的值則由格子的上色數量來表示，其可代表百分比亦或是實際數值。比起圓形的圖表，有些人更喜歡鬆餅圖，因為他們覺得矩形的圖形更容易進行比較。圖 10.8 便是鬆餅圖的一個例子：

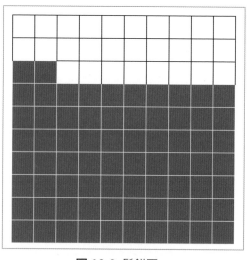

圖 10.8 鬆餅圖。

鬆餅圖最經典的用法就是呈現單一資料點在整體中所佔的百分比為何。我們由圖 10.8 可以看到其由 100 個完全相同的小方格構成 (代表 100%)，且其中 72 格有上色，表示該資料點佔 72%。

鬆餅圖除了呈現百分比，也能表示真實數值。以圖 10.9 來說，其中共有 632 個方格，每一格都代表一間連鎖零售商店；你會發現，此圖共包含三個資料點，分別對應『有販售汽油』的有 529 間、『販售汽油與柴油』的有 77 間，以及『不販售燃料』的有 26 間：

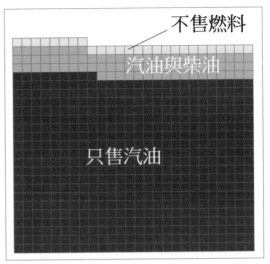

圖 10.9 依燃料販售狀況統計零售商店數量。

與第 9 章圖 9.19 堆疊直條圖類似之處在於每一段的起點不同，較難透過鬆餅圖來比較多個資料點。但要比較單一資料點與整體來說，此類圖表直接呈現真實數量，很直觀也有視覺效果。

案例研究：員工福利使用率

某公司的人資部門想視覺化看出各項員工福利的使用率如何。他們提供了如圖 10.10 的數據，其中包含員工總數、以及各福利的參與人數。比例那一欄是用各福利參與人數除以員工總人數之後四捨五入取整數而得（儲存格 C2:C6 的公式為『=ROUNDUP([@Count]/$B$6,2)』）。注意！因為每位員工可以不只使用一項福利，故百分比相加並不等於 100%：

	A	B	C	D
1	員工福利	人數	參與比例	
2	健康檢查	812	91%	
3	牙科服務	463	52%	
4	退休金福利	660	74%	
5	健身房會員	112	13%	
6	總計	896	100%	
7				

NOTE 範例檔在補充資源 Chapter10 /WaffleEmployeeBenefits.xlsx。

圖 10.10 員工福利使用率資料。

建立 100 個格子，每個佔 1%

為了方便比較，我們決定為這四種員工福利各繪製一張呈現使用率的鬆餅圖 (總共四張)，也就是每張圖皆需要用 10 欄 10 列的 100 個格子來表達 100%。現在請依下列步驟開始製作：

1. 因為我們要將四張鬆餅圖橫向排列，每張圖以 10 個格子為一列，四張圖就佔 40 格，再加上圖與圖之間的空格，也就是寬度共需要 43 格。因此先用滑鼠將欄位 E 到 AU 都框選起來，接著將滑鼠移到欄位 E 和 F 之間的分隔線上按滑鼠左鍵不放，會看到文字註解『寬度：8.43 (64 像素)』；請持續按左鍵並往左拖曳，調整欄位 E 的寬度到『寬度：2.14 (20 像素)』為止。完成後，你會發現從 E 到 AU 的所有欄位寬度都自動變成了 20 像素。

編註： 右頁 10×10 陣列代表的意思

其實我們將 E 到 N 欄的欄寬稍微拉寬一點，就會發現步驟 2~4 是從儲存格 E19 開始建出 0.01、0.02、0.03 一直到 1 的 100 個格子 (見圖 10.12，數值由左而右、由下而上。其實也可以手動輸入，只是較花時間)，每格都代表 1%。也就是說 91% (0.91) 畫在這張 10×10 矩陣上，就會佔用到 0.01~0.91 的 91 個格子：

0.91	0.92	0.93	0.94	0.95	0.96	0.97	0.98	0.99	1
0.81	0.82	0.83	0.84	0.85	0.86	0.87	0.88	0.89	0.9
0.71	0.72	0.73	0.74	0.75	0.76	0.77	0.78	0.79	0.8
0.61	0.62	0.63	0.64	0.65	0.66	0.67	0.68	0.69	0.7
0.51	0.52	0.53	0.54	0.55	0.56	0.57	0.58	0.59	0.6
0.41	0.42	0.43	0.44	0.45	0.46	0.47	0.48	0.49	0.5
0.31	0.32	0.33	0.34	0.35	0.36	0.37	0.38	0.39	0.4
0.21	0.22	0.23	0.24	0.25	0.26	0.27	0.28	0.29	0.3
0.11	0.12	0.13	0.14	0.15	0.16	0.17	0.18	0.19	0.2
0.01	0.02	0.03	0.04	0.05	0.06	0.07	0.08	0.09	0.1

圖 10.12 每個格子的預設值依序為 0.01~1，間隔為 0.01。

2. 在儲存格 E10 中輸入公式『**=ROUND(N11+0.01,2)**』。ROUND 函數的功能是四捨五入，其中『N11+0.01』是我們想進位的數值，而『2』代表『進位到小數以下第 2 位』。

3. 在儲存格 F10 輸入『**=ROUND(E10+0.01,2)**』，按 Ctrl + C 鍵複製，用滑鼠框選 G10:N10，按 Ctrl + V 鍵貼上。

4. 按 Ctrl + C 鍵將 E10:N10 複製，再選取 E11:N19，按 Ctrl + V 鍵貼上。完成後會看到一個 10×10 的陣列，如圖 10.11 所示：

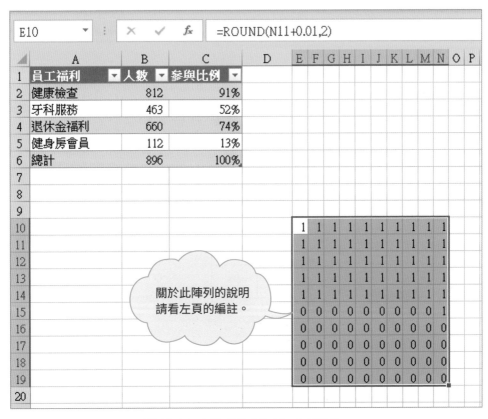

圖 10.11 由公式組成的 10×10 陣列。

建立第一張健康檢查鬆餅圖

1. 用滑鼠將 E10:N19 選取，按『常用』功能頁次中的『字型色彩』下拉選單 (字母『**A**』)，選擇『白色』。此步驟的目的是讓文字變白，以將 0.01~1 的數值隱藏。

2. 在 E10:N19 仍處於選取狀態下，按『常用』功能區的『框線』下拉選單 (在底線『U』選項的右邊、『填滿色彩』的左邊)，選擇最下方的『其他框線』開啟『設定儲存格格式』交談窗 (如圖 10.13)。先將『格式』下的『外框』和『內線』這兩項點一下，全部的格子就會有框線。接著在左邊『色彩』下拉選單選擇『標準色彩』下的『深藍』：

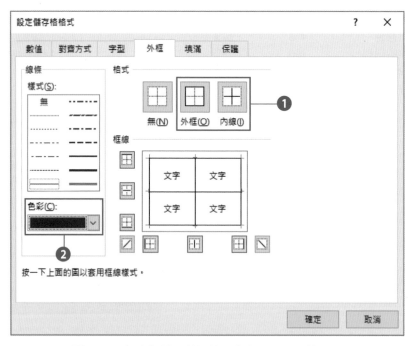

圖 10.13 加上框線，並把格子的色彩設為深藍色。

3. 確定 E10:N19 仍在選取狀態，按『常用』功能區中的『條件式格式設定』，選『新增規則』以開啟『新增格式化規則』交談窗：

圖 10.14 『新增格式化規則』交談窗。

4. 按『選取規則類型』區塊下的『只格式化包含下列的儲存格』，將位於『儲存格值』右側的下拉選單展開，選擇『小於或等於』，然後在最右側的文字方塊中輸入『=$C$2』(此張圖表要畫健康檢查這項福利的『參與比例』，即位於 C2 儲存格) 見下頁圖 10.15。

5. 按最下方的『格式』按鈕開啟『設定儲存格格式』交談窗：

(i) 展開『字型』子頁面中的『色彩』下拉選單，在『標準色彩』下選『深藍』。

(ii) 然後展開『填滿』子頁面，將『背景色彩』選為『深藍』。

(iii) 再展開『外框』子頁面，點選『左框線』和『下框線』的圖示，然後將『色彩』選為『白色』。

(iv) 按『確定』關閉『設定儲存格格式』交談窗。完成此步驟後，『新增格式化規則』交談窗應如圖 10.15；再按『確定』則會得到如圖 10.16 的圖表，也就是第一張健康檢查鬆餅圖：

圖 **10.15** 新增條件式格式規則。

	A	B	C	D	E	F	G	H	I	J	K	L	M	N	O
1	員工福利 ▾	人數 ▾	參與比例 ▾												
2	健康檢查	812	91%												
3	牙科服務	463	52%												
4	退休金福利	660	74%												
5	健身房會員	112	13%												
6	總計	896	100%												

健康檢查參與比例 91% 的鬆餅圖

圖 **10.16** 將條件式格式規則套用到指定儲存格範圍後。

> **編註!** 因為上面步驟 4 中選的是儲存格 C2 (91%)，所以圖表中 0.01~1 的 100 個格子小於等於 0.91 的都會填滿為深藍色，並將格子的左框線、下框線都設為白色。

建立第二張牙科服務鬆餅圖

1. 現在要利用第一張鬆餅圖，選取 E10:N19，按 Ctrl ＋ C 鍵複製，點選儲存格 P10 並按 Ctrl ＋ V 鍵貼上，以產生第二張鬆餅圖的原型，此時第二張圖的數值仍然是參考到儲存格 C2 的 91%。

2. 保持 P10:Y19 處於選取狀態，按『常用』功能頁次中的『條件式格式設定』下拉選單，選擇『管理規則』以開啟『設定格式化的條件規則管理員』。對著交談窗中的規則 (此時應該只有一條規則) 連點兩下滑鼠左鍵，打開『編輯格式化規則』交談窗，將最右邊文字方塊中的公式改成『=$C$3』(即牙科服務的 52%)，按『確定』鈕將所有交談窗關閉。如此一來便得到兩張鬆餅圖，如圖 10.17 所示：

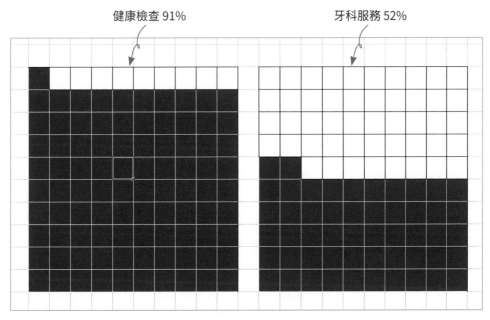

健康檢查 91%　　　　　　　　牙科服務 52%

圖 10.17 得到前兩張鬆餅圖。

建立第三、四張鬆餅圖

如同前面的方式複製儲存格 P10:Y19，分別貼到 AA10 與 AL10，成為第三與第四張鬆餅圖的原型。接著參考前面的作法，在『編輯格式化規則』交談窗中，分別將 AA10:AJ19 的格式化規則公式改成『=$C$4』(退休金福利 74%)，AL10:AU19 的改為『=$C$5』(健身房會員 13%)。

為四張圖表加上標題

現在要為每張圖表建立標題，這裡用第一張來示範。在儲存格 E21 中輸入公式『=A2』，用滑鼠選取 E21:N21，按滑鼠右鍵選『儲存格格式』打開『設定儲存格格式』交談窗 (或者按 Ctrl ＋ 1 快速鍵)：

1. 打開『字型』子頁面，『字型樣式』選『粗體』，『大小』設為 16，『色彩』再次選『深藍』。

2. 點開『對齊方式』子頁面，展開『水平』下拉選單，選擇『跨欄置中』，按『確定』鈕。如此即可為第一張圖表加上標題。

3. 重複上述步驟為後面三張鬆餅圖加上標題。第二張鬆餅圖的標題名稱取自儲存格 A3、第三張為 A4、第四張 A5。

4. 按『頁面配置』功能頁次的『對齊』下拉選單，取消『檢視格線』隱藏工作表中的所有格線。最後的四張鬆餅圖應如圖 10.18 所示：

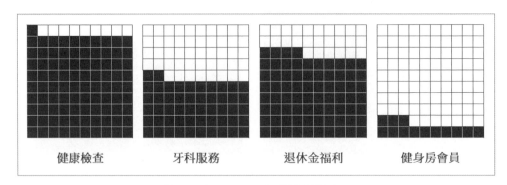

圖 10.18 四項員工福利的鬆餅圖。

由上面四張鬆餅圖，我們已經不需要去比較『參與比例』的四個數字大小了，利用此視覺化的圖表一眼就能看出四張鬆餅圖的填滿程度，其中『健身房會員』所佔格數明顯偏低。對此，人資部門即可考慮：取消該福利、積極宣傳以提升使用率、或者想辦法增加該福利的誘因。

10.4 放射環狀圖 (Sunburst Charts)

放射環狀圖是由兩個或多個同圓心的環圈圖構成。其中位於最內部的是一張標準的環圈圖，環上的區段分別代表不同類別，而每個外層環圈的區段則表示前一內環圈的子類別。當資料之間有階層關係、而你又想強調底層資料點和上層的關聯時，就可以使用放射環狀圖，如圖10.19：

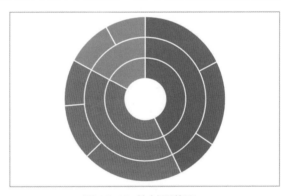

圖 **10.19** 放射環狀圖。

由於放射環狀圖的最內層就是環圈圖，故兩者在繪製時有同樣的限制，即：不要加入過多、或者數值過小的資料點。另外提醒一點，不是每個內層環圈區段（對應較高層的類別）都需要對應到外層區段（對應較低層的子類別）；以圖 10.20 為例，其中就只有一個內層區段有向外延伸出子類別，當你想著重說明階層資料的某個類別時，這種畫法特別有用：

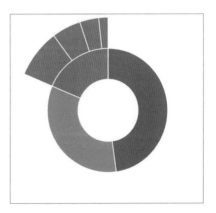

圖 **10.20** 只畫出了部分階層關係的放射環狀圖。

圖 10.21 就是圖 10.20 的來源資料集。可看到該資料集中共有三個大類別，分別是 a、b、c。類別 a 的數值為 283，類別 c 為 199。類別 b 則由四個子類別組成，分別是 bba、bbb、bbc 與 bbd。

	A	B	C	D
1	內圈	外圈	數值	
2	a		283	
3	b	bba	20	
4		bbb	50	
5		bbc	30	
6		bbd	10	
7	c		199	
8				

圖 10.21 放射環狀圖的來源資料。

在本例中，我們將屬於類別 b 的『內圈』儲存格 A4、A5、A6 留白，但你也可以在這些儲存格中重複填入『b』；要注意的是！類別標籤『b』必須出現在連續的儲存格中 (例如：A3:A6)；假如你在『c』的下方 (即圖 10.21 中的儲存格 A8) 又打了一個『b』，則 Excel 會將 A8 的 b 當成另一個資料點。

案例研究：生產流程時間分析

某工廠生產部門針對當前製造流程進行了時間動作研究 (time-motion study，譯註：對流程中的每個動作計時，以找出效率最高的工作方法，又稱為工作研究)，得到如圖 10.22 的結果：

	A	B	C	D
1	工序	子工序	細節	時間
2	預生產	採購	報價	1:00:00
3			購買	0:40:00
4		規劃		0:24:00
5	生產中	切割		0:16:00
6		研磨		0:22:00
7		去毛邊		0:08:00
8		組裝		3:14:00
9	後生產	拋光		1:12:00
10		塗裝		4:33:00
11		包裝		0:27:00
12				

圖 10.22 時間動作分析的結果。

你的任務是根據該資料繪製圖表，呈現各個子工序在大工序中所佔的比例。

NOTE 範例檔在補充資源 Chapter10 / SunburstProcessTimeStudy.xlsx。

放射環狀圖是 Excel 內建的圖表類型，因此製作起來很容易。請用滑鼠將儲存格 A1:D11 的資料選取，按『插入』功能頁次中的『建議圖表』以開啟『插入圖表』交談窗，打開『所有圖表』子頁面，選擇『放射環狀圖』，按『確定』鈕，這樣就自動完成了：

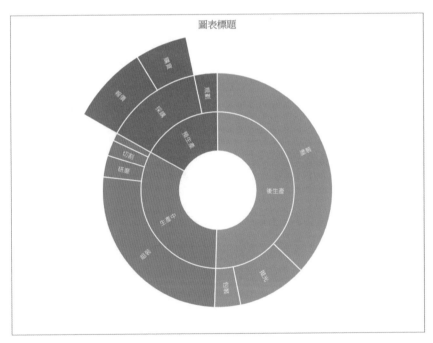

圖 10.23 Excel 產生的初始放射環狀圖。

如果圖表中某些資料標籤的字串過長，則 Excel 可能自動將其換行、甚至於直接將其省略，導致初始的放射環狀圖難以閱讀。若發生此情形，可以利用縮放控點將圖表拉大，直到絕大多數資料標籤都能正常顯示為止。

由原始資料可看出共分為工序／子工序／細節等三層，因此最內層的環圈圖是工序，中間層是每個工序的子工序，若子工序下還有細節，則會在該子工序下產生最外層。

編註：每個環圈區段的角度大小，會依照原始資料最後一欄的時間自動換算比例。例如『後生產』需時 6 小時 12 分鐘，佔全部工序 12 小時 16 分的 50.54%，乘以一圈 360 度就等於 181.96 度。同理，子工序『塗裝』需時 4 小時 33 分鐘，佔『後生產』6 小時 12 分鐘的 72.61%，乘以 181.96 度就等於 132.12 度，依此類推。

放射環狀圖的資料標籤並未提供什麼可調整的選項，我們可以更改標籤中的字串內容或格式，但卻無法移動它們的位置、或加上指引線。此外，假如覺得放射環狀圖太過複雜或在儀表板中所佔的面積過大，那麼可以考慮換一種圖表類型。

10.5 長條圖 (Histograms，直方圖)

Histograms 在統計學中一般稱為直方圖，但 Excel 繁體中文版稱為長條圖，其與 9.2 節的直條圖在中文名稱上可能容易弄混，請讀者要留意。本節是採用 Excel 的長條圖來解說。

產生長條圖時，Excel 會自動將一個連續變數按數值範圍劃分成多個間隔 (bins)，每個間隔對應一個長條，長條高度則取決於各間隔中的資料點個數。以圖 10.24 來說，Excel 把 20 個資料點依數值分成了三個間隔，其中第一間隔 (數值在 60 到 75 之間) 共有 12 個資料點、第二間隔 (75 到 90)5 個、第三間隔 (90 到 105)3 個：

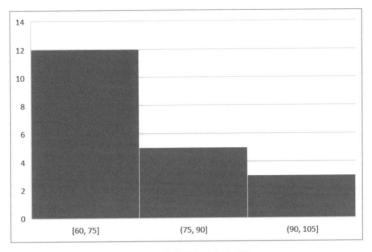

圖 10.24 長條圖（直方圖）。

在外觀上，長條圖和直條圖非常類似。但後者繪製時需要兩個變數，分別是水平軸的類別，以及垂直軸的數值。反之，長條圖只需要一個連續變數即可。

長條圖的數值（垂直）軸必為各區間內的資料點個數，這一點無法改變，但我們可藉由調整類別（水平）軸的方式來控制區間。

以本章附檔 Chapter10 / Figures.xlsx 內的長條圖為例（參考 **10.26** 工作表），請對該圖的水平軸點滑鼠右鍵，然後選擇『座標軸格式』開啟同名的工作窗格，見圖 10.25：

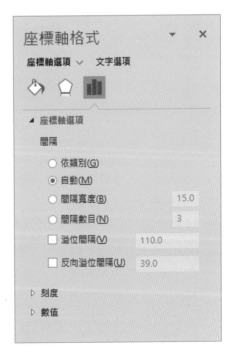

圖 10.25 長條圖類別（水平）軸的『座標軸格式』工作窗格。

下面來解釋『間隔』項目下的各選項功能為何：

■ **依類別**：Excel 預設會自動將數值資料劃分成多個間隔，並在類別軸上顯示各間隔的範圍。但假如你的資料已經手動分組了（ 譯註：這樣的資料應該有兩欄：一欄記錄數值，另一欄用來表示每個數值所屬的組別名稱；如要使用此選項，請在繪製長條圖時將兩欄資料一併框選起來），那麼可選擇此選項來使用自訂的分組。要注意的是，此時 Excel 會將相同組別的數值『加總』，而非計算資料點個數。圖 10.26 就是依類別繪製的長條圖範例：

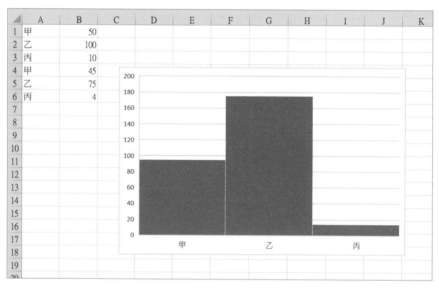

圖 10.26 將水平座標軸格式調整為『依類別』的長條圖。可以看到，
B 欄是數值，A 欄則是各數值所屬的類別名稱。

■ **自動**：此為預設選項。Excel 會根據**斯科特常態參照法則**（Scott's normal reference rule）計算每個間隔的寬度為何，以最小化每個間隔與平均之間的誤差積分，其公式如下：『3.5 乘以資料集的標準差，然後除以資料集大小的立方根』。如果不瞭解此處的數學也不用緊張，因為 Excel 會自動完成所有計算。

- **間隔寬度**：直接輸入數字來指定每個間隔的寬度，Excel 會依據實際資料以及你給的寬度自行算出間隔數目。
- **間隔數目**：直接輸入數字指定間隔的數目，Excel 再依照實際資料和你給的值自動決定間隔寬度。

上述選項的下方還有兩個核取方塊，其功能如下所述：

- **溢位間隔**：輸入一個數值，所有大於該數值的資料點都會被歸到最右側的一個間隔中，稱為溢位間隔 (overflow bin)。此選項的預設值為資料集平均加上三倍標準差。
- **反向溢位間隔**：輸入一個數值，所有小於該數值的資料點都會被歸到最左側的一個間隔中，稱為反向溢位間隔 (underflow bin)。此選項的預設值為資料集平均減去三倍標準差。

案例研究：餐廳消費金額

某餐廳經理希望提高營業額，因此想瞭解顧客上門用餐金額的分佈狀況。他提供了九月份的消費金額記錄 (圖 10.27 為部分資料)，我們打算依據此份消費資料畫一張長條圖，並依消費金額做出間隔：

	A	B
1	日期	消費金額
2	2020/9/1	30.02
3	2020/9/1	33.24
4	2020/9/1	39.43
5	2020/9/1	30.57
6	2020/9/1	36.76
7	2020/9/1	37.61
8	2020/9/1	42.60
9	2020/9/1	30.35
10	2020/9/1	35.82
11	2020/9/1	36.83
12	2020/9/1	30.86
13	2020/9/1	41.89
14	2020/9/1	34.72
15	2020/9/1	37.37
16	2020/9/1	42.64
17	2020/9/1	52.42
18	2020/9/1	54.67
19	2020/9/1	74.43
20	2020/9/1	71.61
21	2020/9/1	74.78

NOTE 範例檔在補充資源Chapter10／HistogramRestaurant.xlsx。

圖10.27 餐廳消費記錄的部分資料。

用消費金額建立預設長條圖

現在我們要將消費金額做為水平軸的間隔來繪製長條圖，請依下列指示操作：

1. 我們要將消費金額放在水平軸。用滑鼠點一下 B 欄最上端，將『消費金額』欄整個選起來，按『插入』功能頁次中的『建議圖表』，打開『插入圖表』交談窗。如前所述，製作長條圖時只需要一個連續變數（即 B 欄的『消費金額』），故 A 欄的資料不必選取。

2. 打開『插入圖表』交談窗的『所有圖表』子頁面，選擇『長條圖』，按『確定』鈕。就會產生初始圖表如圖 10.28 所示，消費金額會自動分出間隔，而高度則是各該間隔內的消費筆數（注意！筆者已將標題改為『九月份餐券消費狀況』）：

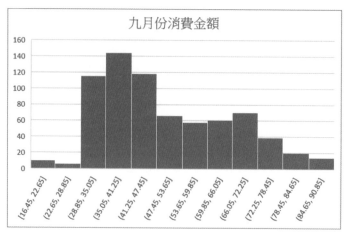

圖 10.28 餐券消費記錄的初始長條圖。

設定間隔數值

從上圖可以發現：大多數帳單的消費金額落在 28.85 到 47.45 美元之間。不過初始長條圖的間隔為 6.2 且有兩位小數，實在不太直覺，所以打算進一步修改圖表，以每 10 美元做一個間隔且只取整數：

1. 請對水平軸按右鍵，再選擇『座標軸格式』開啟同名工作窗格。

2. 請點選『間隔寬度』，並輸入 10；如此一來，每一間隔的最大值與最小值差異便是 10 美元。

3. 把『溢位間隔』選項打勾，然後輸入 80，表示將消費高於 80 美元的歸在一起，可看到圖表最右邊出現一個『> 80』的長條。接著將『反向溢位間隔』也勾起來，輸入 30，表示將消費小於等於 30 美元的也歸在一起，圖表最左邊應出現『≤ 30』的長條。調整過程中，各長條也會因應範圍的更改而變動。

4. 展開『座標軸格式』工作窗格的『數值』選項，選擇『類別』下拉選單中的『數值』，將『小數位數』一欄改為 0，按 Enter 鍵，就可將水平軸間隔改用整數呈現。完成後的長條圖應如圖 10.29 所示：

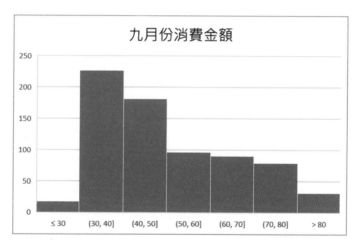

圖 10.29 自訂長條圖的間隔範圍。

譯註！ 每個長條下方的間隔標籤是數學上的區間符號，用來表示範圍。舉例而言，(30, 40) 表示『大於 30、小於 40』、[30, 40] 的意思是『大於等於 30、小於等於 40』、而 (30, 40] 則是『大於 30、小於等於 40』，依此類推。

餐廳經理在看過圖 10.29 後，瞭解到消費金額在 30~40 美元之間的最多，如果能讓這些客人的消費金額提高到 40~50 美元的間隔，右邊更高消費間隔的筆數也能往右邊移動，這樣就更好了。因此餐廳經理就可以考慮是否漲價，或者採用更好的食材來代替菜單上的低價菜品。

10.6 矩形式樹狀結構圖 (Treemap Charts)

矩形式樹狀結構圖以下簡稱樹狀結構圖，在概念上與放射環狀圖很類似，兩者都用來表達具有階層的資料，只不過後者的階層結構是以放射的方式表達(越接近中心點層次越高)，而前者則採用矩形來呈現(將一個大矩形分割成數個小矩形)。圖 10.30 就是一張樹狀結構圖：

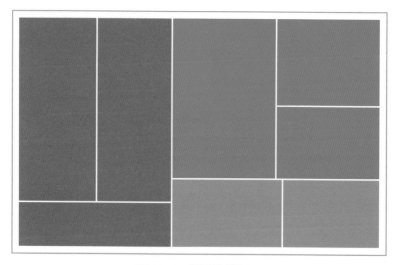

圖 10.30 樹狀結構圖。

我們可以利用此類圖表快速看出某個子資料點在所屬類別中所佔的比例為何。但若要進行子資料點之間的比較，則還是選擇起點相同的直條或橫條

圖較合適 (譯註: 這裡的『起點相同』是指『所有直條的起始值都從零開始』,故只要觀察直條高度即可比較資料大小)。

繪製樹狀結構圖所需的資料格式與放射環狀圖一樣;事實上,圖 10.30 的原始資料與圖 10.19 的相同 (請參考本章範例 Figures.xlsx 的 **10.19** 和 **10.30** 工作表)。前面提過,有些人認為矩形的圖表解讀起來比圓形的圖表容易,各位可自行比對一下上述兩張圖表,看看你是否同意這種說法。

放射環狀圖與樹狀結構圖還有另一項共通點,也就是它們的階層都可以是不完整的;換句話說:不是所有高層類別都必須有子資料點。以圖 10.31 為例,只有資料標籤為『b』的高層資料擁有下層資料點:『bba』、『bbb』、『bbc』和『bbd』(注意!圖 10.31 的原始資料即與圖 10.21 相同)。

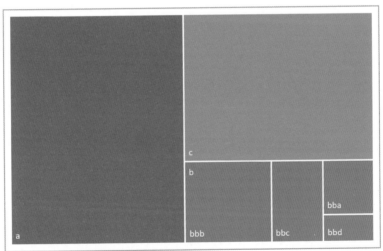

圖 10.31 階層不完整 (即有些高層資料有子資料點,有些則沒有) 的樹狀結構圖。

不過,樹狀結構圖與放射環狀圖不同的是,我們可以指定高層資料的標籤如何顯示。請對樹狀結構圖點滑鼠右鍵,選擇『資料數列格式』以開啟同名工作窗格,可以看到在『標籤選項』底下有三個項目可選:

- ■ **無**：當某資料下存在子資料時，不顯示父資料的標籤。選擇此選項時，Excel 只會展示最低層資料點的標籤。
- ■ **重疊**：此為預設選項。父資料的標籤會顯示在某一子資料點的矩形內，請參考圖 10.31，你可以同時看到父標籤『b』和所有子標籤。
- ■ **橫幅**：父資料的標籤顯示在一獨立的矩形中，且該矩形的寬度橫跨所有子資料點的矩形，就如同橫幅一樣。圖 10.32 就是選擇此選項的效果；你會發現標籤『b』自己位於一個方塊中，且位於所有子資料點的上方：

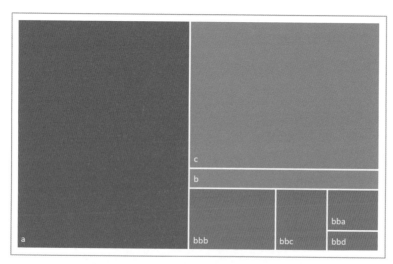

圖 10.32 使用『橫幅』選項展示資料標籤。

案例研究：各類保單投保金額

保險公司的保單就具有階層的性質，例如壽險還包括不同的子險，健康險也有多種子險可以選擇。保險公司主管想知道去年各類型保單的投保狀況，圖 10.33 是取得的相關數據：

	A	B	C	D
1	類別	型式	保單總金額	
2	健康險	高自付額	$ 2,724,127	
3		低自付額	$ 4,171,177	
4	壽險	終身	$ 5,035,135	
5		定期	$ 1,140,959	
6		萬能	$ 3,137,519	
7	失能險	長期	$ 2,107,242	
8		短期	$ 1,011,074	
9				

圖 10.33 根據類別和型式分類的保單資料。

NOTE 範例檔在補充資源Chapter10 / TreemapInsurancePolicies.xlsx。

樹狀結構圖是 Excel 內建的圖表類型，故建立起來很簡單。只要選取整個資料 (以本例而言即儲存格 A1:C8)，按『插入』功能頁次中的『建議圖表』，開啟『插入圖表』交談窗，選擇『樹狀結構圖』後按『確定』鈕。通常第一個建議的圖表就是樹狀結構圖；倘若 Excel 並未建議該類型圖表，請打開『插入圖表』交談窗『所有圖表』子頁面即可找到。

剛產生的初始圖表會包括圖例，且標題為預設的『圖表標題』。請點一下圖例，按 Delete 鍵刪除，並把標題改成『保單構成』。最終的結果如圖 10.34 所示：

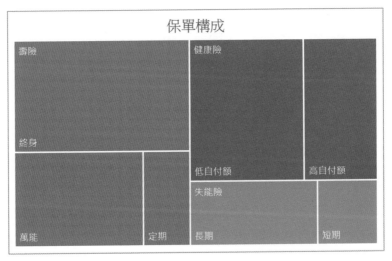

圖 10.34 各類保單的投保狀況。

樹狀結構圖可以在很小的空間中呈現出大量訊息。舉例而言，從上圖可以看出：壽險的投保金額大約佔了總保單金額的一半，且其中多半投保的是終身險。

10.7 瀑布圖（Waterfall Charts）

要呈現整體中的組成份子，瀑布圖也是一種特別有用的工具，尤其是當資料具有累加或遞減趨勢特性時。另外，雖然其它圖表類型也能通過特定方式來顯示負值，但它們在這一點上全都比不過瀑布圖。圖 10.35 就是典型範例：

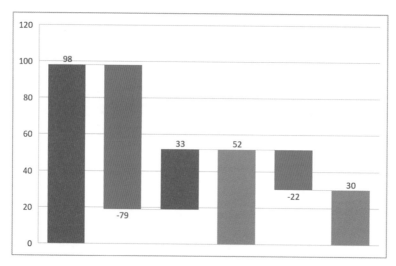

圖 10.35 瀑布圖。

瀑布圖中最左側的直條(代表第一個資料點)一般從零開始，然後根據其數值正負而向上(正值)或向下(負值)延伸。除了第一個資料點以外，你還能將其它資料點手動指定為前面直條數值的『總計』，長條起點為 0。至於未被指定的資料點直條則會『漂浮』在圖表的中間區域，成為左側資料點的延伸。

為加深理解，這裡用圖 10.35 說明：其中資料標籤為『98』、『52』和『30』的資料為『總計』(可看到對應的直條起點為 0)，『98』和『52』之間的兩個長條呈現出『98』如何變成『52』(即 98 − 79 + 33 = 52)；同理，『52』減掉『22』就變成了最後的總計『30』。

絕大多數的瀑布圖會以線段連接某資料點的起點與前一資料點的終點；以圖 10.35 中標記為『52』的資料點為例，其前一資料點『33』之間可看到兩長條之間有一條橫線相連。這些線段是自動產生輔助用，但並非必要，因為我們可以用資料標籤標示出每個資料點的數值。

瀑布圖不僅能應付方向相同的數據(即所有資料點都是正值或負值)，當資料集內同時存在正、負值時，其還能清楚呈現正、負資料點和總和之間的相對關係。下面來看兩個實例：圖 10.36 呈現銷售額從去年到今年的變化，並把去年各季度的增幅列了出來（ 譯註： 最左邊直條的 243652 是去年一開始的銷售額；經過 Q1 後，累計銷售額變成 243652 + 10415、Q2 後則是 243652 + 10415 + 8752、依此類推)：

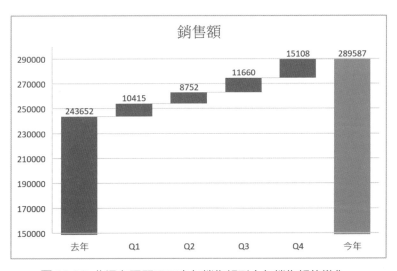

圖 10.36 此瀑布圖顯示了去年銷售額到今年銷售額的變化。

圖 10.37 的瀑布圖則展現了在整個清償貸款的過程中，本金慢慢變少的過程（ 譯註： 最左邊的資料點長條為貸款總額，其右方的每個資料點則對應每次本金下降的額度；可看到將『2』到『16』的所有資料點相加後，剛好等於之前借的『200,000』）：

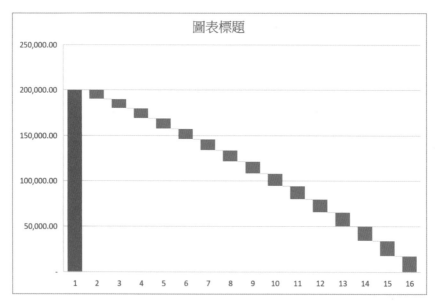

圖 10.37 此瀑布圖展示了清償貸款的全過程。

瀑布圖首次被納入內建圖表類型要回溯到 Excel 2016。在那之前，建立此類圖表需經歷相當繁瑣的流程；你必須先產生一張堆疊直條圖，然後再把某些資料點隱藏起來，以創造出讓直條『漂浮』的效果。雖然 Excel 的內建功能大大簡化了建立瀑布圖的程序，但此功能其實有些限制。

首先，內建瀑布圖最大的缺憾就是只能以直式呈現。Excel 裡沒有選項能讓我們把漂浮的直條改為橫條。此外，資料標籤沒有顯示百分比的選項；如果想用內建瀑布圖表示百分比，只能將整個資料集轉換為百分比值，此外也無法將某些資料點設為一般數值、而另一些設為百分比。

案例研究：損益表與淨收入

經過了一整年的努力，總經理要求在今年的年度財報中加上一張損益表的視覺化圖表，並希望看到整體銷售的毛利率與淨利率有多少。財務部提供的損益數據如圖 10.38 所示：

	A	B
1	營業額	28,563,421
2	銷貨成本	(17,423,687)
3	毛利	11,139,734
4	一般銷管費用	(8,283,392)
5	營業利潤	2,856,342
6	利息費用	(1,258,769)
7	雜項收入	623,487
8	淨利	2,221,060
9		

圖 10.38 損益表資料。

建立預設損益表瀑布圖

損益表很適合用瀑布圖來表達，在 4.4.1 節曾經做過，此處再做一遍。首先要弄清楚損益表中的計算公式，才會知道哪些資料點要設為階段性的小計，在此稱為『總計』：

毛利 ＝ 營業額 － 銷貨成本
營業利潤 ＝ 毛利 － 一般銷管費用
淨利 ＝ 營業利潤 － 利息費用 ＋ 雜項收入

可知毛利、營業利潤、淨利這三個資料點是由前面的資料點計算所得，因此要將這三個設為總計。接著請依下面步驟操作，先建出損益表瀑布圖：

1. 用滑鼠選取本例的資料，即儲存格 A1:B8，按『插入』功能頁次中的『建議圖表』，開啟『插入圖表』交談窗。

2. 選擇『瀑布圖』，然後按『確定』鈕。如果『瀑布圖』選項未出現在『建議的圖表』中，請點開『所有圖表』子頁面即可找到。

3. 我們現在得將代表『毛利』的資料點(圖中每個直條對應一個資料點)選起來。要選取單一資料點,請先對圖表中的任一直條點左鍵,等一會兒再點一下『毛利』的直條(總之,不要連點兩下左鍵)。完成後,會看到其它直條顏色變淡,只有『毛利』的資料點是亮的。

4. 對『毛利』直條點滑鼠右鍵,選擇『資料點格式』以開啟同名工作窗格。

5. 把『設為總計』核取方塊打勾,勾完後工作窗格不要關上,後面還要用。此時我們會發現『毛利』直條的開始位置降低到 0,且右側所有的直條也都隨著降低。如此一來,即可視覺化呈現『毛利』直條等於『營業額』直條高度減掉『銷貨成本』直條高度。

6. 同樣地,請將『營業利潤』和『淨利』資料點也設為總計。注意!如果你還處於選取單一直條的狀態、且『資料點格式』工作窗格仍保持開啟,那麼請直接點『營業利潤』或『淨利』的直條,重複步驟 5 即可,不必再重作步驟 3 和 4。圖 10.39 是到目前的結果:

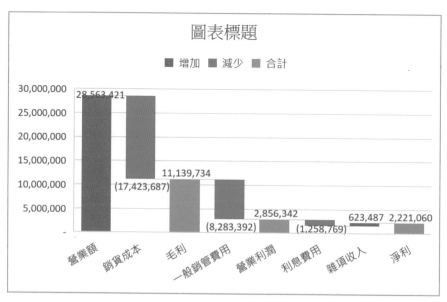

圖 10.39 已將『毛利』、『營業利潤』和『淨利』設為總計的瀑布圖。

調整座標軸與數值單位

此時已經可以看出各資料點之間是由左而右像瀑布一樣一層一層的往下遞減。目前我們對水平軸的文字排列不太滿意，也希望將金額的數值從以元為單位改為以千為單位。請依下面步驟進行：

1. 工作窗格保持開啟，並對圖表中任一個資料標籤 (就是各直條上方的數值) 點滑鼠左鍵，可看到窗格的標題變成『資料標籤格式』。接著按一下像是直條圖的小圖示 (位於『文字選項的右下方』) 展開『數值』選項，在『格式代碼』文字方塊內輸入『* #,###,;* (#,###,)』(注意！第一個『*』和『#』之間有一個空格，第二個『*』和『(』之間也有一個)，按『新增』鈕。此時資料標籤就變成以千為單位、四捨五入取整數了。

2. 因為直條上方已經顯示數值，就不需要垂直座標刻度了，對圖表中的垂直座標軸點滑鼠左鍵，按 Delete 鍵將其刪除。

3. 點擊圖例，同樣以 Delete 鍵刪除。

4. 將圖表標題改成『損益表 (單位：千)』。

5. 我們觀察圖表中的水平軸，『一般銷管費用』有 5 個字太寬了，會干擾到兩旁，因此想將其折成兩行。由於圖表資料標籤中的文字無法直接編輯，必須修改原始資料儲存格中的文字，請在 A4 儲存格點兩下左鍵以編輯其中的文字，將文字游標移到『管』和『費』中間，然後按下 Alt + Enter 鍵來換行。最終的成果見圖 10.40：

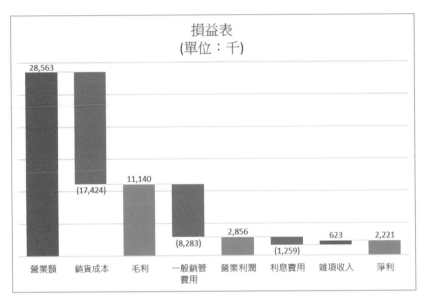

圖 10.40 完成的損益表瀑布圖。

用百分比呈現瀑布圖

以上瀑布圖中的數值為金額，我們還需要另外做一張顯示百分比的圖表。為此，你得先產生百分比數據：請在 C1 儲存格中輸入公式：『=B1/$B$1』，並用 Ctrl + C 複製該公式，再以 Ctrl + V 貼到 C2:C8。接下來，把整個 C 欄選起來，打開『常用』功能頁次，把此欄的『數值格式』改為『百分比』(預設顯示到小數點後兩位)。

要製作第二張瀑布圖，請先用滑鼠選取 A1:A8，然後按住 Ctrl 鍵不放，同時框選 C1:C8，B 欄則維持不選取狀態。接著，重複先前的步驟即可(包括：將『毛利』、『營業利潤』和『淨利』設為總計、刪除垂直座標軸和圖例等，盡可能讓第二張瀑布圖與第一張看起來相似)，圖表標題則改成『損益表(佔營業額%)』。圖 10.41 就是以百分比呈現的結果：

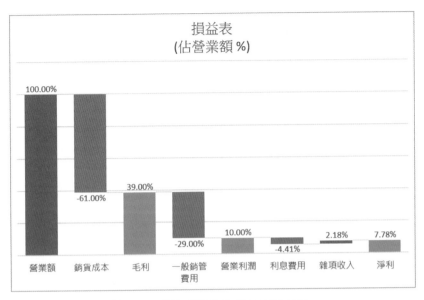

圖 10.41 顯示百分比的損益表瀑布圖。

從上圖可以看出：公司的營業額(設為 100%)減去銷貨成本(佔營業額的 61%)等於毛利(即 39%)，毛利再減去一般銷管費用(佔 29%)等於營業利潤(剩 10%)。至於最後的淨利(7.78%)則相當於營業利潤減掉利息費用(4.41%)後，再加上雜項收入(2.18%)。

MEMO

適合呈現時序性的
圖表類型

本章內容

- 折線圖
- 呈現變化量的直條圖
- 組合圖
- 顯示差值的折線圖
- 並排比較的盒鬚圖
- 動態圖表
- 圖表自動化

我們可以用圖表展示資料隨時間改變的效果，包括週期性震盪、成長或下降、以及未來趨勢等。對於有時序性的變數而言，能夠看見其變化更是意義非凡。除了繪製以時間變項為水平軸的靜態圖表以外，我們還能在其中添加一些動態元素，以增加圖表的資訊量與趣味性。

11.1 折線圖 (Line Charts)

折線圖是最常用來呈現變數隨時間變化的圖表類型，圖 11.1 即為一例。事實上，由於此類圖表與時間的關係緊密，許多人一看到折線圖就自動假定其水平軸代表時間：

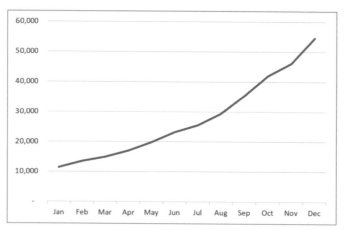

圖 11.1 折線圖。此圖看起來像是平滑曲線，實際上是由許多線段組合而成。

> **NOTE** 範例檔在補充資源 Chapter11 / Figures.xlsx。

我們在前面 9.6 節提過折線圖和 XY 散佈圖在很多地方很像，兩者皆可同時顯示資料點與線段、只顯示資料點、只顯示線段、或甚至都不顯示。對呈現時間變化的折線圖來說，其水平軸具有特定的時序 (由左至右遞增)，且軸上相鄰兩點所代表的時間間距 (如：一週、一個月、一年等) 相同。

Excel 提供了大量與折線圖相關的調整選項，可對任一折線圖中的折線點滑鼠右鍵，選擇『資料數列格式』以開啟同名的工作窗格。圖 11.2 即該工作窗格下與『線條』有關的各種選項：

此窗格中絕大多數選項的功能都很簡單明了。舉例而言，如要產生『只顯示資料點、不顯示線段』的折線圖，請先選擇右圖中的『無線條』，然後點一下『標記』(位於黑字的『線條』右側)展開『標記選項』並選擇『自動』。倘若圖表中有多條折線圖，也代表有多個數列(一條折線即代表一個數列，因為其由多個資料數值組成)，而我們想強調其中某一條，則只要把其它折線的『透明度』(可在圖 11.2 中找到)調高即可；以圖 11.3 為例(**11.3** 工作表)，較清楚的那條折線透明度為 0%(即完全不透明)，其餘兩條則是 50%(顏色變淡)：

圖 11.2 折線圖的『資料數列格式』工作窗格。

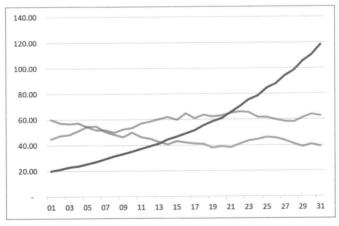

圖 11.3 利用透明度來強調或降低某數列的重要性。

折線的『端點類型』預設為『圓形』，可以將其改成『方形』或『平』，但在預設『寬度』(2.25 pt) 下，三者的差異並不明顯。除此之外，還能把折線的端點改成各式箭頭。以圖 11.4 (11.4 工作表) 來說，該折線的『寬度』為較粗的 10 pt、『開始箭頭類型』為『橢圓形箭頭』、『結束箭頭類型』則是一般的『箭頭』。利用這些選項就可以組合出各種可能性，但請務必注意！不要讓過於花俏的折線格式搶走了圖表資訊的風頭。

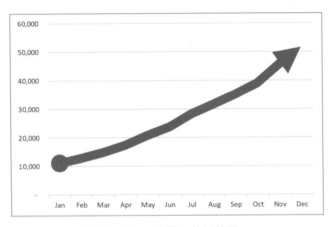

圖 11.4 端點為箭頭的折線圖。

雖然為折線設定格式很有用，但有一個功能無論如何都不應該勾選，那就是『平滑線』選項 (即圖 11.2 最下方的核取方塊)。在預設中，Excel 會以直線連接圖表內的各個資料標記，故整條折線看起來會有許多轉折點。而倘若將『平滑線』選項打勾，資料標記間的連接線將變為曲線，使得原本明顯的轉折點變成平順的圓角；儘管這麼做可以增加圖表的美觀性，但卻會犧牲掉資料顯示的準確性。

案例研究：各類產品的銷售額

某公司主要銷售五類電子產品：遊戲主機、視聽設備、智慧手機、平板電腦與個人電腦。我們的任務是把上述產品在今年前 10 個月的銷售數據畫

成圖表，之後還要利用去年的銷售額來預測今年 11、12 月的銷售額。會
計部門提供的資料如圖 11.5：

	A	B	C	D	E	F	G	H	I	J	K
1		1	2	3	4	5	6	7	8	9	10
2	遊戲主機	358,798	423,423	356,213	437,382	398,090	455,477	476,674	476,674	393,437	496,837
3	視聽設備	692,860	870,240	696,780	853,580	735,980	901,600	895,720	884,940	784,000	970,200
4	智慧手機	1,330,200	1,494,000	1,342,800	1,423,800	1,405,800	1,638,000	1,782,000	1,618,200	1,197,000	1,884,600
5	平板電腦	202,720	239,120	234,080	228,480	186,760	256,480	281,960	293,720	229,040	298,760
6	個人電腦	759,759	693,693	786,786	852,852	712,712	906,906	1,071,070	1,037,036	820,820	972,972

圖 11.5 各類產品的銷售額。

> **NOTE** 範例檔在補充資源 Chapter11 / LineProductCategorySales.xlsx。

建立預設的折線圖

最適合此例的圖表就是折線圖。由於我們很清楚該用什麼類型的圖表，故
這裡可以跳過前幾章常用的『建議圖表』，直接選擇折線圖。請先用滑鼠
選取 A1:K6 儲存格，按『插入』功能頁次中的『插入折線圖或區域圖』
下拉選單，並選擇『平面折線圖』下的第一個樣式 (圖 11.6)：

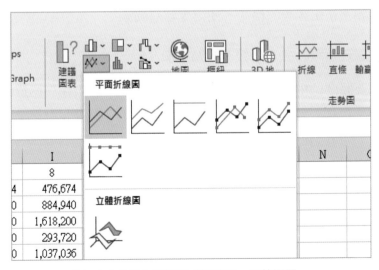

圖 11.6『插入折線圖或區域圖』下拉選單。

從 Excel 產生的初始折線圖 (圖 11.7) 可以看出:各產品的銷售額在 5~7 月有顯著成長,然後在 10 月又迎來另一次高峰:

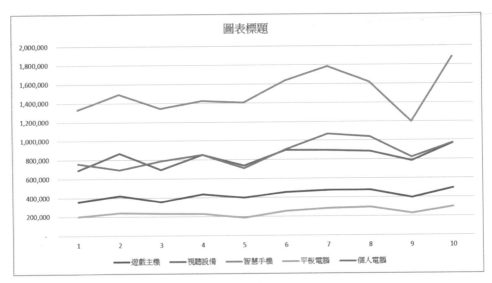

圖 11.7 初始的折線圖。

調整折線圖細節

下面要來調整初始圖表的格式,使得更容易閱讀:

1. 先把圖表標題改成『各類產品銷售額』。

2. 我們要將圖例由折線圖下方移到右邊。點一下圖表任一位置,接著點開右上角像『＋』號的『圖表項目』選單。將滑鼠移動到『圖例』上方,可看到一個向右的黑色箭頭,點一下該箭頭,將原本的『下』改為『右』(圖 11.8),然後圖例就會被移到折線圖右邊了。

3. 使用圖表的縮放控點將圖表調整至適當的大小,好讓圖例與折線的比例看起來更自然(本處的圖表『高度』為 10.95 公分、『寬度』20.32 公分,供您參考)。

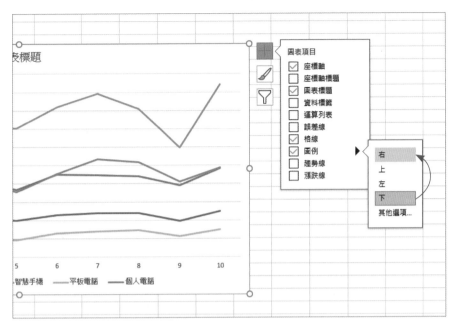

圖 11.8『圖表項目』選單。

4. 再次打開『圖表項目』選單,把『座標軸標題』選項打勾。接著, 將垂直軸的標題改為『銷售額 (美元)』、水平軸改成『月份』。圖 11.9 是完成後的樣子:

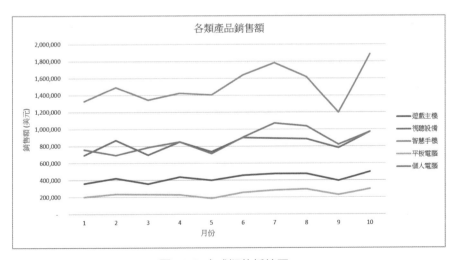

圖 11.9 完成版的折線圖。

用折線圖預測未來 2 個月的銷售額

公司高層對於這張圖表很滿意，然後他們想進一步得知 11、12 月的預估銷售額。因此，我們決定以會計部門提供的去年各月份銷售額數據為依據，在折線圖中加上對未來兩個月的預測。要完成此預測，請依循以下步驟 (見範例檔**準備預測資料**工作表)：

1. 將今年 1 到 10 月的資料標為『真實資料』，並於 L1 和 M1 儲存格中分別加上標題：11、12，因為沒有銷售實績，故下方欄位保留空白。

2. 在 A9 儲存格中輸入『預測』，準備存放 11 和 12 月份的預測銷售額，然後將 B1:M1 的標題複製到 B9:M9。

3. 在 A17 儲存格輸入『去年資料』，B17:M17 的標題和 B1:M1 相同。接著，把會計部門提供的去年銷售數據複製貼到 B18:M22。

4. 在『預測』的 K10 儲存格中輸入公式：『**=K2**』，然後按 Ctrl + C 鍵複製該儲存格，並以 Ctrl + V 鍵貼到 K11:K14，這樣便能把『真實資料』的 10 月份資料 (K2:K6) 移動到『預測』中。

5. 為產生 11、12 月的預測資料，請在 L10 儲存格輸入公式：『**=ROUND(TREND($B2:$K2,$B18:$K18,L18),-3)**』，並利用 Ctrl + C 與 Ctrl + V 鍵將該公式複製到 L10:M14。工作表應如圖 11.10：

▲	A	B	C	D	E	F	G	H	I	J	K	L	M
1	真實資料	1	2	3	4	5	6	7	8	9	10	11	12
2	遊戲主機	358,798	423,423	356,213	437,382	398,090	455,477	476,674	476,674	393,437	496,837		
3	視聽設備	692,860	870,240	696,780	853,580	735,980	901,600	895,720	884,940	784,000	970,200		
4	智慧手機	1,330,200	1,494,000	1,342,800	1,423,800	1,405,800	1,638,000	1,782,000	1,618,200	1,197,000	1,884,600		
5	平板電腦	202,720	239,120	234,080	228,480	186,760	256,480	281,960	293,720	229,040	298,760		
6	個人電腦	759,759	693,693	786,786	852,852	712,712	906,906	1,071,070	1,037,036	820,820	972,972		
7													
8													
9	預測	1	2	3	4	5	6	7	8	9	10	11	12
10	遊戲主機										496,837	613,000	611,000
11	視聽設備										970,200	1,079,000	1,116,000
12	智慧手機										1,884,600	2,416,000	2,437,000
13	平板電腦										298,760	430,000	469,000
14	個人電腦										972,972	1,211,000	1,394,000
15													
16													
17	去年資料	1	2	3	4	5	6	7	8	9	10	11	12
18	遊戲主機	427,043	323,835	332,615	364,423	310,049	420,086	442,308	394,075	411,992	554,025	873,945	868,010
19	視聽設備	807,892	490,568	640,347	723,661	484,012	773,254	868,282	782,216	615,236	1,083,079	1,598,485	1,726,670
20	智慧手機	1,261,152	833,715	1,402,796	1,259,712	1,122,077	1,530,817	1,541,689	1,550,016	1,172,621	1,933,339	3,131,096	3,171,861
21	平板電腦	207,413	164,396	203,787	161,217	130,096	228,923	207,976	245,560	187,984	288,490	480,390	539,308
22	個人電腦	918,089	545,078	565,416	589,741	516,142	811,411	840,128	900,323	797,762	967,779	1,427,540	1,783,806
23													

圖 11.10 預測折線圖的資料處理區域。

譯註： TREND 函數語法簡介

TREND（ 已知 Y 值 , 已知 X 值 , 新的 X 值 ）

其功能為：以去年 1 到 10 月的銷售額（B18:K18）為 X 值（即『已知 X 值』）、今年 1 到 10 月的銷售額（B2:K2）為 Y 值（即『已知 Y 值』）建立一個線性模型，再以去年 11 月的銷售數據（L18）做為『新的 X 值』，算出今年 11 月的預估銷售額為多少。

至於 ROUND 函數中的引數『−3』則表示『四捨五入進位到最接近 1000 的倍數』；舉例而言，『=ROUND(25400,-3)』的輸出值為『25000』，而『=ROUND(25600,-3)』的則是『26000』。

將預測值納入折線圖中

1. 現在要把預測資料加到原來的折線圖中。請用滑鼠選取『預測』數據（A9:M14），按 Ctrl + C 鍵複製。

2. 點一下圖 11.9 的折線圖，按『常用』功能頁次，並按『貼上』下方的向下箭頭，點『選擇性貼上』以開啟同名交談窗，如圖 11.11 所示：

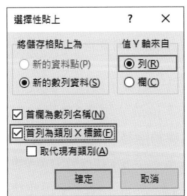

圖 11.11『選擇性貼上』交談窗。

3. 在『選擇性貼上』交談窗中，『值 Y 軸來自』的地方選擇『列』，再把『首列為類別 X 標籤』核取方塊打勾，最後按『確定』鈕。此步驟可在先前的折線圖內加入 11、12 月的新數列，結果如圖 11.12；可看到對應新數列的線段從原本的五條折線尾端延伸出去：

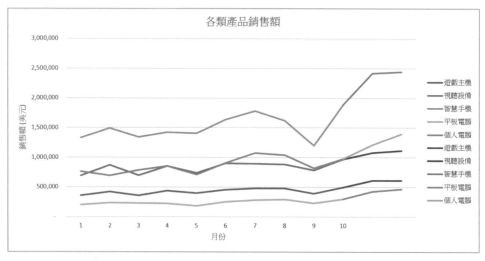

圖 11.12 新數列被添加在舊數列的尾端。

調整納入新值的折線圖

此時我們看到新折線圖的水平軸並沒有出現 11、12、圖例重覆出現、延伸的折線顏色也對不上，因此還需要再做調整：

1. 對圖表任一地方點滑鼠右鍵，選擇『選取資料』以開啟『選取資料來源』交談窗，按下位於『水平 (類別) 座標軸標籤』下方的『編輯』鈕，打開『座標軸標籤』交談窗，把『座標軸標籤範圍』後方的『$B$1:$K$1』改為『$B$1:$M$1』，也就將原本水平軸的範圍從 1~10 擴展為 1~12。如此一來，水平座標軸上就會多出 11 和 12 月的標籤。

2. 接下來要調整每個新數列的折線色彩，使之與其相連接的折線相同，並且將其線段設為虛線，方法如下：對折線圖中任一新數列的線段點一下右鍵，選擇『資料數列格式』以開啟同名工作窗格，打開『填滿與線條』子頁面 (按一下看上去像小油漆桶的圖示)，展開『色彩』下拉選單，選擇和舊折線相同的色彩 (如果你不知道舊折線的顏色為何，最簡單的方式是把新、舊線段的色彩一起換成另一個新顏色，這樣兩者必一致)。展開『虛線類型』下拉選單，選擇一個適合的虛線樣式 (本處使用『虛線 1』，即從上數來第四個選項，供您參考)。

3. 將圖例中重複的 5 個虛線項目移除。要選擇圖例區域裡的單一項目，以『遊戲主機』為例，請先對圖例點一下左鍵，暫停一會兒，然後再對『遊戲主機』點一次左鍵 (不要快速連點兩下)；選取成功後，直接按 [Delete] 鍵刪除即可。

4. 將圖表標題改成『各類產品銷售額 (虛線為預測數據)』，最後的圖表見圖 11.13：

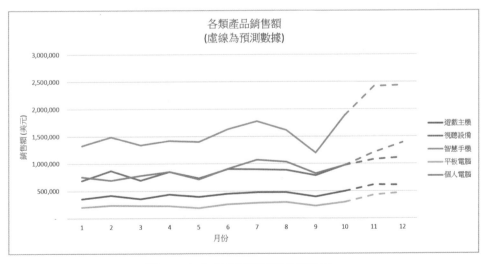

圖 11.13 包含預測銷售額的折線圖。

11.2 顯示變化量的直條圖 (Column Charts with Variances)

當每個類別下只有一個數值時，用直條圖呈現資料就非常合適，因為此類型的圖表能方便讀者比較相鄰資料點。除此之外，還能在圖中另外加入一至兩個數列讓直條之間的變化量更為視覺化，藉以達到強調的作用。圖11.14 (**11.14** 工作表) 就是在直條圖中顯示變化量的範例：

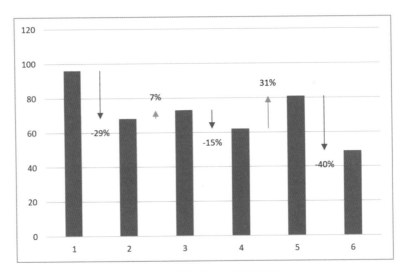

圖 11.14 顯示變化量的直條圖。

前面提到：可以加入一至兩個數列來呈現變化量。為什麼是『一至兩個』呢？這是因為其中一個數列要用來表示增加量、另一個表示減少量；如果只要呈現一種變化，那就只需多一個數列即可。為提高可讀性，我們可以用不同的箭頭、顏色、與資料標籤來標記這些數列，其中資料標籤更能展示出確切的數值或百分比。有了這些數列，我們便能精確看出改變幅度。

案例研究：每月房屋成交金額

某房地產經紀商想知道他們去年每個月的房屋成交總額為何。在這個例子中，我們不僅要找出整年的趨勢，還得呈現月與月之間的成交金額變化，我們手上的資料如圖 11.15 所示 (請注意！此處的成交金額是以千為單位，四捨五入取整數)：

	A	B
1	月份	成交金額
2	Jan	1,189
3	Feb	2,158
4	Mar	2,086
5	Apr	5,674
6	May	4,600
7	Jun	9,516
8	Jul	4,022
9	Aug	3,927
10	Sep	5,790
11	Oct	2,934
12	Nov	3,077
13	Dec	1,730
14		

圖 11.15 每月房屋成交金額數據 (單位：千)。

> **NOTE** 範例檔在補充資源 Chapter11／ColumnHousesSoldbyMonth.xlsx。

建立增加與減少數列

我們打算畫一張顯示變化量的直條圖，因此要先準備『增加』和『減少』數列的資料，步驟如下：

1. 在 C2 儲存格中輸入公式：『**=B3-B2**』，然後用 Ctrl + C 鍵複製該儲存格，用滑鼠框選 C3:C12，按 Ctrl + V 鍵貼上。

2. 請在 E2 儲存格中輸入『**=MONTH(A2)+0.5**』，並以 Ctrl + C 和 Ctrl + V 鍵將此公式複製貼上一路從 E3 到 E12，此為新數列的水平軸座標。MONTH 函數會傳回指定儲存格中月份的數值 (如：『Jan』就傳回『1』)，加上 0.5 的目的則是希望變化量資料點出現在兩個月份之間。請注意！此欄的資料格式需為數值、小數點 1 位。

3. 在 F1 和 G1 儲存格分別輸入『增加』和『減少』做為欄標題。

4. 請在 F2 中輸入『=IF(C2>0,B3,NA())』，此公式的意思是：如果『C2>0』成立，就顯示 B3 儲存格的數值，否則顯示『#N/A』錯誤（該錯誤是 NA 函數的回傳值，不會被 Excel 畫在圖表中）。接著和之前一樣，複製 F2 儲存格，再貼至 F3:F12，此即『增加』數列的垂直座標值。

5. 在 G2 儲存格請輸入公式『=IF(C2<0,B3,NA())』，並複製貼上到 G3:G12，此為『減少』數列的垂直座標值。注意！之所有把『增加』和『減少』數列分開，是因為之後要對兩者套用不同的格式。

6. 用滑鼠選取 F2:G12 儲存格，按 Ctrl ＋ 1 快速鍵打開『設定儲存格格式』交談窗，點選左側『類別』區塊中的『自訂』，在右邊『類型』下方的文字方塊中輸入格式代碼『#,###,』。此處的第一個逗號是為了區隔百萬和十萬位數，第二個逗號則是在告訴 Excel：不要顯示任何小於千位的數字。完成上述所有步驟後，結果應如圖 11.16：

	A	B	C	D	E	F	G	H
1	月份	成交金額				增加	減少	
2	Jan	1,189	969,715		1.5	2,158	#N/A	
3	Feb	2,158	(72,011)		2.5	#N/A	2,086	
4	Mar	2,086	3,587,245		3.5	5,674	#N/A	
5	Apr	5,674	(1,073,938)		4.5	#N/A	4,600	
6	May	4,600	4,916,113		5.5	9,516	#N/A	
7	Jun	9,516	(5,493,880)		6.5	#N/A	4,022	
8	Jul	4,022	(95,372)		7.5	#N/A	3,927	
9	Aug	3,927	1,862,907		8.5	5,790	#N/A	
10	Sep	5,790	(2,855,295)		9.5	#N/A	2,934	
11	Oct	2,934	142,914		10.5	3,077	#N/A	
12	Nov	3,077	(1,347,269)		11.5	#N/A	1,730	
13	Dec	1,730						
14								

圖 11.16 產生『增加』與『減少』數列的資料。

建立預設的直條圖

直條圖變化量的資料已準備好，現在可以來製作了。請用滑鼠選取 A1:B13 儲存格，按『插入』功能頁次中的『建議圖表』以開啟『插入圖表』交談窗，選擇『群組直條圖』，最後按『確定』鈕即可。

而在插入變化量資料以前，讓我們先來調整圖表的格式。首先，對水平軸連點兩下滑鼠左鍵以開啟『座標軸格式』工作窗格，展開最下方的『數值』選項，確定目前的『格式代碼』為『mmm』(表示月份用三個英文字母表示)；若否，請在『格式代碼』下方的文字方塊中輸入『mmm』，然後按『新增』鈕。接著以相同方式確定垂直座標軸的『格式代碼』為『#,###,』，請各位自行嘗試。完成後，請將圖表標題改為『房屋成交金額(單位：千)』，到此的結果如圖 11.17：

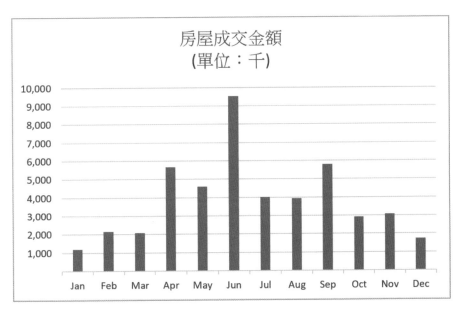

圖 11.17 房屋成交金額的群組直條圖。

將變化量加入直條圖

接下來請按下面步驟在上圖中加入『增加』與『減少』數列的資料：

1. 用滑鼠選取 E1:G12 儲存格，按 Ctrl + C 鍵複製。

2. 對圖 11.17 直條圖的任一位置點滑鼠左鍵，按『常用』功能頁次，在『貼上』下拉選單按『選擇性貼上』以開啟同名交談窗，將『首欄為類別 X 標籤』打勾 (圖 11.18)，按『確定』鈕後預設新加入的數列會和舊數列一樣，以直條的方式顯示 (圖 11.19)：

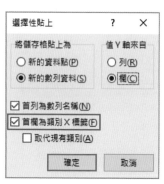

圖 11.18 圖表的『選擇性貼上』交談窗。

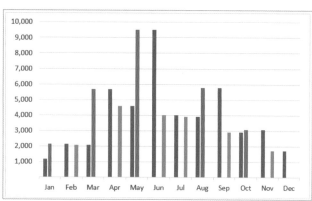

圖 11.19 變化量預設也畫成直條圖。

3. 這樣會讓圖表變得混亂，因此我們要將新數列的類型改成散佈圖。請對圖中任一直條點右鍵，點選『變更數列圖表類型』以開啟『變更圖表類型』交談窗。在最下方『選擇資料數列的圖表類型和座標軸』區域展開『增加』和『減少』數列的『圖表類型』下拉選單，選『XY 散佈圖』下的第一個選項，並將『增加』和『減少』數列後方的『副座標軸』核取方塊取消勾選，按『確定』鈕完成此步驟。『變更圖表類型』交談窗的設定請參考圖 11.20：

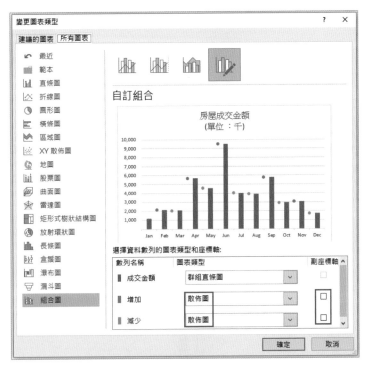

圖 11.20『變更圖表類型』交談窗。

完成以上步驟後，圖表會變成如圖 11.21。可以看到，新數列的資料點位於舊直條之間，且『增加』和『減少』數列的顏色不同。此外，圖中每個小點的高度(代表 Y 座標值)都與其右側相鄰的直條相同：

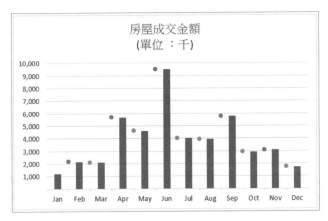

圖 11.21 在直條圖中加入兩變化量數列的結果。

將增加與減少改用誤差線呈現

現在,我們要利用『誤差線』、『色彩』、『箭頭』與『資料標籤』等選項完成對變化量數列的格式設定,請依下列步驟操作:

1. 請對圖表中對應『增加』數列的任一資料點按滑鼠左鍵,圖表右上角會出現如『＋』號的『圖表項目』選單,請展開選單將『誤差線』核取方塊打勾,此動作會同時加入 Y 誤差線(垂直)與 X 誤差線(水平),如圖 11.22 所示:

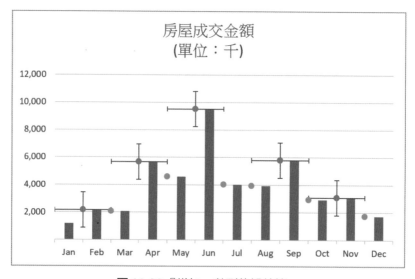

圖 11.22 『增加』數列的誤差線。

2. 對圖中任一水平的 X 誤差線點滑鼠左鍵,然後直接按 Delete 鍵刪除,只留下垂直誤差線。

> **TIP** 如果覺得誤差線太細了,很難用滑鼠選到,也可以對圖表任一空白處點滑鼠右鍵,在滑鼠選單上方會出現一個圖表工具區,其中有『填滿』、『外框』、以及一個顯示『圖表區』的下拉選單。請展開該下拉選單,並選擇『數列 "增加" X 誤差線』,即可選取 X 誤差線。

3. 對任一條垂直誤差線點右鍵，選擇『誤差線格式』以開啟同名的工作窗格。

4. 將『終點樣式』選『無端點』。

5. 點選『誤差量』底下的『自訂』，並按下『指定值』按鈕打開『自訂誤差線』交談窗。把『正錯誤值』的部分改成『={0}』，『負錯誤值』欄位則請選取 C2:C12 儲存格，整個設定請參考圖 11.23。完成後，點『確定』鈕以套用設定：

圖 11.23『自訂誤差線』交談窗。

TIP 在『自訂誤差線』交談窗中，所有數值要以特定的方式輸入。以特定數字來說(例如：本例的『正錯誤值』為數字『0』)，該數字必須放在大括號裡面。而倘若要指定某儲存格範圍(如：本例的『負錯誤值』)，請先將欄位中原本的文字刪除，打一個等號，然後再以滑鼠選取想要的範圍。

---

6. 打開『誤差線格式』的『填滿與線條』子頁面(按一下上方的『小油漆桶』圖示)，展開『色彩』下拉選單，選擇『綠色，輔色 6，較深 25%』。『寬度』部分請改成 1.25 pt。這裡的顏色與寬度值僅供各位參考，可依據喜好自行設定合適的值。

7. 展開『開始箭頭類型』下拉選單，選擇『箭頭』選項(上方列的第二個項目)。

8. 對工作表上任一儲存格點滑鼠左鍵，取消選取直條圖。可發現在目前圖表的誤差線上方有個小點，這是『增加』數列的資料標記，此時已無用處可將其刪除。請對圖中任一誤差線上方的小點連按兩下左鍵，以開啟『資料數列格式』工作窗格，打開『填滿與線條』子頁面(按上方的『小油漆桶』圖示)，按一下黑色字體的『標記』，然後展開『標記選項』，選擇『無』。圖 11.24 就是設定完成後的『增加』數列，會用綠色向上箭頭呈現：

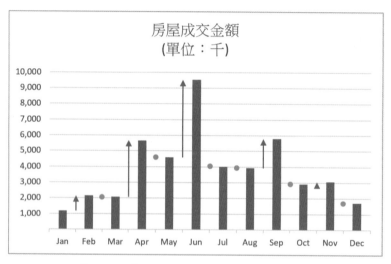

圖 11.24 『增加』數列的格式設定已完成。

請讀者自行對圖中的『減少』數列進行相同操作(參考上面的步驟 1 到 8)，不過『色彩』部分不要與『增加』重複(本處使用『橙色，輔色 2，較深 25%』，供您參考)。注意！『減少』數列的『自訂誤差線』交談窗設定與『增加』數列完全一致，兩者都只用『負錯誤值』。此外，誤差線箭頭方向會自動依指定範圍(儲存格 C2:C12)中的數值正負號而定，故『減少』數列也是選擇『開始箭頭類型』，而非『結束箭頭類型』。圖 11.25 是兩個變化量數列皆完成格式調整後的結果：

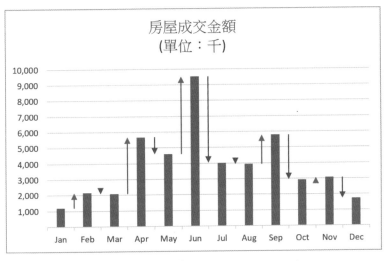

圖 11.25 兩個變化量數列皆已完成格式設定。

將變化量用直條圖的資料標籤呈現

最後一步是將增加與減少的變化量用資料標籤的形式呈現，步驟如下：

1. 請在圖表左上角的任一空白處點右鍵，應該會看到一個寫著『圖表區』的下拉選單。展開該選單，並選擇『數列"增加"』，如圖 11.26。

2. 圖表最右上角有個『＋』號的『圖表項目』選單，請點開該選單，將滑鼠移動到『資料標籤』項目上，右側會出現一個向右的黑色箭頭，請點此箭頭選擇『上』。

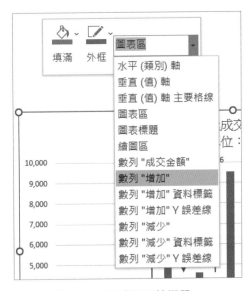

圖 11.26 圖表區下拉選單。

3. 對任一資料標籤點右鍵，並選擇『資料標籤格式』以開啟同名的工作窗格。

4. 將『標籤選項』下方之『儲存格的值』核取方塊打勾，按右側『選取範圍』打開『資料標籤範圍』交談窗。請用滑鼠選取 C2:C12，接著按『確定』鈕。完成後，把『標籤選項』下所有其它的核取方塊取消勾選。

5. 確定『增加』數列的資料標籤仍處於選取狀態 (若否，只要點選圖表中任一資料標籤即可)，按『常用』功能頁次的『字型色彩』下拉選單，選擇『綠色，輔色 6，較深 50%』。

接著對『減少』數列重複上述步驟 1 到 5，以加入對應資料標籤，這部份就留給各位自行練習。不過請注意以下兩處不同：第 2 步的『上』請改成『下』(資料標籤會出現在向下箭頭的底部)，第 5 步的『字型色彩』則選『橙色，輔色 2，較深 25%』。另外，為避免資料標籤與直條重疊在一起，請利用縮放控點將圖表拉大，完成的圖表如圖 11.27 所示：

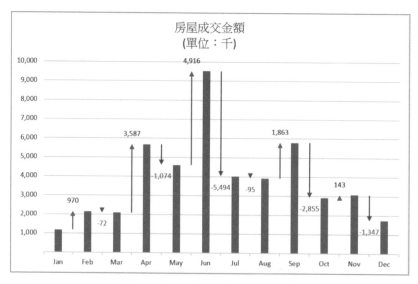

圖 11.27 顯示變化量的直條圖完成版。

11.3 組合圖 (Combination Charts)

組合圖就是將不同圖表類型結合在一起的圖表。最常見的例子是直條圖加上折線圖,如圖 11.28 (Figures.xlsx 的 **11.28** 工作表) 所示 (當然這並非唯一的組合方式):

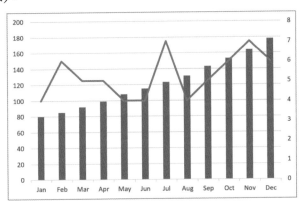

圖 11.28 包含直條與折線的組合圖。
注意!左側的垂直座標軸對應直條資料,右側的垂直座標軸則對應折線資料。

假設有兩組彼此相關、但刻度不同的資料,而我們要將它們對同一連續變數 (例如:時間) 作圖,此時組合圖就是理想的圖表類型。圖 11.29 (**11.29** 工作表) 的來源資料與圖 11.28 完全相同,只不過圖 11.29 是用兩條折線來呈現,而圖 11.28 則是用直條+折線:

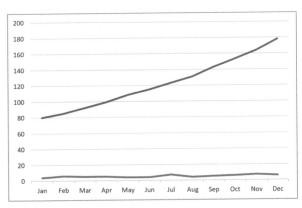

圖 11.29 兩組相關但尺度不同的資料。

在圖 11.29 中可看出兩組數列值的範圍差距過大，使得其中一條折線幾乎平貼在圖表底部，這是因為兩數列共用相同垂直座標軸的緣故。反之，組合圖可以加入『副座標軸』(也就是說，圖表內會有兩個垂直軸，分別對應不同的數列)，這能讓數據間的關係更加顯而易見。

當然，組合圖中的資料不一定要是不同圖表類型；舉例而言，我們也可以在一張組合圖中放兩條折線，且兩條線所對應的垂直座標軸不同 (譯註： 根據作者的意思，組合圖中『組合』的意思**並非**結合不同圖表類型，而是『將原本垂直軸不同的兩張圖表畫到同一張圖中』，也因此結合後的圖會有兩條垂直軸，一般稱為『主座標軸』與『副座標軸』)。不過，使用不同類型的圖表更能強調『圖中資料尺度不同』的事實，如果只是畫兩條折線，人們較難區分哪個垂直軸對應哪條折線。

案例研究：運費收入 vs. 哩程數

某貨運公司的經營層想瞭解：九月份的營收低於預期是什麼原因造成的？此公司的收費方式是以哩程數計價，所以我們取得整年每個月運費收入與哩程數的資料 (如圖 11.30)，也確實發現九月的哩程數並非最低，但營收卻是最少：

	A	B	C
1	月份	收入	哩程數
2	Jan	1,148,166	2,870
3	Feb	1,222,498	3,056
4	Mar	1,443,301	2,406
5	Apr	1,139,507	1,899
6	May	1,125,367	1,876
7	Jun	1,135,223	1,892
8	Jul	1,171,817	2,930
9	Aug	1,402,942	2,806
10	Sep	817,955	2,363
11	Oct	1,243,113	3,108
12	Nov	1,202,512	3,006
13	Dec	1,200,681	2,001
14			

NOTE 範例檔在補充資源 Chapter11 / CombinationFreight.xlsx。

圖 11.30 每個月的運費收入與哩程數。

建立預設的組合圖

我們決定將收入資料畫成直條圖、哩程數畫成折線圖。要產生組合圖,請依以下方式操作:

1. 用滑鼠將 A1:C13 儲存格全部選取。

2. 按『插入』功能頁次中的『建議圖表』,開啟『插入圖表』交談窗。

3. 點開『所有圖表』子頁面,並選擇最下方的『組合圖』。

4. 因為我們要讓收入做為左側的主座標軸,讓哩程數做為右側的副座標軸,因此按『哩程數』的『圖表類型』下拉選單,選擇『折線圖』下的第一個選項,再將其『副座標軸』核取方塊打勾,設定請參考圖 11.31:

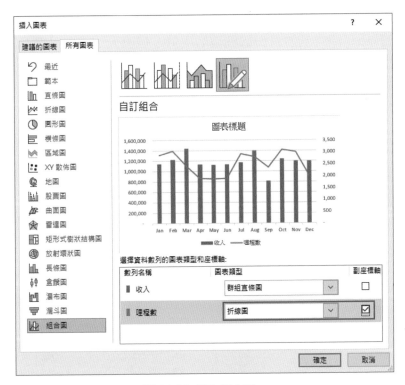

圖 11.31 插入組合圖。

這樣就得到了第一張組合圖,請見圖 11.32:

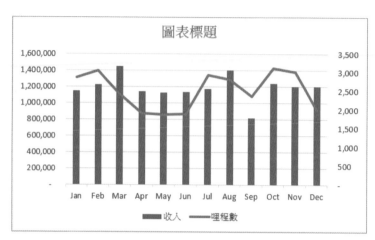

圖 11.32 水平軸是月份、左垂直軸是收入、右垂直軸是哩程數。

從圖表中可以看出:雖然九月份的哩程數確實有下降,但並不足以解釋營收減少的原因(四月到六月份的哩程數更低,但收入卻較九月高),顯然還有些因素沒有考慮進來。

將新資料加入組合圖中

經過更深入的追查得知以下事實:當公司的貨車從送貨地點返回時,貨運部門會盡可能再給司機安排一些工作;但有時會空車返回,這趟哩程就完全沒有收入,稱為『無收入哩程』。因此調出這段期間內『無收入哩程』的記錄,並加到資料集中,如圖 11.33 所示:

	A	B	C	D
1	月份	收入	哩程數	無收入哩程數
2	Jan	1,148,166	2,870	344
3	Feb	1,222,498	3,056	458
4	Mar	1,443,301	2,406	361
5	Apr	1,139,507	1,899	285
6	May	1,125,367	1,876	281
7	Jun	1,135,223	1,892	208
8	Jul	1,171,817	2,930	440
9	Aug	1,402,942	2,806	281
10	Sep	817,955	2,363	912
11	Oct	1,243,113	3,108	466
12	Nov	1,202,512	3,006	421
13	Dec	1,200,681	2,001	300

圖 11.33 加入『無收入哩程』的資料。

現在要把『無收入哩程』的資料加到第一張組合圖中，步驟如下：

1. 用滑鼠選取儲存格 D1:D13，按 Ctrl + C 鍵複製。

2. 點選組合圖，按『常用』功能頁次，打開『貼上』下拉選單，按『選擇性貼上』以開啟同名交談窗。

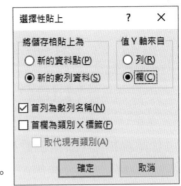

3. 按照圖 11.34 設定，然後按『確定』鈕：

圖 **11.34**『選擇性貼上』交談窗。

4. 為了方便觀察，我們將左側垂直軸 (對應『收入』資料) 的顯示單位換成千位：方法是：對目標垂直軸連點兩下左鍵開啟『座標軸格式』工作窗格，展開最下方的『數值』選項，在『格式代碼』欄位輸入『#,###,』，按『新增』鈕。然後將圖表標題改為『運費收入與哩程對照』，結果請見圖 11.35：

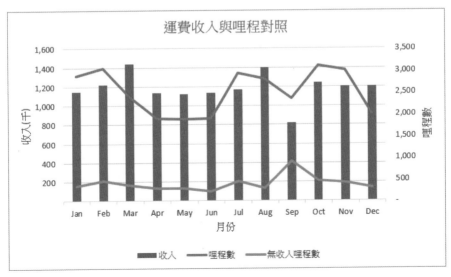

圖 **11.35** 完成版的組合圖。

由上圖可發現到，九月份的『無收入哩程』特別高，表示返程的空車哩程數太多，這應該就是該月營收不如預期的原因了。當然，爾後如果又發現其他證據時，也都可以再納入考量。

11.4 顯示差值的折線圖（Line Charts with Differences）

包含兩條折線（即兩個數列）的折線圖，最適合用來呈現兩個變數隨時間交互變化的趨勢。我們可以為圖表加上誤差線，以強調兩數列中相應資料點之間的差值，請參考圖 11.36（Figures.xlsx 的 **11.36** 工作表）：

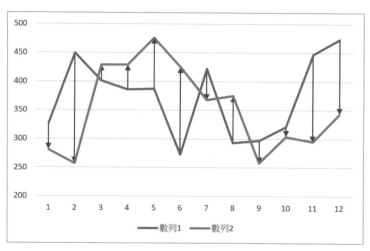

圖 11.36 顯示差值的折線圖。

當圖中的兩條折線有多處交叉時，顯示資料點之間的差值特別有意義，其不僅能協助我們解釋變化，還能讓趨勢更容易顯現。此外，適當地在誤差線上添加箭頭與顏色，還能進一步增加可讀性。由於此類圖表的重點在於呈現變化，而非絕對數值，故顯示差值的折線圖是少數垂直軸座標不必從零開始的圖表類型。

案例研究：比較兩個季度的營業額

某公司的經營層每週都會檢視營業額資料。由於產業在最近一段時間的不確定因素升高，故他們要求製作一張本季度與上一季營收數據的比較圖表。為此，我們彙整了兩季中各週的營業額資料，如圖 11.37 所示：

▲	A	B	C	D
1	週數	本季度	上一季	
2	1	74,566	80,002	
3	2	86,757	60,297	
4	3	70,094	94,183	
5	4	63,981	89,258	
6	5	64,864	91,952	
7	6	86,785	65,059	
8	7	82,070	93,887	
9	8	80,562	63,835	
10	9	65,534	86,495	
11	10	79,804	87,185	
12	11	73,758	86,042	
13	12	60,093	81,079	
14	13	76,976	97,327	
15				

> **NOTE** 範例檔在補充資源 Chapter11 / WeeklyRevenueComparison.xlsx。

圖 11.37 每週營業額數據。

建立預設的折線圖

我們要將兩季的營業額做成兩條折線圖，如此可以直接對比。第一步是插入折線圖，方法很簡單：先用滑鼠選取 A1:C14 儲存格，按『插入』功能頁次中的『建議圖表』，打開『插入圖表』交談窗，選擇『建議的圖表』子頁面下的『折線圖』，按『確定』鈕。圖 11.38 就是 Excel 繪製的預設圖表：

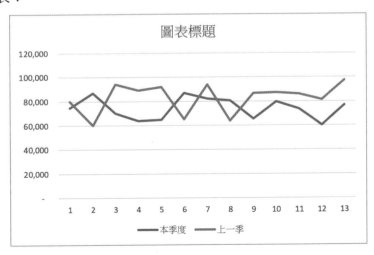

圖 11.38 初始折線圖。

加上增減的誤差線

接下來,我們要新增兩欄資料,分別用來製作『增加』與『減少』的誤差線。之所以要將兩者分成兩欄,是為了能對它們套用不同的格式設定(與 11.2.1 節的範例類似):

1. 要產生『增加』誤差線的數值,請在儲存格 D2 輸入公式:『=IF(B2-C2>0,B2-C2,NA())』,然後按 Ctrl + C 鍵複製此公式,並以 Ctrl + V 鍵貼到 D3:D14。

2. 要產生『減少』誤差線的數值,請在儲存格 E2 輸入『=IF(B2-C2<0,B2-C2,NA())』,再將其複製貼上到 E3:E14 (IF 和 NA 函數在 11.2 節已經解釋過,這裡不再重複)。

3. 接下來要將增加與減少的變化量加到圖表中。請對折線圖中對應『本季度』的折線點滑鼠左鍵,圖表右上角應該會出現如『＋』號的『圖表項目』選單。點開該選單後,將游標移動到『誤差線』項目上,點擊右側的黑色箭頭,並選擇『其它選項』以打開『誤差線格式』工作窗格(參考圖 11.39):

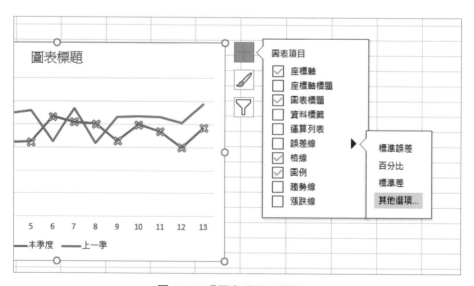

圖 11.39 『圖表項目』選單。

4. 將工作窗格中的『終點樣式』改為『無端點』。『誤差量』改選『自訂』，按下右側的『指定值』鈕以開啟『自訂誤差線』交談窗。

5. 在『自訂誤差線』交談窗的『正錯誤值』欄位內輸入『={0}』。將『負錯誤值』欄位中的文字整個刪除，然後以滑鼠選取 D2:D14（即『增加』誤差線的資料），按『確定』鈕。注意！若不先刪掉欄位內原本的值，則 Excel 會將新選取的儲存格加到原值後方。

6. 打開『誤差線格式』工作窗格的『填滿與線條』子頁面（點一下上方的小油漆桶），把『寬度』設為 1.25 pt，『開始箭頭類型』選『箭頭』（展開下拉選單後，位於上列的第二個選項），再將『色彩』改成『綠色，輔色 6，較深 25%』。圖 11.40 是執行完此步驟後的圖表外觀，可看到本季度大於上一季的資料點多了向上的綠色箭頭，表示營業額增加：

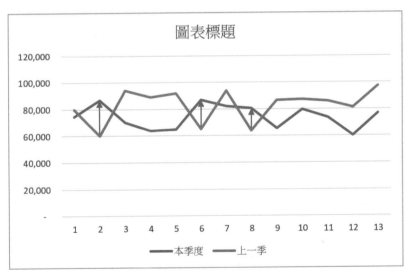

圖 11.40 在圖表中加入『增加』誤差線。

7. 接著對圖表中表示『上一季』的折線重複上述步驟，直到開啟『自訂誤差線』交談窗為止。

8. 利用類似步驟 5 步的方法，將『正錯誤值』指定為 E2:E14、『負錯誤值』設成『={0}』。圖 11.41 呈現出『上一季』折線的『自訂誤差線』交談窗設定：

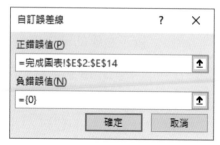

圖 **11.41**『上一季』數列的『自訂誤差線』交談窗。

9. 打開『誤差線格式』工作窗格的『填滿與線條』子頁面 (點一下上方的小油漆桶)，把『寬度』設為 1.25 pt，『結束箭頭類型』選『箭頭』(展開下拉選單後，位於上列的第二個選項)，再將『色彩』改成『橙色，輔色 2，較深 25%』。

10. 維持『誤差線格式』工作窗格的『填滿與線條』子頁面仍處於打開狀態，同時用滑鼠點選『本季度』折線，應該會看到工作窗格的內容變為『資料數列格式』的『填滿與線條』(若不在『填滿與線條』子頁面，請點一下小油漆桶圖示)。將窗格中的『透明度』選項調整為 50%。接著點選『上一季』折線，把『透明度』調成 50%。降低折線透明度有助於突顯誤差線，可藉此達到強調差值的作用。

11. 因為兩季度的營業額最低都在 60000 以上，因此我們要將垂直軸的最小值調整到從 55000 開始，如此可減少圖表的空白。請對圖表中的垂直軸連按兩下左鍵打開『座標軸格式』工作窗格。請把『最小值』設成 55000。就一般折線圖而言，垂直座標軸的最小值最好從 0 開始；但這裡的重點在於差值，如此可以拉大『本季度』和『上一季』折線在圖表上的距離。

12. 把預設標題改成『Q2 vs. Q1 每週營業額』，完成後的圖表見圖 11.42：

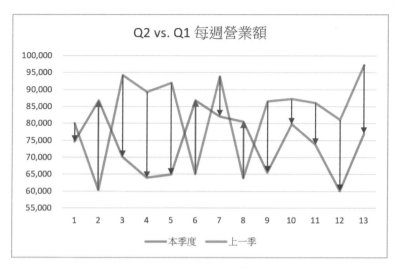

圖 11.42 完成版的顯示差值折線圖。

如此可由本季度與上一季的每一個資料點(每週營業額)直接對照,增加或減少的幅度也可以由箭頭的長度一目了然。

11.5 並排比較的盒鬚圖(Box Plots)

盒鬚圖(也稱為箱形圖)的外觀很特別,通常用來對照兩個(或更多)數列的集中趨勢與分散程度。雖然此類圖表可以只有一個『盒鬚』(代表一個數列,意義請見後文說明),但更常見的狀況是圖中有多個『盒鬚』做比較。

基本上,一個『盒鬚』包含以下五項資訊:**第 1 四分位數**、**中位數**(也就是**第 2 四分位數**)、**第 3 四分位數**、**最小值**、以及**最大值**。圖 11.43 (Figures.xlsx 的 **11.43** 工作表)就是一張典型的盒鬚圖。另外,有時候在最大值以上以及最小值以下也會出現零星的資料點,稱為離群值:

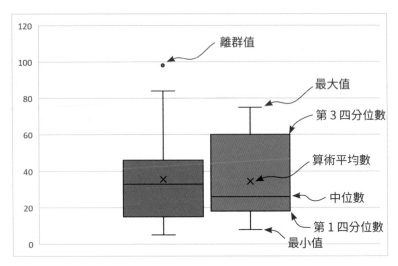

圖 11.43 並排比較兩數列的盒鬚圖。

上圖位於『盒子』內部的水平線代表**中位數**；可看到數列 1（左盒）的中位數大於數列 2（右盒）的。盒子的最底邊表示**第 1 四分位數**、頂邊則對應**第 3 四分位數**，而整個盒子的範圍則稱為**四分位距**（interquartile range）。圖 11.43 顯示數列 2 的盒子較大，這代表數列 2 的資料分散程度比數列 1 高。至於『鬚』的部分，盒子下方的線段一路向下延伸至『最小值』為止、上方線段則向上延伸到『最大值』。

除了上面介紹的統計值，兩『盒子』內各有一個『X』符號，意思是『算術平均值』。左側盒鬚的上方還多了一個表示『離群值（指那些數值大於或小於 1.5 倍四分位距的資料點）』的小點，就在『100』那條格線的下方。

盒鬚圖被納入 Excel 的圖表類型時間比較晚，控制選項並不多。若你手上有一張盒鬚圖，只要對『盒鬚』的部分連點兩下滑鼠左鍵，便可開啟如圖 11.44『資料數列格式』工作窗格（預設開啟『數列選項』子頁面，會發現窗格上方看起來像『直條圖』的小圖示處於選取狀態）：

『數列選項』的各功能如下：

- **類別間距**：可指定 0% 到 500% 之間的值，用來控制『盒子』的寬度 (數值越小越寬)。
- **顯示內部點**：勾選此選項可顯示所有資料點 (外觀為空心圓圈)，但其中不包含離群值。
- **顯示外部點**：勾選此選項後，Excel 會根據前面提過的原則找出離群值，並以實心圓圈呈現。除此之外，此選項會把離群值排除在最大、最小值的計算外 (即：離群值不會被指定為最大或最小值)。

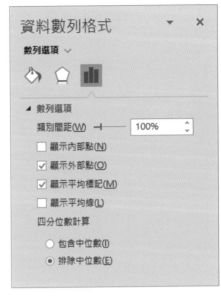

圖 **11.44** 盒鬚圖的『資料數列格式』工作窗格。

若取消勾選，則 Excel 會從所有資料點 (包含離群值) 中找出最大與最小值。

- **顯示平均標記**：若勾選，盒中會出現『X』標記，用來指示數列平均值的位置。
- **顯示平均線**：根據微軟公司的說法，勾選此選項應該能將各數列的平均標記連起來。但實際上，勾或不勾看不出任何差異。

在上述選項的下方還有兩個和四分位數計算有關的項目：

- **包含中位數**：將中位數納入四分位數的計算。
- **排除中位數**：計算四分位數時不考慮中位數。

NOTE 計算四分位數的方法有很多種，但它們的優缺點已超出本書的討論範圍。Excel 提供了兩種選擇，即包含或排除中位數；對此，我們只有一個建議：請確保在同一張圖中使用相同的計算方法。

案例研究：各部門的薪資水平

某公司經營層想瞭解各部門間薪資支出的分配情形為何，並委託我們進行調查。對此，我們不僅想比較各部門的薪資總和而已，還想以盒鬚圖對薪資數據進行深入分析。本例的部分資料如圖 11.45 所示：

▲	A	B	C	D	E
1		管理部門	行銷部門	會計部門	生產部門
2		145,075	232,288	290,917	45,768
3		88,045	170,295	211,248	61,340
4		73,146	144,739	188,669	39,604
5		127,089	236,622	443,845	39,194
6		109,442	164,006	281,232	72,734
7		142,404	171,975	353,147	102,935
8		117,913	226,129	344,004	34,184
9		55,026	131,843	264,051	43,765
10		98,537	80,990	298,507	94,500
11		96,801	169,790	203,195	49,149
12		134,644	134,468	258,408	85,371
13		138,796	147,538	252,928	63,634
14		126,409	177,445	327,329	47,579
15		98,773	128,863	280,460	81,071
16		77,531	231,118		103,371
17		124,068	90,928		102,085
18		114,405	117,000		115,507
19		81,293	228,975		82,160
20		93,031			98,611

圖 11.45 各部門各員工的薪資資料。

> **NOTE** 範例檔在補充資源Chapter11 / BoxPlotSalaries.xlsx。

建立預設的盒鬚圖

要製作盒鬚圖，請先選取 B1:E45 儲存格，也就是全部的資料，按『插入』功能頁次中的『建議圖表』以開啟『插入圖表』交談窗，打開『所有圖表』子頁面選擇『盒鬚圖』，按『確定』鈕。不用擔心資料中包含空白儲存格，Excel 會自動忽略它們。產生的初始圖表如圖 11.46，因為有四個部門，因此產生了四個盒鬚圖，由左至右依序為管理部門、行銷部門、會計部門、產品部門：

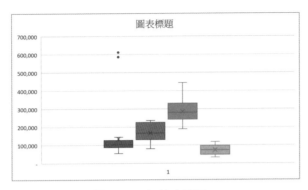

圖 11.46 初始盒鬚圖。

單從原始資料去計算各部門的薪資總和,可以得出管理部門的總薪資高於其它部門。但從初始盒鬚圖可以進一步看出:管理部門的資料中有兩個接近 60 萬的離群值,若將兩者排除,則該部門的薪資水平將回歸合理範圍。

調整盒鬚圖格式

接下來,請依下列步驟調整盒鬚圖格式:將圖表標題改成『各部門薪資水平』。點一下圖表右上方的『＋』(『圖表項目』選單),將滑鼠移動到『圖例』上,點向右箭頭,選擇『下』,再對水平軸點左鍵,按 Delete 鍵將其刪除;也能以同樣方式去除垂直軸。最後的成品如圖 11.47:

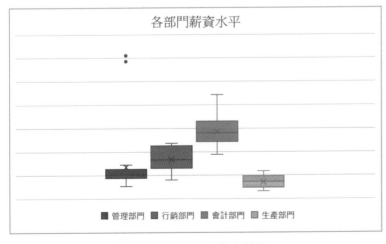

圖 11.47 最終版本的盒鬚圖。

11.6 動態圖表 (Animated Charts)

在圖表中加入動態元素的主要原因有三個：第一，在有限的空間中呈現更多資訊；第二，讓圖表隨著報告而變化；第三，讓儀表板的使用者能自行調整圖表呈現的內容。不過，動態功能很容易被濫用，所以使用前請務必確認其必要性（ 譯註: 注意！這裡的『動態元素』不一定是指動畫，而是能改變圖表內容的元件或控制選項，例如：樞紐分析圖）。

要在小空間中呈現盡可能多的訊息，可以讓圖表內容以一定節奏變化。舉例而言，假設要呈現不同部門過去三年的營業額數據，由於資料點很多，若全部畫在一起可能過於擁擠；要解決此問題，就可以讓圖表輪流展示不同年份的營業額，這樣就算呈現全部資料點也不至於看不清楚。

另一項常用的動態技巧是：在講解圖表的過程裡，依序顯示多條數列。例如：折線圖一開始可能只有一條折線，代表某類產品的銷售量；而當開始談下個產品時，再讓對應的折線出現在圖表中，依此類推。

我們有時無法預測儀表板的使用者究竟想看到什麼資訊，若碰到這種情況，只要讓圖表內容隨他操作而改變即可。舉個例子，我們可以在圖表中加入一個捲軸 (scroll bar)，好讓儀表板使用者自行拉動捲軸改變顯示範圍。

11.6.1 樞紐分析圖 (PivotChart)

由樞紐分析表驅動的圖表稱為樞紐分析圖，這是允許使用者自行控制圖表最簡單的方法。在較舊的 Excel 版本中，樞紐分析圖的限制較其它圖表來得大，但微軟公司已在較新的版本裡移除了大多數限制，目前最大的不足之處是：樞紐分析圖能支援的圖表類型有限，例如不適用於散佈圖。

假設某企業將產品分為四個銷售區域：中西部、西部、東北部、東南部，圖 11.48 顯示出部分銷售資料，我們要用來產生樞紐分析圖：

	A	B	C
1	日期	地區	數量
2	2021/1/1	西部	971
3	2021/7/6	中西部	1,042
4	2021/7/20	東南部	856
5	2021/1/20	東南部	1,060
6	2021/8/16	東北部	1,123
7	2021/12/9	東北部	1,060
8	2021/2/21	中西部	1,198
9	2021/5/24	中西部	1,137
10	2021/6/22	中西部	1,036
11	2021/5/5	中西部	1,141
12	2021/1/31	西部	1,126
13	2021/1/13	中西部	1,085
14	2021/8/2	東南部	1,138
15	2021/7/8	東北部	1,114
16	2021/11/12	中西部	1,146
17	2021/12/5	中西部	983
18	2021/4/28	西部	955
19	2021/2/1	西部	1,151
20	2021/8/30	東北部	863
21	2021/1/4	東北部	1,107
22	2021/2/17	西部	1,177
23	2021/1/18	東北部	1,108

圖 11.48 樞紐分析圖範例的部分資料。

建立預設的樞紐分析圖

主管層希望知道各區域以季為單位的銷售數量，此圖表必須能動態篩選要顯示的內容。因此我們計畫用樞紐分析圖來呈現，能讓主管自行調整想看的內容。請依下面的步驟進行：

1. 用滑鼠將資料全部選取。由於此處的資料筆數很多，直將把 A、B、C 這三欄整欄選起來即可。Excel 會自動忽略空白的儲存格。

2. 按『插入』功能頁次按『樞紐分析圖』按鈕以開啟『建立樞紐分析圖』交談窗 (與『建立樞紐分析**表**』交談窗基本一致，請參考 1.3.1 節)。

3. 找到『請選擇您要放置樞紐分析圖的位置』，選擇『已經存在的工作表』點一下『位置』欄位，接著用滑鼠點任一空白儲存格，Excel 會將驅動樞紐分析圖的樞紐分析表放在該位置 (說得更具體一點，該儲存格會對應到樞紐分析表的左上角），按『確定』鈕。完成後，會看到用來顯示『樞紐分析表』與『樞紐分析圖』的區域、以及『樞紐分析圖欄位』工作窗格，如圖 11.49 所示：

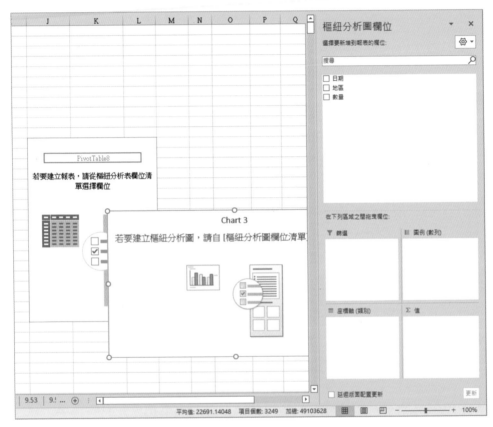

圖 11.49 尚未指定欄位的樞紐分析圖。

4. 在『樞紐分析圖欄位』工作窗格中，用滑鼠把『日期』項目拖曳到『座標軸 (類別)』區塊內、『數量』移動到『值』區塊、『地區』則放到『圖例 (數列)』區塊中。Excel 會自動將相同月份的資料群組起來，圖 11.50 即預設的樞紐分析圖：

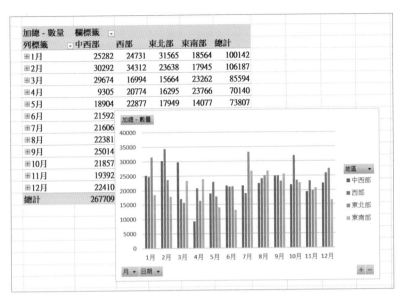

圖 11.50 基本的樞紐分析圖。

我們可看到樞紐分析圖上有很多欄位按鈕，只要使用這些按鈕，便能對圖表上的資料做分類或篩選。圖 11.51 顯示出按『地區』欄位鈕後會看到的選項，可以選擇想觀察的區域：

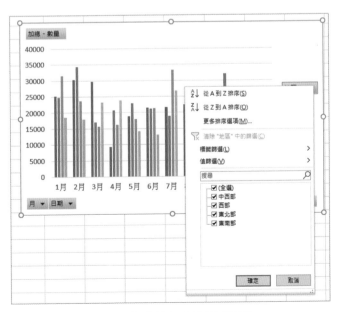

圖 11.51 欄位按鈕以及相關選項。

> **TIP** 如果想隱藏欄位按鈕，請點一下圖表將其選取，按『樞紐分析圖分析』功能頁次，展開功能區最右側的『欄位按鈕』下拉選單，選擇『全部隱藏』，或者取消勾選特定的按鈕選項。

調整欄位的群組方式

如果想調整日期欄位的群組方式 (例如：不是以『月份』來群組資料，而是將相同『季度』的數據聚合起來)，那麼請依以下方式操作：

1. 對樞紐分析**表**上的任一月份點滑鼠右鍵。

2. 按選單中的『組成群組』選項，開啟『群組』交談窗。

3. 將『間距值』區塊中的『季』選起來，其它選項取消選取，然後按『確定』鈕。如此一來，樞紐分析圖中資料的群組方式就會以季來顯示，如圖 11.52：

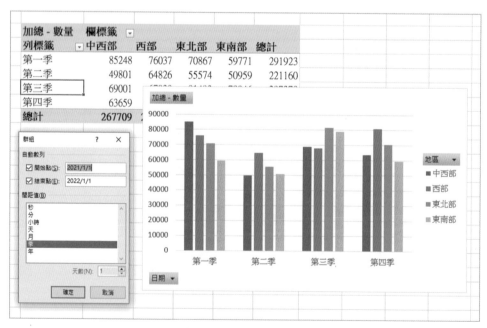

圖 11.52 調整樞紐分析圖中日期欄位的群組方式。

> **TIP** 比起欄位按鈕，樞紐分析表的『交叉分析篩選器』使用起來可能更加方便。
> 要插入『交叉分析篩選器』，請點一下樞紐分析表的任一位置，按『樞紐分析表分
> 析』功能頁次中的『插入交叉分析篩選器』鈕以開啟同名交談窗。其中會顯示所有
> 可用來群組資料的選項，請將想要的選項勾選起來，按『確定』鈕。有了『交叉分
> 析篩選器』，就可以把全部的欄位按鈕隱藏起來，這有助於提升儀表板使用者的體
> 驗。

11.6.2 使用公式與控制項

另一種讓圖表動態改變的方法是使用公式，並以特定控制項(如：捲軸或
下拉選單)驅動這些公式。只要操作上述控制項，使用者便能自行決定圖
表內容、或者讓圖表資訊隨著報告的進度而變化。

建立預設的折線圖

在圖表中加入捲軸來調整時間範圍是此做法的
常用範例，下面說明如何實作。圖 11.53 是某
公司每年營業額的部分數據；我們的任務是畫
一張能一次呈現五年資料的折線圖，並加入一
個捲軸來控制顯示的年份範圍：

◢	A	B
1	年份	營業額
2	1993	612,543
3	1994	600,292
4	1995	636,310
5	1996	661,762
6	1997	668,380
7	1998	701,799
8	1999	750,925
9	2000	720,888
10	2001	756,932
11	2002	825,056
12	2003	907,562
13	2004	980,167
14	2005	989,969
15	2006	980,069
16	2007	1,068,275
17	2008	1,143,054
18	2009	1,108,762

> **NOTE** 範例檔在補充資源Chapter11／Formulas.xlsx。

圖 11.53 年度營業額數據。

我們的第一步是利用公式整理資料，步驟如下：

1. 在 D1 儲存格中輸入『年份』、E1 輸入『營業額』。

2. 為了讓折線圖一次呈現連續五年的資料，我們要在 D2 儲存格中指定第一個年份。這裡請先暫時輸入 1993。

3. 在 D3 中輸入公式『=D2+1』，用 Ctrl + C 鍵將其複製，用滑鼠選取 D4:D6 後按 Ctrl + V 貼上。這麼一來，D2:D6 內的數值就是未來圖表所要顯示的五個年份 (就目前而言為：1993、1994、1995、1996、1997)。

4. 請在 E2 中輸入公式『=VLOOKUP(D2,$A$2:$B$31,2,FALSE)』，並用與上一步類似的方法複製貼上到 E3:E6，此公式是去查出對應年份的營業額，完成後的結果如圖 11.54：

D	E
年份	營業額
1993	612,543
1994	600,292
1995	636,310
1996	661,762
1997	668,380

圖 11.54 顯示出 1993~1997 這五年的營業額資料。

有了 D1:E6 的資料，我們就能透過『插入』功能頁次下的『建議圖表』來製作折線圖；詳細做法前面的章節已經提過，這裡留給各位自行練習。此處的重點在於，只要改變 D2 儲存格中的值，圖表內容便會隨之變化。圖 11.55 就是將 D2 的值從 1993 改為 2001，折線圖就會自動變成 2001~2005 這五年的營業額資料：

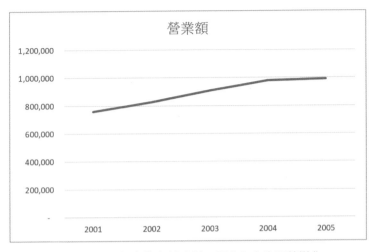

圖 11.55 儲存格中的資料改變，圖表內容也跟著變化。

固定垂直軸的刻度，不隨年份營業額而變動

由於垂直軸的刻度可能隨顯示年份的營業額而自動調整範圍，這在我們切換年份時會造成不必要的干擾，因此我們要將 1993~2022 年的營業額範圍設為垂直軸的範圍，如此即可固定垂直軸的刻度：

1. 請對垂直軸連點兩下滑鼠左鍵以開啟『座標軸格式』工作窗格。

2. 在『最小值』欄位中輸入 0、『最大值』輸入 1800000。完成後，欄位右側的『自動』會變成『重設』鈕，表示此最大值已被固定，若需要重設最大值才需要按『重設』鈕)。

先開啟開發人員功能頁次

接下來，我們準備在工作表中插入捲軸控制項，用以捲動 D2 儲存格中的顯示年份。當然，也可以像前面一樣，直接在 D2 中輸入新的年份，但使用控制項不僅更加方便，還能確保指定年份不會超出原始資料的範圍。如果您的 Excel 上方沒有出現『開發人員』功能頁次，請依下面步驟操作 (否則可直接跳到加入卷軸控制項)：

1. 按『檔案』功能頁次，並選擇最左下角的『選項』以開啟『Excel 選項』交談窗。

2. 點一下左側『自訂功能區』，在右側區塊中找到『開發人員』核取方塊並打勾，按『確定』鈕。

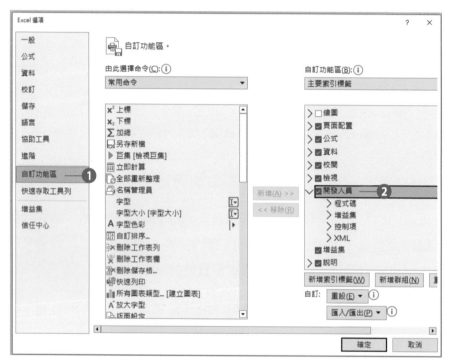

圖 11.56 儲存格中的資料改變，圖表內容也跟著變化。

加入捲軸控制項

在 Excel 視窗上方會有一個『開發人員』功能頁次，我們就要用它裡面的功能來加入捲軸控制項：

1. 按『開發人員』功能頁次『插入』下拉選單，選擇『捲軸』選項（由上數來第二列的第三個圖示），對工作表上的任一位置按左鍵以插入捲軸。

2. 對捲軸點一下滑鼠右鍵，選擇『控制項格式』開啟同名的交談窗。

3. 打開『大小』子頁面，將『高度』改為 0.2、『寬度』設為 5。

4. 打開『控制』子頁面，『目前值』請輸入 2008、『最小值』1993、
   『最大值』2017 (因為一次顯示五年，故最大值設為 2017 可顯示
   2017~2022)、『頁面變更』改為 0。最後，點一下『儲存格連結』
   欄位，再點一下 D2 儲存格，該欄內容應變成 $D$2。圖 11.57 即完
   成設定的『控制項格式』交談窗：

圖 11.57 捲軸的『控制項格式』交談窗。

5. 將設定完成的捲軸移至圖表的正下方。請注意！要移動捲軸，請對其
   按住滑鼠**右鍵** (而非一般的左鍵) 然後拖曳，到達適當位置後放開右
   鍵，並點一下『移到這裡』，並將捲軸的寬度拉到與圖表同寬。

> **TIP** 預設的捲軸是直向的 (上下滾動)，而當捲軸的寬度大於高度時，會自動變成
> 橫向捲軸。

現在,只要我們按捲軸兩側的左右箭頭,或拉動捲軸中間的方塊,儲存格
D2 的年份就會跟著改變,圖表內容也隨之變化。由於我們有指定『最小
值』與『最大值』,故 D2 的數值永遠不會超過原始資料的範圍。圖
11.58 就是完成後的圖表與捲軸控制項:

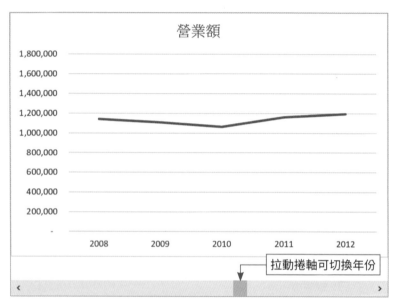

圖 11.58 插入捲軸好讓圖表內容動態變化。

公式與控制項的組合能讓我們進行許多操作。假如你想一次呈現 10 年的
資料,那麼只要將現有的公式再多複製幾格 (到儲存格 D11) 就行了。

另外,如果原始資料中的年份更多,則可將『控制項格式』交談窗裡的
『遞增值』調高,讓捲軸的滾動速度更快 (注意!『遞增值』控制的是
『當我們按一下捲軸中的向左或向右箭頭時,D2 數值改變的幅度為何』;
若是用滑鼠直接拖動捲軸,則不受該選項的影響)。

11.6.3 使用巨集

在 11.6.2 節中，使用者必須親手拖動捲軸來改變圖表的顯示年份，本處要接續前一小節的成果，進一步讓 D2 儲存格的值自動改變。我們可以透過 Excel 的內建程式語言 (即 Visual Basic for Applications，簡稱 VBA) 讓圖表動起來，用 VBA 寫成的一段程式碼稱為巨集 (macro)。由於本圖表的公式已經決定了圖表變化的方式，故新增的程式碼不會很複雜。

> **NOTE** 範例檔在補充資源 Chapter11 / LineChartAutomation.xlsm。

建立 VBA 模組（Module）

以下就是具體的操作步驟：

1. 按『開發人員』功能頁次中最左側的『Visual Basic』鈕，以開啟 Visual Basic Editor (VBE)。

2. 按 Ctrl + R 鍵開啟『專案視窗』(如已開啟則可跳過此步驟)。

3. 如果一次開啟多個 Excel 活頁簿，則專案視窗中會出現多個專案，它們的預設名稱會是『VBA Project (...)』，小括號中的字串代表對應的 Excel 檔案名稱。請找到本節 Excel 檔的專案。

4. 對目標專案點一下滑鼠右鍵，將滑鼠移動到『插入』選項上以展開清單，選擇『模組』。此動作可開啟一個全新的程式碼視窗，如圖 11.59：

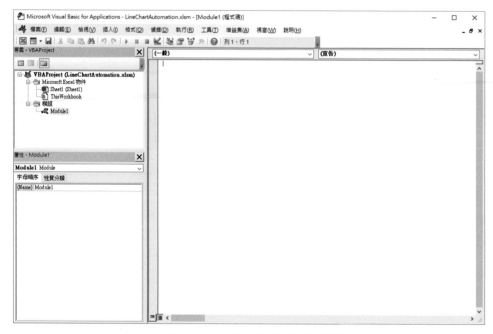

圖 11.59 在 VBE 中開啟新的程式碼視窗。

5. 我們希望執行巨集之後，自動讓 D2 儲存格的值從 1993 年開始逐步上升至 2017 年，每一步單位為 1 年且間隔 1 秒鐘（ 譯註： 間隔時間由 TimeSerial 函式控制，語法為『**TimeSerial（小時數 , 分鐘數 , 秒數）**』)，請在程式碼視窗中輸入以下程式碼：

```
Option Explicit

' 巨集名稱
Sub AnimateChart()

    Dim counter As Long

    ' D2 儲存格的值由 1993 到 2017 每隔 1 秒增加 1
    For counter = 1993 To 2017
```
→ 接下頁

```
      ' Sheet1 是指資料所在的工作表，可察看 "專案-VBAProject" 窗格
      Sheet1.Range("D2").Value = counter
      Sheet1.ChartObjects(1).Chart.Refresh
      DoEvents: DoEvents
      Application.Wait Now + TimeSerial(0, 0, 1)
      DoEvents: DoEvents
   Next counter

End Sub
```

那麼該如何執行以上程式碼呢？請先打開 VBE 功能列表上的『檔案』，
選擇『關閉並回到 Microsoft Excel』(也可以直接使用快捷鍵：Alt ＋ Q
鍵)。返回 Excel 介面後，在『開發人員』功能頁次中按左側的『巨集』
鈕以開啟同名交談窗，按『執行』鈕 (以本例來說，由於檔案裡只有一個
名為 AnimateChart 的巨集，故直接執行即可；若有多個巨集，請選擇想
要執行的巨集名稱)，然後觀察圖表的改變。

編註: **基於安全性而不能執行巨集怎麼辦？**

因為微軟公司對於包含巨集的 Excel 檔案安全性相當重視，因此執行巨集時
若跳出基於安全性考量這種訊息，有兩個地方檢查一下：

1. 在 Excel 中按『檔案』功能頁次中的『其他 / 選項』，在『Excel 選項』交
   談窗左邊按『信任中心』，按右邊的『信任中心設定』鈕會出現『信任中
   心』交談窗，點一下左邊的『巨集設定』，右邊選『啟用所有巨集』。

2. 儲存並關閉此活頁簿，在檔案總管中找到此活頁簿檔案，按右鈕執行『內
   容』，在內容交談窗最下方勾選『解除封鎖』。如此就可以自由執行此活頁
   簿中的巨集了。

VBA 程式碼說明

原則上，我們建立的 AnimateChart 巨集屬於活頁簿檔案的一部分，只要在存檔時將『存檔類型』設為『Excel 啟用巨集的活頁簿』，則每次開啟檔案時便可使用該巨集、存檔時程式也會跟著儲存。VBA 語言本身是個很大的主題，詳細介紹請參考專門的書籍，但下面會簡單解釋一下 AnimateChart 的程式碼究竟是什麼意思。

首先，最上方的關鍵字 **Option Explicit** 是在告訴 VBA：在使用任何變數以前 (如其中的 **counter**)，都必須先以 **Dim** 陳述進行宣告；這種強制變數宣告的做法能有效避免因打錯字所引發的錯誤。下一行的 **Sub AnimateChart**() 標明了巨集的開頭；實際上，巨集算是一種**子程序** (subprocedure)，而這也是 **Sub** 這個關鍵字的由來。請注意！每當用 **Sub** 定義巨集的起點時，結尾處都要記得放上關鍵字 **End Sub** 來結束子程序。

巨集內部的第一行程式為『**Dim counter As Long**』，其能讓 VBA 知道：此處有一個名為 **counter** 的變數，用來儲存資料型態為『長整數 (Long Integer)』的數值。這類 **Dim** 陳述便是專門用來宣告變數的指令。

此巨集中最主要的部分就是 **For** 迴圈了。此類迴圈開頭的關鍵字必為 **For**，結尾則必為 **Next**，介於兩者之間的程式碼則會被重複數次。以本例來說，counter 的起始值是 1993，當執行至 **Next** 時，counter 值會加 1，然後整個迴圈再跑一次，就這樣重複到 counter 變成 2018 為止；此時因為 counter 已大於我們設定的上限 (即 2017)，迴圈會停止，而其內部的程式碼總共會被執行 25 次 (註：2017 – 1993 + 1)。迴圈全部跑完後，位於迴圈後的程式碼才會被執行；在本例中，**For** 迴圈後方緊跟著 **End Sub**，代表巨集結束。

現在來看看迴圈內部：第一行程式的功能是將 counter 的值指定給 D2 儲存格 (第一次執行時數值為 1993、第二次 1994、依此類推)，第二行的目的則是更新圖表。值得一提的是，Excel 刷新螢幕的速率有時會跟不上巨集執行的速度，因此這裡加入了兩個 **DoEvents**，好讓 Excel 有機會追上巨集的腳步。接下來的 **Wait** 陳述能讓程式暫停一下，這樣儀表板讀者才能看到執行結果；假如沒有該指令，則圖表更新的速度會快到無法閱讀。最後，再次加入兩個 **DoEvents**，目的同樣是讓 Excel 有時間刷新螢幕上的內容。

11.7 圖表自動化 (Chart Automation)

VBA 除了能用來產生動態元素外，還可以幫我們把建立圖表的過程自動化。對前一種目的而言，VBA 得同時讓資料與 Excel 繪圖引擎 (charting engine，也就是驅動繪製圖表的功能) 互動；但對圖表自動化來說，VBA 只需要操作圖表即可，自動化技巧一般用在圖表的設計和製作階段，有利於節省開發時間。

> **編註！** 本節的內容會出現大量的 VBA 程式，建議讀者先有基礎比較看得懂，或者可先參考旗標公司出版的《即學即用！超簡單的 Excel 巨集 & VBA》。如果您的圖表沒有經常更新的需求，也可以跳過此部分。

11.7.1 操縱圖表中的物件

在 11.1 節的案例中，我們曾製作過一張標題為『各類產品銷售額』的折線圖，並說明如何預測未來兩個月的數據、再將結果添加到圖表中。以上過程牽涉到：將新數列貼到舊數列尾端，並讓兩者在外觀上看起來一致。

> **NOTE** 範例檔在補充資源 Chapter11 / FormatDataSeries.xlsx 本例為 11.1 節案例的延伸，請用此檔練習。完成的檔案放在 FormatDataSeries-finished.xlsm。注意！副檔名 .xlsm 表示其中有巨集)。

製作儀表板時，如果遇到繁瑣的任務 (例如：調整每一條折線的色彩)，我們可嘗試將其自動化。雖然撰寫 VBA 程式碼所需的時間有時會和手動操作圖表差不多，但假如日後還要重覆進行類似的操作，那麼花在自動化上的時間就非常值得。圖 11.60 是本小節要處理的圖表 (譯註： 此圖與圖 11.12 一致)。

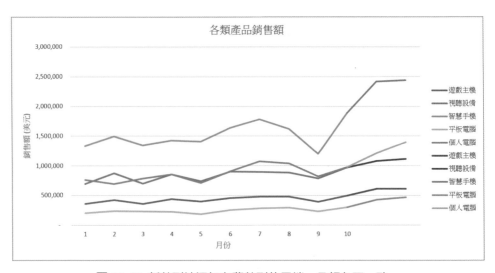

圖 11.60 新數列被添加在舊數列的尾端，且顏色不一致。

自動化的第一步 － 錄製巨集

自動化的第一步是瞭解我們要控制的包括哪些圖表物件。基本上，VBA 是使用 Excel 的**物件模型** (object model)，也就是將螢幕上的各種元素用有階層關係的物件來表示。Excel 物件模型涵蓋的東西非常多，但與圖表繪製有關的只佔一小部分，不算太複雜；此外，該模型的架構井然有序、各物件的名稱又具有意義，所以掌握起來並不困難。

若讀者之前從未接觸過 VBA 與 Excel 物件模型，那麼建議使用『錄製巨集』功能。在此功能開啟期間，Excel 會自動根據滑鼠與鍵盤操作產生 VBA 程式碼；雖然這些程式可能無法百分百符合需求，但卻有助於我們找出欲操作物件的名稱。要啟動巨集錄製，請執行以下步驟：

1. 打開範例檔的**處理之前**工作表，按『開發人員』功能頁次中的『錄製巨集』以開啟同名交談窗（如圖 11.61），按『確定』鈕接受所有預設值，開始錄製(預設巨集名稱為巨集 1)。

圖 11.61 錄製巨集交談窗。

2. 對圖表中任一新數列的折線按滑鼠右鍵，選擇『資料數列格式』選項以打開同名的工作窗格。

3. 請依 11.1.1 節所說的步驟(請見圖 11.12 到 11.13 的步驟)，把新折線改為虛線、並將色彩設定成與舊折線一致。

4. 在圖例中找到與上述新數列對應的虛線項目，用滑鼠將其一一選取並按 Delete 鍵刪除。

5. 在巨集錄製的期間，原本『開發人員』功能區中的『錄製巨集』會變成『停止錄製』，請按一下該按鈕來結束錄製程序，如此即完成一個巨集錄製。

查看錄製的巨集內容

要查看剛才錄好的巨集，請按『開發人員』功能區下的『Visual Basic』以開啟 VBE (假如畫面中沒有顯示『專案 -VBAScript』視窗請按 Ctrl + R 鍵將其打開)，找出與目前檔案對應的專案，展開其下的『模組』資料夾，對名為『Module1』的檔案連點兩下左鍵將其開啟，檔案裡的程式碼如下 (編註： 程式中用註解補充說明)：

```
Sub 巨集1()
'
' 巨集1 巨集
'
'    滑鼠按工作表中的圖表 Chart 1 時，該圖表就會被激活
    ActiveSheet.ChartObjects("Chart 1").Activate

'    此圖表 X 軸的值是來自儲存格B1:M1，也就是 1, 2, 3, …, 12
    ActiveChart.FullSeriesCollection(1).XValues = "=準備預測資
料!$B$1:$M$1"

'    錄製時有往下捲到圖表的位置
    ActiveWindow.SmallScroll Down:=15

'    圖表本身折線的顏色與背景色等資料
    ActiveChart.FullSeriesCollection(13).Select
    With Selection.Format.Line
        .Visible = msoTrue
        .ForeColor.ObjectThemeColor = msoThemeColorBackground1
        .ForeColor.TintAndShade = 0
        .ForeColor.Brightness = -0.349999994
        .Transparency = 0
    End With

'    選擇其中一個新增的線段，其數列為15 (按下線段時，會自動用藍線圈起來)
    ActiveChart.FullSeriesCollection(15).Select
'    將線段改為虛線
    With Selection.Format.Line
        .Visible = msoTrue
        .DashStyle = msoLineDash
```

→ 接下頁

```
          End With
'         將線段改顏色
          With Selection.Format.Line
              .Visible = msoTrue
              .ForeColor.ObjectThemeColor = msoThemeColorAccent5
              .ForeColor.TintAndShade = 0
              .ForeColor.Brightness = 0
              .Transparency = 0
          End With

'         因為我們改了 5 個新線段，因此會重覆 5 次類似的內容
'         ………(在此不重覆放)……

'         接下來要將 5 個虛線的圖例 (legend) 依序刪除，先選取整個圖例
          ActiveChart.Legend.Select
          With Selection.Format.Line
              .Visible = msoTrue
              .DashStyle = msoLineDash
          End With

'         再選擇第 1 個虛線圖例，也就是上面排下來第 6 個圖例，並將其刪除
          ActiveChart.Legend.LegendEntries(6).Select
          Selection.Delete

'         第 6 個圖例刪除後，原本第 7 個圖例就會遞補為第 6 個
'         因此後面會連續再選 5 次第 6 個圖例並刪除之

'         選取整個圖表中的標圖，並更改之
          ActiveSheet.ChartObjects("Chart 1").Activate
          ActiveChart.ChartTitle.Select
          ActiveChart.ChartTitle.Text = "各類產品銷售額" & Chr(13) & "(虛線為
預測數據)"
'         本巨集真正的重點到此為止，後面是自動加的
```

假如讀者的程式碼與上面有些許不同，請不必擔心！之所以如此，是因為
巨集錄製功能會記錄使用者的一切操作，其中也包括各種錯誤和更正過
程。正因為如此，我們一般不直接使用 Excel 所產生的程式碼，但可以保
留此巨集，將來需要更新此圖表時，就可以做為修改程式的依據。

11.7.2 建立圖表面板 (Panel Charts)

當需要呈現大量數列時，由多張圖表構成的**圖表面板**或許是最佳 (甚至是唯一) 選擇。圖 11.62 左側的折線圖包含太多數列了，導致版面過於擁擠；右側的圖表面板則將所有數列都分開，結果明顯變得清楚許多。

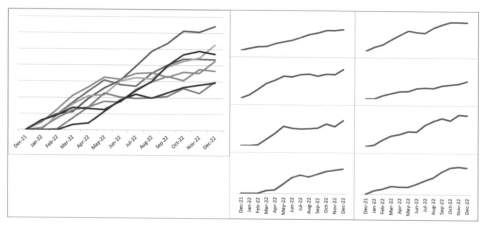

圖 11.62 單一折線圖放太多折線與折線圖面板的比較。

> **NOTE** 範例檔在補充資源 Chapter11 / PanelChartAutomation.xlsx，請用此檔練習。完成的檔案放在 PanelChartAutomation-finished.xlsm。

圖表面板很方便，但如果要手動設定每一張圖表卻非常麻煩，例如圖 11.62 中有八張單獨的折線圖，難道要重覆做八次？此時巨集便可派上用場。雖然撰寫巨集所花的時間可能和手動製作差不多，不過我們能從中得到其它好處。首先，個別圖表擺放的位置會比用滑鼠調整來得精準，連一個像素都不會偏差。其次，如果完全以手動操作，則當需要改變面板位置時，就要全部重新來過；倘若使用巨集，則稍微在程式改幾個數字設定位置後重新執行巨集即可。

錄製第一張圖表的巨集

我們先來為數列 1 製作折線圖。和上一小節一樣，我們用『錄製巨集』功能找出欲操作物件的名稱，方法如下：

1. 開啟本例的工作表，按『開發人員』功能頁次中的『錄製巨集』以開啟同名交談窗，我們將巨集名稱改為『巨集 2』，按『確定』鈕接受所有預設值，開始錄製。

2. 用滑鼠選取 A1:B14 儲存格。

3. 按『插入』功能頁次的『建議圖表』以開啟『插入圖表』交談窗，選擇『折線圖』，並按『確定』鈕，如此就產生數列 1 的折線圖。

4. 對圖表標題點一下滑鼠左鍵，再按 Delete 將其刪除。

5. 選取垂直座標軸，以 Delete 鍵刪除。

6. 拖曳角落的縮放控點來調整圖表的大小。

7. 用滑鼠把圖表移到工作表上的其它位置。注意！移動到何處並不重要，我們只是想看一下對應的程式碼而已。

8. 按一下『開發人員』功能區的『停止錄製』。

查看錄製的巨集內容

如此一來就產生了巨集。請按『開發人員』功能區中的『Visual Basic』以查看巨集內容（ 編註： 在程式間加上註解說明）

```
Sub 巨集2()
'
' 巨集2 巨集
'
                                                         → 接下頁
```

```
'    選取 A1:B14 儲存格的資料
    Range("A1:B14").Select

'    加入一個折線圖
    ActiveSheet.Shapes.AddChart2(227, xlLineMarkers).Select

'    折線圖資料是來自圖表面板工作表的 A1:B14
    ActiveChart.SetSourceData Source:=Range("圖表面板!$A$1:$B$14")

'    選取圖表標題並刪除
    ActiveChart.ChartTitle.Select
    Selection.Delete

'    選取圖表的垂直軸並刪除
    ActiveSheet.ChartObjects("圖表 3").Activate
    ActiveChart.Axes(xlValue).Select
    Selection.Delete

'    用滑鼠調整圖表大小
    ActiveSheet.ChartObjects("圖表 3").Activate
    ActiveSheet.Shapes("圖表 3").ScaleWidth 0.59375, msoFalse,
msoScaleFromTopLeft
    ActiveSheet.Shapes("圖表 3").ScaleHeight 0.5295140712, msoFalse, _
        msoScaleFromTopLeft
End Sub
```

記住！啟動巨集錄製功能後，Excel 會為每一步操作生成程式碼，此功能最大的價值在於：找出欲操作物件的名稱與相關語法，好讓我們順利撰寫出自己的程式。我們可看到本例的重點包括 **AddChart2**（插入圖表）、**SetSourceData**（指定來源資料）、**ActiveChart**（作用中的圖表）與 **ChartObjects**（指定圖表）等。其實程式的結構很單純，不要被嚇到。

仔細觀察程式碼，會發現其中有許多 **.Select** 或 **.Activate**，這代表 Excel 會先『選取』或『激活』某物件，然後再對該物件進行操作。

注意！這種寫法通常只出現在錄製巨集中，因為 Excel 只是單純反映我們的每一步動作，而我們用滑鼠一定得先點選物件才有辦法使用相關功能。但當我們自己撰寫程式時，就沒必要選取、激活了。下面就來告訴大家本例的巨集應該怎麼寫才對。

一步一步增加巨集的功能

請在 VBE 中按視窗上方的『插入』中的『模組』建立一個新的模組，然後雙按此模組，在空白模組的開頭打上 **Option Explicit**，按 Enter 鍵。接下來，請輸入 **Sub MakeSinglePanel** 做為第一個巨集的開頭，再按一次 Enter 鍵，Excel 會自動補上小括號、以及代表巨集結尾的 **End Sub**：

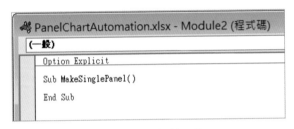

圖 11.63 建立新的巨集。

下面要宣告一個存放圖表的變數。請注意！在之前的範例中，我們都是直接操作圖表的 ActiveChart 物件；本例不這麼做，而是先將建立的圖表指定給某變數，然後再操作該變數。請於 **Sub** 和 **End Sub** 陳述之間輸入以下兩行程式碼：

```
Sub MakeSinglePanel()

    Dim cht As Chart

    Set cht = ActiveSheet.Shapes.AddChart2(227, xlLine).Chart

End Sub
```

讀到這裡的各位應該知道了：**Dim** 陳述式可以宣告一個圖表的變數 cht，而 **Set** 陳述式則能把新建的圖表指定給該變數。有趣的是，先前錄製巨集在建立圖表時使用了 **xlLineMarkers**（ 譯註: 這裡的 markers 就是資料點標記，可推測此常數和顯示標記有關），但實際生成的圖表中卻沒有標記；為了確保本例的折線圖不顯示標記，此處將 **AddChart2** 的第二個引數改成 **xlLine**。至於第一個引數『227』，Excel 官方並未清楚說明，故我們直接依照錄製的巨集來寫。

倘若執行上面的 4 行程式，工作表上會出現一張只有邊框的空白圖表。

接下來我們就可以利用 cht 變數在圖表中加入元素。先來指定來源資料的範圍，為了讓程式碼看起來更簡潔，這裡使用了 **With** 和 **End With** 陳述，請加入下列三行藍色的程式碼：

```
Sub MakeSinglePanel()

    Dim cht As Chart

    Set cht = ActiveSheet.Shapes.AddChart2(227, xlLine).Chart

    With cht
        .SetSourceData ActiveSheet.Range("A1:B14")
    End With

End Sub
```

這三行程式是指定圖表變數 cht 的資料來源範圍。執行上述巨集後可得到圖 11.64，其中已包含一條由來源資料產生的折線：

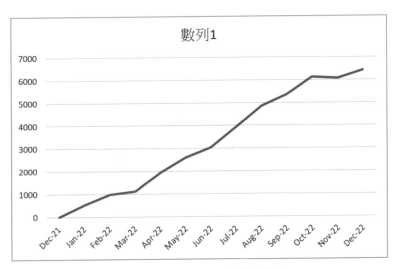

圖 11.64 已指定來源資料的折線圖。

這已經很接近我們想要的了，只是還需要去掉標題與垂直軸，請加入以下兩行藍色的程式碼：

```
Sub MakeSinglePanel()

    Dim cht As Chart

    Set cht = ActiveSheet.Shapes.AddChart2(227, xlLine).Chart

    With cht
        .SetSourceData ActiveSheet.Range("A1:B14")
        .ChartTitle.Delete
        .Axes(xlSecondary).Delete
    End With

End Sub
```

最後，只要再加上調整圖表大小和位置的指令，我們的巨集在功能上就與先前錄製的相同了。在錄製巨集裡，Excel 是使用 **Shape** 物件的

ScaleWidth 和 **ScaleHeight** 來更改圖表的寬度和高度、並以 **IncrementLeft** 和 **IncrementTop** 來移動其位置。筆者並不清楚為什麼 Excel 要採用這些屬性，但其實有更簡單的寫法。

到目前為止，我們操作的都是 Chart 物件 (即：存放在 cht 變數中的圖表)；而在物件模型的階層關係裡，Chart 物件的父物件為 ChartObject，其具有 **Top** (頂端位置)、**Height** (高度) 等數個可直接設定數值的屬性。以下程式碼在原本的 With 區塊中又多加了一個 With 區塊，以存取 Chart 物件的父物件 (用 Parent)，並修改其尺寸與位置。請看下列六行藍色的程式碼：

```
Sub MakeSinglePanel()

    Dim cht As Chart

    Set cht = ActiveSheet.Shapes.AddChart2(227, xlLine).Chart

    With cht
        .SetSourceData ActiveSheet.Range("A1:B14")
        .ChartTitle.Delete
        .Axes(xlSecondary).Delete

' 這是第 2 層的 with, 直接用 .Parent 表示是 cht 的父物件, 才具有Top (頂端
距離)、Left (左側距離)、Height (圖表高度)、Width (圖表寬度) 等屬性
        With .Parent
            .Top = 107
            .Left = 580
            .Height = 145
            .Width = 260
        End With
    End With

End Sub
```

此時執行這個 MakeSinglePanel 巨集，其效果就跟我們之前錄製巨集的結果相同。其優點是，只要重覆執行此巨集，就會繼續產生新圖表，新圖表會蓋在舊圖表的正上方，可以用滑鼠一一拉到工作表中的空白位置，再去一一修改其資料來源。只是此處我們要用一個更聰明的方法，在產生折線圖時自動讓八張圖表排列得整整齊齊。

為巨集添加引數，畫出指定資料來源與位置的折線圖

因為我們需要製作八張折線圖，且它們的來源資料和位置各不相同。因此，單純執行八次 MakeSinglePanel 是不行的，我們得為巨集添加一些引數 (auguments)，包括資料來源以及父物件的 Top、Left、Height、Width 屬性。請將 MakeSinglePanel 巨集複製一份新巨集並改名為 MakeSinglePanel2，並將修改之處用粗體呈現(請看程式註解說明)：

```
' 在巨集的小括號中間加入了 5 個引數
' rSource 表示圖表來源資料的範圍
' dTop 為圖表頂端距離，數值越大，圖表位置離頂端越遠
' dLeft 為左側距離，數值越大，則離左側邊界越遠
' dHeight 為圖表高度
' dWidth為圖表寬度


Sub MakeSinglePanel2(rSource As Range, _
    dTop As Double, dLeft As Double, _
    dHeight As Double, dWidth As Double)

    Dim cht As Chart

    Set cht = ActiveSheet.Shapes.AddChart2(227, xlLine).Chart

    With cht
'       指定 rSource 為來源資料
        .SetSourceData rSource
        .ChartTitle.Delete
        .Axes(xlSecondary).Delete
```

→ 接下頁

```
'       指定圖表的位置與大小
    With .Parent
        .Top = dTop
        .Left = dLeft
        .Height = dHeight
        .Width = dWidth
    End With
  End With

End Sub
```

此時的 MakeSinglePanel2 巨集本身並不包含具體的來源資料範圍以及圖表位置與大小，其所需的值都要透過引數傳進來。我們來比較一下，原本 MakeSinglePanel 巨集是將來源資料與圖表位置大小都寫死在巨集中，現在的 MakeSinglePanel2 巨集要達到相同效果，就要寫成下面這樣：

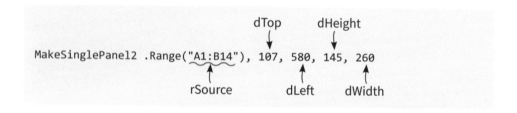

如此一來，我們只要傳入不同引數給 MakeSinglePanel2 巨集，就可以畫出不同的圖表，顯然更有彈性。因此現在只要再寫一個能呼叫 MakeSinglePanel2 八次、並提供不同引數的 MakeAllPanels 巨集，就能生成圖表面板中的所有折線圖，而且依照指定的位置依序排好。程式碼如下，圖 11.65 則是執行結果：

```
Sub MakeAllPanels()

    With ActiveSheet
        MakeSinglePanel2 .Range("A1:B14"), 255, 746, 100, 200        → 接下頁
```

```
      MakeSinglePanel2 .Range("A1:A14, C1:C14"), 255, 946, 100, 200
      MakeSinglePanel2 .Range("A1:A14, D1:D14"), 355, 746, 100, 200
      MakeSinglePanel2 .Range("A1:A14, E1:E14"), 355, 946, 100, 200
      MakeSinglePanel2 .Range("A1:A14, F1:F14"), 455, 746, 100, 200
      MakeSinglePanel2 .Range("A1:A14, G1:G14"), 455, 946, 100, 200
      MakeSinglePanel2 .Range("A1:A14, H1:H14"), 555, 746, 100, 200
      MakeSinglePanel2 .Range("A1:A14, I1:I14"), 555, 946, 100, 200
   End With

End Sub
```

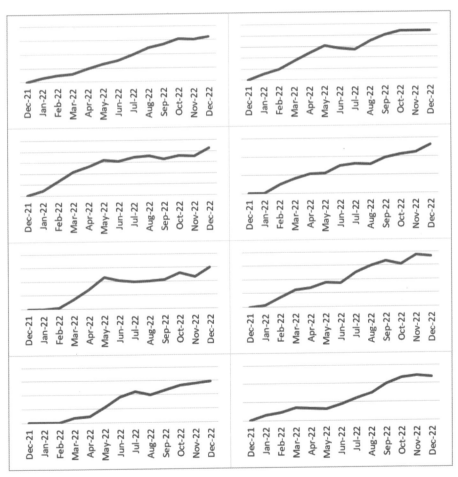

圖 11.65 由八張折線圖組成的圖表面板。

利用迴圈讓巨集更有彈性

各位應該注意到了，上述呼叫巨集八次所用的引數，來源資料是指定資料的月份與各數列，我們來看看後面的四個引數：

- 指定圖表的高度與寬度為 100 與 200。
- 第一列第一張圖表的左上角在離頂端 255、離左側 746 的位置，第兩張圖表的左上角就在 255、946 的位置 (圖表寬度為 200，即 746 + 200)。而且第二列到第四列兩兩圖表離左側也都會在 746 與 946 之間切換。
- 第二列的第一張與第二張圖表分別位於第一列的兩張圖表正下方，距離頂端皆為 355 (圖表高度為 100，即 255 + 100)。

從它們排列的位置可以看出固定的規律，也就是說只要決定了第一張圖表的位置，其他七張都可以依照相對位置排好。如此一來，我們可以利用迴圈讓程式更具彈性。下面的 MakeAllPanels2 巨集就是用兩個 For 迴圈重新改寫巨集的結果：

```
Sub MakeAllPanels2()

    Dim rAxis As Range
    Dim i As Long, j As Long
    Dim lCnt As Long
    Dim dWidth As Double, dHeight As Double

    Set rAxis = ActiveSheet.Range("A1:A14")

    dWidth = 200
    dHeight = 100

    For i = 1 To 4
        For j = 1 To 2
            lCnt = lCnt + 1
```

→ 接下頁

```
            MakeSinglePanel2 _
                rSource:=Union(rAxis, rAxis.Offset(0, lCnt)), _
                dTop:=255 + ((i - 1) * dHeight), _
                dLeft:=746 + ((j - 1) * dWidth), _
                dHeight:=dHeight, _
                dWidth:=dWidth

        Next j
    Next i

End Sub
```

這種寫法讓圖表面板修改起來更加簡單；舉例而言，只要把內、外層迴圈的迭代次數顛倒過來，就能讓原本 4×2 (一列兩張圖，共四列) 的圖表面板變成 2×4 (一列四張圖，共兩列)。假如未來資料集發生變化而需要更改巨集，這樣的高彈性將非常有幫助。

由於 MakeAllPanels2 巨集中的兩個迴圈非常重要，下面深入解說：

■ 外層迴圈控制了圖表面板的高度為何 (有四列)，內層迴圈則決定其寬度 (一列有兩張圖)。

■ 本例八張折線圖的水平軸都是 A1:A14，故我們將此範圍放入一個變數中 (即：rAxis)，以方便存取。

■ Union 方法 (method) 中的參數是用來組合的欄位儲存格，第一個參數固定是 rAxis，也就是 A1:A14。第二個參數是 **rAxis.Offset(0, lCnt)** 是以 rAxis 為基準位移的儲存格。Offset(0, lCnt) 表示向右位移 lCnt 欄。一開始 lCnt = lCnt + 1＝1，rAxis.Offset(0,1) 就是從 rAxis 所在的 A 欄 A1:A14 位移到 B 欄的 B1:B14，因此 Union 就將 rAxis 與 B1:B14 組合成來源資料。接下來 lCnt=2，rAxis.Offset(0,2) 就是 C 欄 C1:C14，於是 Union 就將 rAxis 與 C1:C14 組合成來源資料。依此類推。當然，Union 可以用來組合許多欄位儲存格，此例只需要組合兩個。

■ 迴圈中的 dTop 和 dLeft 引數初始值分別為 255 和 746。每當外層迴圈迭代數加 1，就會將當前 dTop 值加上圖表高度 100，因此新圖表會出現在舊圖表的下方。與此同時，每當內層迴圈迭代數加 1，就會將當前 dLeft 值加上圖表的寬度 200，讓新圖表出現在舊圖表右方。

MakeAllPanels2 巨集的執行結果和 MakeAllPanels 一樣 (見圖 11.65)。該圖表面板的維度是 4×2；假如你想將其改為 2×4，只要把外層迴圈的迭代次數改成 **For i = 1 To 2**、內層改成 **For j = 1 To 4** 即可。

去除重覆出現的水平軸座標

由於圖 11.65 中的八個折線圖都有重覆出現的水平座標軸，因此最後只要再進行一項修改就大功告成了，即：只保留最底下兩張圖表的水平座標軸，其餘六個全部隱藏以節省版面空間。注意！由於刪除座標軸後，圖表的繪圖區會放大以填補原本座標所在的區域，故只刪除部分 (而非全部) 圖表的座標軸會導致無座標圖表的繪圖區變得比有座標圖表的大。

要解決此問題，關鍵在於讓每張圖表的 PlotArea.InsideHeight (繪圖區的高度) 屬性保持一致。如果直接固定 PlotArea.InsideHeight 屬性的值，則有座標和無座標圖表的『繪圖區』大小都會縮放至相同大小，但整張『圖表區』的 ChartArea.Height (圖表區高度) 並不會跟著改變。如此一來，無座標圖表中原本座標軸所在的空間就會保留成一塊空白區域，這樣就可以讓每張圖表的折線圖尺寸相同。

> **譯註：繪圖區與圖表區**
>
> PlotArea 是『繪圖區』的意思，也就是折線圖中『折線』所在的區域，而 ChartArea 指的是『圖表區』，也就是外框內的全部區域，包含『繪圖區』在內：

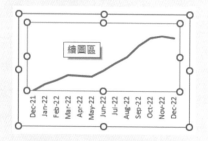

圖 11.66 外框是圖表區，包含內框的繪圖區與座標軸。

有了上述概念，我們要來寫新的程式。此次總共會有 2 個程式，一個是繪製單一圖表的 MakeSinglePanel3 函式（Function）以及一次繪製八張圖表的 MakeAllPanel3 巨集。

注意！函式與巨集的差別在於函式在被呼叫時，可以回傳一個數值或物件。本例的 MakeSinglePanel3 函式會建立並傳回一張圖表，而我們稍後需存取該圖表的 PlotArea.InsideHeight 屬性。此外，這個函式還多了兩個 dInsideHeight 與 bHideAxis 引數。MakeSinglePanel3 函式如下：

```
Function MakeSinglePanel3(rSource As Range, _
    dTop As Double, dLeft As Double, _
    dHeight As Double, dWidth As Double, _
    dInsideHeight As Double, bHideAxis As Boolean) As Chart

    Dim i As Long
    Dim cht As Chart

    Set cht = ActiveSheet.Shapes.AddChart2(227, xlLine).Chart

    With cht
        .SetSourceData rSource
        .ChartTitle.Delete
        With .Axes(xlSecondary)
            .Delete
            .HasMajorGridlines = False
        End With
        If bHideAxis Then
            With .Axes(xlPrimary)
                .Delete
                .HasMajorGridlines = False
            End With
            .Parent.Height = dHeight
        Else
            .Parent.Height = dHeight
            Do Until .PlotArea.InsideHeight > dInsideHeight
                .Parent.Height = .Parent.Height + 1
            Loop
```

→ 接下頁

```
        End If

        With .Parent
            .Top = dTop
            .Left = dLeft
            .Width = dWidth
        End With
    End With

    Set MakeSinglePanel3 = cht

End Function
```

我們的目標是將圖表面板上方六張圖表的水平軸刪除，並保留最下方兩張圖表的水平軸座標，而且這八張的折線圖區域要大小維持一致。由於程式比較複雜，我們在此做一些說明：

- 我們用 **bHideAxis** 引數來決定是否刪除水平軸：其值為 True 時，會刪除座標軸，且折線圖的『繪圖區』會稍微變大一點，我們將整張圖表的高度設定為 dHeight (.Parent.Height = dHeight)。

- 當畫最下方兩張圖表時，bHideAxis 為 False，即保留水平軸，此時我們要每次增高一個像素的 Loop 迴圈來擴大繪圖區的高度 (dInsightHeight)，以與上方六個圖表的繪圖區一樣大小。

- 加上 **.HasMajorGridlines = False** 隱藏圖表中的格線。

- 在函式的最後，用 **Set MakeSinglePanel3 = cht** 將 cht 這張圖表物件指定給函式名稱，如此可將圖表傳回給呼叫此函式的巨集指令 (請看下方的 MakeAllPanels3 巨集)。

既然有了可產生圖表的函式，就要有能呼叫函式的巨集，新的巨集名為 MakeAllPanels3，程式碼如下所示：

```vba
Sub MakeAllPanels3()

    Dim rAxis As Range
    Dim i As Long, j As Long
    Dim lCnt As Long
    Dim dWidth As Double, dHeight As Double
    Dim dInsideHeight As Double
    Dim cht As Chart

    Const lHigh As Long = 4
    Const lWide As Long = 2

    Set rAxis = ActiveSheet.Range("A1:A14")

    dWidth = 200
    dHeight = 70

    For i = 1 To lHigh
        For j = 1 To lWide

            lCnt = lCnt + 1
            Set cht = MakeSinglePanel3( _
                rSource:=Union(rAxis, rAxis.Offset(0, lCnt)), _
                dTop:=255 + ((i - 1) * dHeight), _
                dLeft:=746 + ((j - 1) * dWidth), _
                dHeight:=dHeight, _
                dWidth:=dWidth, _
                dInsideHeight:=dInsideHeight, _
                bHideAxis:=i < lHigh)

            If i = 1 And j = 1 Then
                dInsideHeight = cht.PlotArea.InsideHeight

            End If
        Next j
    Next i

End Sub
```

本巨集中有幾個重點：

■ 我們用圖表物件變數 cht 來存放函式傳回的圖表。

■ 由產生第一張圖表時的條件式 If $i = 1$ And $j = 1$ 取得圖表繪圖區高度 (dInsideHeight)，用來做為擴大最下方兩張圖表的繪圖區高度之用。

■ 我們還加入兩個常數：用來控制圖表面板的高度 (lHigh) 和寬度 (lWide)，可方便我們調整圖表面板的排列方式，例如要將面板維度從 $4×2$ 改為 $2×4$，只要把該兩常數的值顛倒就行了。

最後的成品如下所示：

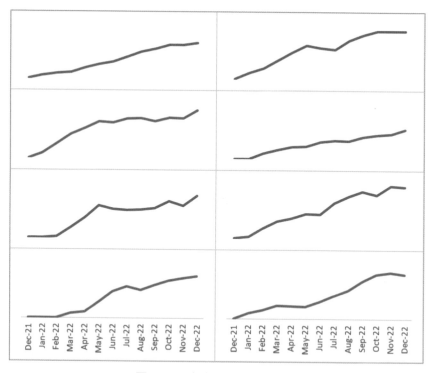

圖 11.67 完成後的圖表面板。

編輯結語 儀表板並非單純將幾個圖表組合在一起而已，必須先瞭解需求方提出製作儀表板的目的再做規劃，也才知道應該蒐集哪些資料並做分析，工作內容跟資料科學家類似，只是使用的工具不同罷了。Excel 的功能不斷地在進化，期望讀者能學以致用。